日本藥妝美研購

日本藥美妝購物趣！東京藥妝生活神級指南

Vol.4

日本藥粧研究家／鄭世彬・著

藥妝研究家

以忠實角度記錄多變且有活力的日本藥妝史

歷經 14 個月,《日本藥妝美研購 4》總算是與大家見面了。自 2012 年出版的《東京藥妝美研購》算起,這已經是同系列的第 6 部作品。許多日本廠商都半開玩笑地跟我說,沒想到詳細介紹日本藥妝商品的書竟然是外國男性所寫,而且已經出版到第 6 本。我總是回答對方:「我是以使用者的角度,忠實記錄著多變且有活力的日本藥妝史」。

在過去一年多當中,我一如往常地花許多時間,待在日本收集並採訪有關日本藥妝及美妝的訊息。期間,在推廣日本面膜的公司協助下,採訪到更多有特色的小品牌面膜,因而特別企劃時下日本最夯的米保養及日本酒保養面膜頁面。

由於這家面膜推廣公司在亞洲最大美容展「中國美容博覽會・China Beauty Expo」設攤展示日本面膜,於是我們特別在出版前將面膜單元製作成小冊,於會場上發送給前來看展的來賓。聽說攤位上有著日本藥妝美研購專區,即便是在 5 月中截稿前如火如荼之際,我們還是排除萬難,前往上海參與這個一年一度的亞洲美妝盛會。

看著自己的照片及用心寫出來的文章被布置在攤位上,心中滿是害羞與感動。展覽會上的文宣品大多是攤位工作人員派發,但在現場我觀察到,我們製作的小冊子人氣爆棚,現場人員表示甚至許多來賓都是主動索取,因此原先預估三天會期所需要的份數,在第一天就只剩下不到一半。

過去這一年,日本藥粧及美妝推出許多新品,加上首次採訪的品牌也不少。即便是我們精選再精選,數量仍然相當驚人。因此,在《日本藥妝美研購 4》中,有將近一半是

網羅過去一年新品資訊的「日本藥妝年鑑」。對於想要收集新品資訊的日本藥妝迷來說，是相當具有參考價值的單元。

另外，針對化妝水這個日本獨特美容文化下所產生的保養品類別，我們也深入剖析及分類，詳細介紹200瓶以上的日系化妝水。喜歡化妝水或是不知道該如何挑選化妝水的日本藥妝迷們，只要仔細地看過一輪，妳／你也能成為化妝水達人。

除此之外，還有許多內容等著大家，希望這次耗費14個月所寫出來的《日本藥妝美研購4》，能讓大家深入了解更多的日本藥妝。除了書籍之外，我們也會不定期在粉絲團上分享日本藥妝、零食、旅遊、家電等相關資訊，有興趣的朋友也歡迎加入我們的粉絲團「日本藥粧研究室」，隨時獲取最新的日本新訊息！

●「中國美容博覽會．China Beauty Expo」展覽會上，我們製作的小冊子人氣爆棚，原先預估三天會期所需要的份數，在第一天就只剩下不到一半。

【封面故事】

相信大家都已經注意到，《日本藥妝美研購 4》的封面設計風格不同於以往，變得更有日本傳統味且喜氣。封面中央金紅兩色交織而成的流暢圖樣，其實是日本人所稱的水引繩結。這次很榮幸邀請到水引繩結藝術家「舟木香織」老師，為我們設計精緻且能代表日本文化的水引繩結。

傳統的水引繩結，是一種於細長紙片塗上漿糊，並且在風乾之後所搓揉製成的紙繩。自古以來，水引繩結就是日本人拿來包裝禮物所用的素材。隨著水引繩結不斷進化，日本人開始在紙繩外側裹上絲綢、亮片以及膠膜等素材，發展出許多質感與視覺感不同的水引繩。

對於日本人而言，水引繩結使用在禮物上時，代表著禮物完整未開封，同時也具備趨吉避凶的意義，甚至是象徵人與人之間緊密不可分的關係。在設計上，有不少水引繩結會越拉越緊而不易鬆開，這也代表著贈禮人與收禮人之間的關係會越來越密不可分。這種概念與西方用來包裝禮物的蝴蝶結完全不同，可以看出日本人心思細膩且羞於表現心意的人格特質。

水引繩結誕生的歷史，據傳可追溯至西元 600 年前後，也就是中國隋朝時期，那是個中國與日本展開貿易關係的年代。當時，中國的貿易商隊把紅白相間的麻繩綁在輸出至日本的商品上，藉此跟輸出至其他國家的商品區隔。當年輸出至日本的商品，絕大部分都是獻給天皇的重要物品。日本人看到之後，誤以為中國人習慣在進貢品上綁紅白繩結，因此在禮物綁上紅白繩結的文化便慢慢地在日本普及。

在江戶時代之前，水引繩結在日本一直是屬於上流階級的文化，一般的平民百姓並沒有機會接觸。直到西元 1300 年代，平民也開始使用水引繩結後，才發展出各種不同的編法。

● 舟木香織老師在2018年6月參加華山1914文創園區內所舉辦的「日本手作職人創意市集」。

在現今的日本，水引繩結最常使用在裝有禮金的袋子上，也就是我們所說的紅包袋。日本的紅包袋顏色相當多樣，上頭的水引繩結變化也非常多。除此之外，訂婚儀式中的聘禮以及年節禮品上也都可見水引繩結。簡單地說，日本人會在是喜慶相關的物品與重要的禮品上繫上水引繩結。由此可見，水引繩結在日本人心目中是相當喜氣的象徵。

這次為《日本藥妝美研購4》封面設計原創水引繩結的舟木香織老師，是隸屬於水引繩結設計工作室「喜結」（kimusubi）的設計師。喜結的使命，就是傳統工藝結合現代藝術，讓水引繩結搖身變成藝術作品及裝飾品。

喜結的成立契機，來自於創始者想自己編織訂婚儀式時所使用的水引繩結。沒想到在融合現代藝術觀點之後，水引繩結這個流傳千年以上的傳統工藝獲得新生命，迅速成為日本海內外日本文化喜好者所關注的焦點。喜結所創作的水引繩結不只是應用在色彩豐富的紅包袋，還有結合日本傳統圖樣所創作出來的賀卡與東方飲食文化中不可或缺的筷架，甚至還結合首飾的概念創作出獨特的水引繩結耳環，堪稱是當今最耀眼的水引繩結創作藝術。

不同於折紙，水引繩結是一種素材少見且製作過程繁複的藝術創作。正因為稀有且有挑戰性，所以有不少日本人及外國人都相當積極參與創作講座活動。舟木香織老師不只在日本當地展開推廣講座，也在2017年底進軍台灣，參加華山1914文創園區內所舉辦的「日本手作職人創意市集」。當時有超過百位台灣民眾參加舟木香織老師的水引繩結教學講座，而老師從日本帶到台灣的創作商品也在第二天就被搶購一空。由此可見，水引繩結對於外國人而言也是相當討喜的日本傳統文化。

水引繩結藝術家
舟木 香織
FUNAKI KAORI

2010年起成為梶政華老師門生，學習水引繩結創作。

2015年起開始在網路上販售水引繩結原創商品。同時，受到日本平面與網路媒體關注，其創作的紅包袋也成為話題焦點。爾後，陸續接受企業委託設計包裝及水引繩結商品。

2017年11月及2018年6月，於台北華山1914文創園區設攤並開辦創作講座。未來計畫結合水引繩結與世界各地文化及風俗民情，創作出更多具有特色的作品，並在世界各地舉辦創作講座、演講與展示會。

若想深入了解喜結，可以到官網及以下社群網站看看哦！

kimusubi

Website /
https://kimusubi.theshop.jp/
Facebook / 喜結kimusubi
Instagram / @_kimusubi_
Twitter / @KaoriMizuhiki

Contents 【目錄】

備註：◎本書中的價格皆為日本藥粧研究室調查之未稅參考價格，實際販售價格請以各大賣場為準。
　　　◎書中之產品資料若與原廠有所不同，請以廠商公告之資料或官網為準。

CHAPTER 1

日本藥粧研究室的美妝大賞 2017-18

日本藥粧美妝界有太多的產品推陳出新，
在這次的排行榜我們嘗試了新的做法。
加上經典產品大致上都不會變動，
因此今年採用我們過去一年間採訪的產品以及新品之中，
挑選出覺得不錯或是有趣的產品。
這樣一來，讓大家多接觸嘗試不錯的新品，
每年的排行榜也比較不會重複，
如此更可以讓大家體會到日本藥妝美妝界的活力。

卸妝組

【江原道】
クレンジングウォーター

容量/價格 ● 300ml/2,800円

基底為溫泉水，再融合白樺樹液與6種植萃保濕成分的卸妝水。搭配化妝棉輕輕一拭，就可簡單卸除臉部妝及髒污。不需用力就能發揮相當高水準的卸妝力，而且使用後不需再用水洗，滋潤感也相當棒！

【KOSÉ】Prédia
スパ・エ・メール
ファンゴ W クレンズ

容量/價格 ● 300g/4,500円

採用可吸附臉部髒污及彩妝之天然礦物泥作為基底的卸妝泥。用起來感覺就像是按摩霜一樣好推展，潔淨和調理毛孔的表現令人相當滿意！清新草本香搭配些許的沁涼感，讓卸妝變成一種享受。

【AYURA】
メークオフミルク

容量/價格 ● 170ml/3,000円

強力推薦給敏感肌族群的卸妝乳。質地滑順且乳化速度快，從按摩到沖淨都不會對肌膚造成過度負擔。重點是卸得乾淨又無刺激感。由佛手柑、甜橙與天竺葵所調和而成的精油香氛，也是日本藥粧研究室的推薦卸妝品之一。

潔顏組

【資生堂】
ELIXIR REFLET
バランシングバブル

容量/價格 ● 165g / 1,800円

剛擠出瓶身時是凝膠狀，但卻會隨著按摩臉部的動作不斷化為彈力十足的濃密潔顏泡。清潔毛孔及多餘皮脂的表現力相當棒，且洗完之後肌膚不會覺得過度緊繃。

【ロート製藥】
Melano CC
酵素ムース泡洗顔

容量/價格 ● 150g/900円

樂敦高人氣的維生素C保養品牌所推出的碳酸潔顏泡，不需費力就可簡單用濃密泡清潔臉部肌膚。搭配能夠強化潔淨毛孔的酵素，非常適合用來幫助對付毛孔粗大及阻塞的問題。

【NIVEA】
クリームケア洗顔料

容量/價格 ● 130g/480円

妮維雅護膚乳潔顏乳當中的透亮型。除了保濕表現佳之外，還添加義大利白泥成分，可以強化潔淨毛孔。從潔淨力到洗後的保濕力來看，是CP值相當高的潔顏乳。

化妝水組

【花王】
est
ザ ローション

容量/價格● 140ml/6,000 円

徹底強化保濕機能,一推出就立即引發話題的改版新品。不只是補充保濕成分,還能緊緊鎖住水分,無論肌膚有多乾燥,先試過這瓶再說。

【オルビス】
ORBIS＝U
ホワイトローション

容量/價格● 180ml/3,000 円

略帶點稠度,搽起來感覺非常舒服。搭配獨家快速滲透技術,一下子就被肌膚所吸收。是同時能滿足保濕及亮白膚色的化妝水。

【富士フイルム】
ASTALIFT WHITE
ブライトローション

容量/價格● 130ml/3,800 円

搭配奈米化技術,大幅提升保濕及美白成分的肌膚滲透力。在肌膚暗沉及蠟黃問題上,表現可說是相當出色。

乳液組

【KOSÉ】
DECORTÉ AQ
ホワイトニング
エマルジョン

容量/價格● 200ml/10,000 円

膚觸及香氣表現極為突出,具備使人身心皆能放鬆的神奇魔力。主打保濕、抗齡及美白三大保養重點機能,全年適用沒有換季換品項的困擾。

【ALBION】
EXCIA EMBEAGE
ミルク

容量/價格● 200g/18,000 円

質地滑順,可同時滿足保濕與抗齡需求,柔化肌膚的表現也可圈可點。包裝設計相當沉穩大器,無論男女的接受度皆高。

【KOSÉ】
CARTÉ CLINITY
モイスト エマルジョン

容量/價格● 100ml/1,800 円

低刺激性但具備高保濕力,就連敏弱肌也能放心使用。非常適合在肌膚處於不穩狀態時,提供最基本也最需要的美肌成分。

精華組

【AYURA】
オイルシャットデイセラム

容量/價格● 10g/2,500 円

不只能對付乾燥與油光問題,還能同時遮飾粗大毛孔。早上在搽飾底乳之前輕輕一抹,就能同時解決保養、修飾與預防脫妝,可說是機能相當多樣的精華膏。

【KOSÉ】
ONE BY KOSÉ
メラノショット ホワイト

容量/價格● 40ml/5,300 円

提出從根源讓黑色素無色化的概念,保濕及美白機能都令人非常滿意的美白精華液。質地輕透且香味淡雅,屬於適合全年使用的出色單品。

【POLA】
リンクルショット
メディカル セラム

容量/價格● 20g/13,500 円

在日本賣翻天,使用感及效果都備受肯定的抗齡撫紋精華液。無論是成分、包裝設計或是實際體驗,都充分展現 POLA 的研究開發力。

CHAPTER 1 日本藥粧研究室的藥粧大賞 2017-18　　11

面膜組

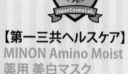

【第一三共ヘルスケア】
MINON Amino Moist
薬用 美白マスク

容量/價格 ● 20ml×4 片/1,500 円

同時滿足敏弱肌、美白及保濕三種保養需求！面膜布極為服貼，而濃密的美肌乳液則是可發揮相當棒的保濕潤澤感。使用後肌膚完全不黏膩，就算夏天使用也 OK。

【アインファーマシーズ】
LIPS and HIPS
フェイスピースマスク

容量/價格 ● 5 片/2,300 円

保濕效果相當令人滿意的米保養面膜。面膜布服貼性高且剪裁棒，下半部可往上拉提，並完整包覆下巴及臉頰邊緣。

【菊正宗酒造】
日本酒のフェイスマスク

容量/價格 ● 7 片/450 円

高人氣日本酒化妝水的面膜版。質地清爽且保濕性高，很適合拿來天天敷臉。獨特的清酒香，是充滿和風素材感的重要元素。

霜／凝露組

【資生堂】
ELIXIR SUPERIEUR
エンリッチド
リンクルクリーム S

容量/價格 ● 20g/5,800 円

日本主管機關認可，資生堂表情計劃第一號抗皺精華霜。市場上一度熱賣到斷貨，至今仍有每人購買數量限制。價位及效果都令人大感滿意，抗齡保養絕對少不了！

【Bb LABORATORIES】
ホワイトニング
プラジェリー

容量/價格 ●
200ml/3,700 円

同時可滿足保濕、美白、抗齡及鎮靜等多項機能，使用起來又沒有黏膩感的多效水凝露。香味是具有舒緩感的草本香氛，無論男女都適用。

【江原道】
マクロヴィンテージ
ロイヤルマッサージミルク

容量/價格 ● 140ml/12,000 円

質地相當濃密，抗齡、彈潤及保濕等美肌成分也相當豪華的抗齡按摩霜。睡前為臉部肌膚按摩個幾分鐘，隔天早上真的會有不同的感受！

飾底乳組

【花王】
SOFINA Primavista
皮脂くずれ防止化粧下地
超オイリー肌用

容量/價格 ● 25ml/2,800 円

油切能力再升級的控油飾底乳，就連男性的驚人出油量也能控制得非常好。到了傍晚還是能讓妝感維持完美不易脫妝。（數量限定）

【江原道】
マイファンスィー
メイクアップ
カラーベース

容量/價格 ● 25ml/4,000 円

持妝力、保濕力和柔焦機能表現均完美，最推薦可以修飾泛紅膚色的黃色。在肌膚狀態不穩而泛紅時，選這條就對了！

【花王】
Bioré UV
SPF50+
の化粧下地 UV

容量/價格 ● 30g/1,200 円

擁有高防曬係數，又能發揮超高持妝力的飾底乳。對於擔心出油造成脫妝的人，非常推薦這條藍色強力控油版。

【江原道】
マイファンスィー
アクアファンデーション

容量/價格 ● 30ml/4,600 円

質地極為輕透服貼，同時又能發揮優秀的遮飾力，就算是4K高畫質也不怕！若是膚色偏黃或偏深，可以參考一下色號213！

【ETVOS】
マットスムース
ミネラルファンデーション

容量/價格 ● 4g/3,000 円

就算膚質敏弱也能用的半霧光礦物鬆粉型粉底。礦物粉本身純度非常高，不會因為吸收皮脂而使妝感變得暗沉。

【資生堂】
MAJOLICA MAJORCA
ミルキースキンリメイカー

容量/價格 ● 10g/1,700 円

獨特的水感凝凍型粉底，可輕鬆讓毛孔凹凸、痘印及油光隱形。使用起來膚觸乾爽滑順，適合油性以及年輕膚質使用。

【富士フイルム】
ASTALIFT
BB クリーム

容量/價格 ● 30g/4,200 円

高含水配方且延展性佳，徹底實現自然遮飾與輕透實感，再搭配 ASTALIFT 獨到的抗氧化與保濕成分，根本就是精華液等級的 BB 霜。

【SK-II】
アトモスフィア
CC クリーム

容量/價格 ● 30g/8,500 円

獨特的雙重鑽白微細粉體可以發揮相當棒的膚色調控效果，再搭配濃縮 PITERA™，還可讓肌膚長時間維持水潤。

【KOSÉ】
INFINITY
クッション セラム グロウ

容量/價格 ● 12g/5,800 円（含盒裝）

添加滿滿的美肌精華成分，無論是遮飾力或是保濕力，表現都非常出色的氣墊粉餅。即便擁有高遮飾力，但完全沒有討厭的厚重感。

【KOSÉ】
雪肌精
スノー CC パウダー

容量/價格 ● (蕊)8g/3,300 円
(盒)1,000 円

同時具有 CC 及蜜粉的妝效，可輕透修飾並發揮定妝與保養功能的蜜粉餅。熟悉的雪肌精香味，還有那華麗耀眼的外盒，絕對是目前蜜粉餅的首選。

【花王】
SOFINA Primavista
化粧持ち実感 おしろい

容量/價格 ● 12.5g/3,300 円

強化控油力之後所推出的持妝蜜粉。控油效果十分出色，堪稱是油腦人的定妝救星。彈力網設計也直接提升使用的便利性。

【リベルタ】
himecoto
サラハナ姫

容量/價格 ● 1,250 円

只要將白雪姬蜜粉蓋子打開之後，像蓋章一樣直接輕壓出油部位，就可快速消除油光的蜜粉。使用起來超方便，是補妝時不可缺少的小幫手。

防曬組

【ロート製薬】
SKIN AQUA トーンアップ UV エッセンス

容量/價格 ● 80g/740 円

一上市就賣到斷貨，可讓膚色自然修飾提升透亮度的薰衣草紫防曬乳。輕透不油膩的使用感，再搭配清新皂香，就算天氣再熱也無負擔。

【資生堂】
ANESSA パーフェクト UV スキンケアミルク

容量/價格 ● 60ml/3,000 円

防曬界精品安耐曬的 2018 年新款。耐水耐汗的機能性佳，同時又可發揮保濕美肌作用。較舊版本而言，少了黏膩的油膜感，使用起來更舒服。

【AYURA】
ウォーターフォール UV ジェル

容量/價格 ● 75g/2,800 円

日本藥粧研究室成員不斷回購，使用起來極為清爽，即便是敏弱膚質也可以使用。淡淡的清涼感及超療癒香氛讓搽防曬變成一種享受。

日常生活用品組

【アース製薬】
MONDAHMIN プレミアムケア

容量/價格 ● 80ml/248 円；380ml/598 円；700ml/698 円；1080ml/880 円

功能相當齊全，幾乎所有口腔問題都能一瓶對應的漱口水。清涼感恰到好處而不會過度刺激，適合全家大小一起使用。

【アース製薬】
ダニアーススプレー ハーブの香り

容量/價格 ● 300ml/798 円

可驅除及預防塵蟎的噴霧，適合用在家中所有的布製品上。對於環境高溫潮濕的台灣及香港而言，在對抗過敏源上是相當需要的好幫手。

【白元アース】
NONSMEL 清水香 衣類・布製品・ 空間用スプレー

容量/價格 ● 300ml/498 円

日本飯店裡的人氣抗菌消臭噴霧市售版。對於居家環境或布製品上的異味，只要隨手一噴就可輕鬆解決。

美容雜貨組

【ユニ・チャーム】
Silcot うるうるコットン スポンジ仕立て

容量/價格 ● 40 組（80 片）/198 円

堪稱是這世界上最適合搭配化妝水濕敷全臉的化妝棉。獨特的海棉夾層構造，能大幅降低濕敷全臉時所需的化妝水量。

【AYURA】
ビカッサプレート プレミアム

容量/價格 ● 2,800 円

依照臉部線條特徵所開發的臉部專用美活沙陶瓷刮痧板。非常適合適合在臉部淋巴按摩時，拿來輔助活絡循環及排毒、消水腫。

【EBISU】
プレミアムケア ハブラシ

容量/價格 ● 298~ 円

可以完全包覆整顆牙齒，並在刷牙時同步按摩牙齦的寬頭牙刷。乍看之下感覺好像需要重新適應，但實際使用過之後的潔齒實感，卻給人一種前所未有的感動。

入浴劑組

【AYURA】
メディテーションバスα

容量/價格●
300ml/1,800 円

使用時整個浴室都會充滿穩定身心的香氣，讓泡澡就像進入冥想狀態一樣放鬆。出浴之後，肌膚也能維持不錯的滋潤狀態。

【アース製藥】
温泡 ONPO
とろり炭酸湯
ぜいたくひのき浴

容量/價格●
12 錠/448 円

入浴時那股獨特且舒服的滑順膚觸感，搭配充滿和風感的長野檜木精油，真的會讓人誤以為自己在檜木桶內泡溫泉。

【第一三共ヘルスケア】
MINON
藥用保濕入浴劑

容量/價格●
480ml/1,400 円

專為敏感肌所開發，出浴之後完全不會有緊繃感。在敏感肌專用入浴劑當中，香味屬於自然且舒服。

美容系補充品組

【ロート製藥】
HELiOWHITE
ヘリオホワイト

容量/價格● 24 粒/2,400 円

防曬不只是用搽的，現在還能用吃的！採自蕨類植物的光防護成分，據說能幫助肌膚對抗紫外線傷害。愛美怕黑的人，千萬別錯過了！

【KOSÉ】
雪肌精
ハトムギ パウダー

容量/價格● 1.5g×30 包/4,000 円

雪肌精首款體內美容產品。不需要配水也能夠直接服用，簡單就能攝取高達 1,000mg 的薏仁萃取物及其他 5 種五色美肌食材，非常適合喜歡雪肌精或自然素材美容食品的人。

【ORBIS】
スリムキープ

容量/價格● 60 粒 (30 回份)/1,300 円
120 粒 (60 回份)/2,300 円

減醣減油飲食的好幫手。每個人都有嘴饞的時候，只要身邊隨時準備這樣的好朋友，不小心多吃一點點也比較不會有罪惡感。

遺珠之憾組

【KOSÉ】
DECORTÉ
iP.Shot アドバンスト

容量/價格● 20g/10,000 円

來自黛珂的高機能抗皺精華液升級版。2016 年一推出就引發話題，2018 年的新版本更是加強抗皺機能。在意局部歲月痕跡的人，非常值得一試！

【健康コーポレーション】
どろあわわ

容量/價格● 110g/2,480 円

問世已經 10 年，在日本擁有廣大粉絲的潔顏泥。在 2018 年的升級改版中，除原有的兩種潔淨泥成分之外，還新增美容泥成分。原本就已經濃密到不行的彈力泡，這次也跟著升級。追求保濕力、潔淨力與濃密泡潔顏觸感的人，千萬別錯過了！

【レノア・ジャパン】
TUNEMAKERS
原液ピーリング液

容量/價格● 120ml/1,500 円

搭配軟化角質與保濕原液成分所製成的擦拭型化妝水。搭配化妝棉輕輕一擦，就可一掃肌膚上的暗沉因子與毛孔髒污。絕妙且舒服的清涼感，更能喚醒無精打采的肌膚。

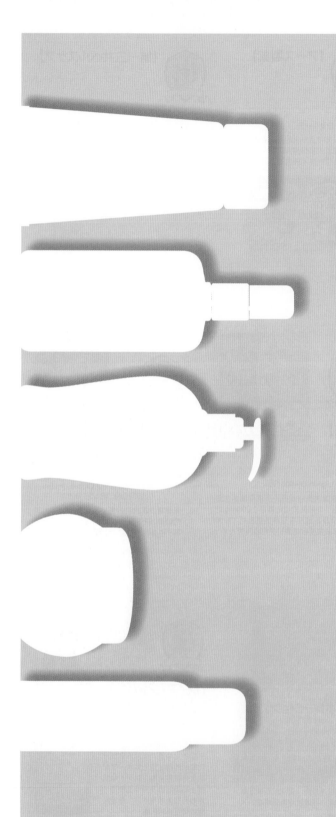

CHAPTER 2

日本美的歷史
AYURA

PART 01

AYURA美學

　　在日本眾多美妝保養品牌當中，融合神祕東方生命觀與先進美容技術的AYURA，擁有獨樹一格的風格。現代女性在面對來自工作、家庭、生活與環境的壓力時，肌膚往往會陷入慢性的不穩定狀態之中。若只對肌膚表徵的問題給予呵護，而不是重視更深層的心靈狀態，那麼肌膚問題還是會不斷地反覆出現，甚至是會加惡化。因此在肌膚保養上，追求身心和諧便成為重要的課題。AYURA，便是在這個背景之下所誕生的美妝保養品牌。

　　AYURA自1995年品牌誕生開始，便不斷地因應現代女性所面臨的肌膚問題，在打造充滿生命力膚質的根基概念之下，持續發表符合潮流又獨特的商品及美容法。回顧問世以來的20多年，AYURA的品牌歷史可概分為誕生、成長、進化及蛻變這四個階段。

1995年
誕生→全方位保養

　　針對現代女性肌膚狀態長期不穩定的問題，AYURA將保養重點鎖定在肌膚、生理與心理相互之間的關連性，並參考東洋醫學中「氣」、「血」、「水」的關係性，開發出呼吸法及入浴法等獨特的美容法，並以促進良性循環的方式，讓肌膚能夠散發具有生命力的美。這些極具東方醫學概念的美容法，正是構成AYURA「美容道」的重要元素。

　　AYURA的產品包裝設計也極具巧思，融合向天空伸展的嫩芽與蘊藏能量的花蕾等元素，呼應著強調生命力的品牌精神。這樣的設計不僅滿足人們的視覺感受，拿在手中的舒適度及質感更是無可取代。

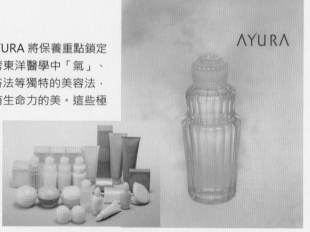

2000年
成長→拓展新領域

AYURA

在此時期，AYURA 透過觀察發現，許多女性因為生理變化、心理壓力及環境影響等條件下，深受成人痘及敏弱肌問題所擾，於是著手開發至今長銷的痘痘敏弱肌保養「不調姬」系列。

另一方面，不只是外在的肌膚保養問題，AYURA 認為失落感及焦躁感也會對肌膚健康帶來負面影響，因此提倡利用香氛的力量，讓人們的情緒進入恆穩（homeostasis）的狀態。在利用香氛進行的「呼吸法」當中，AYURA 巧妙融合東方的墨、茶、大和撫子，以及西方的洋甘菊、迷迭香、鼠尾草，打造出能夠調和心靈的凝神香氛系列。最特別之處，就是除了香水與精油等常見的香氛商品之外，還運用東方香氛概念，開發出其他保養品牌所沒見過的和風焚香。

2006年
進化→東洋美學

在品牌誕生滿 10 年之後，AYURA 承襲過去的全方位保養理念，並以東洋醫學作為背景，針對女性臉部肌膚之外的全身保養需求，持續開發能讓女性從根本變美的產品。

此階段最具突破性的進化點，就是運用東洋醫學以及氣血脈絡這些古人智慧的結晶，開發出至今仍有眾多愛好者的刮痧保養系列「美活沙」。

AYURA 獨特的世界觀融合
人與保養品的美容道

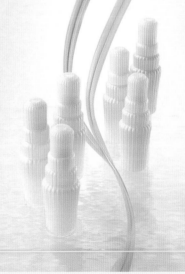

日本自古流傳至今的茶道與花道，是一種藉由感受茶與花草的生命力來追求與自然調和，並使心境和諧。如同這樣的精神，AYURA 透過各種美容保養品，搭配能夠賦予人體生命力的美容法，創造出獨一無二的「美容道」。

構成美容道的元素，包括掌心美容、瞑想浴、呼吸法、反射區揉捏法、穴位指壓法以及飲食法。美容道為人體五感所帶來的舒適感，是一種能深入療癒肌膚、身體以及心靈的美容方法。

負けない肌へ。

AYURA

2017年
蛻變→打造抗壓肌

AYURA 認為，女性越是活躍的時代，肌膚所受的傷害就會越多。這些傷害可能是來自於身心健康狀態，也可能是紫外線與乾燥等環境因素，甚至是對於青春飛逝所帶來的焦慮感，都會對於女性的肌膚造成嚴重傷害。因此，AYURA 的新使命，便是讓女性的肌膚在面對任何壓力時，都能維持穩定與堅強，成為不會敗給壓力的抗壓肌。

包括環境變化，資訊量大增在內，女性所面臨的壓力越來越大。從品牌創立至今，就將保養目標鎖定在舒緩壓力的 AYURA，為更加明確且更加簡單地傳遞品牌精神，於是就在 2017 年秋季進行品牌大改革。蛻變後的 AYURA 設計概念，來自於賦予生命力的「光」。宛如肌膚在光的照耀下能擺脫壓力且變得更動人、更有生命力一般，為了反映出光照下那耀眼、滑順的美，因此風格顯得簡約、溫暖且圓潤。

肌膚與壓力的關連性

肌膚承受壓力 ⇨ 肌膚內部自由基增加，並且攻擊細胞造成肌膚氧化 ⇨ 肌膚代謝紊亂不規律 ⇨ 肌膚防禦機能減弱 ⇨ 肌膚顯得乾燥、乾荒、暗沉

　　現代女性的生活壓力大，這些壓力可能是來自於外在環境因素，也可能是生理變化所引起，更可能是心理狀態所帶來的影響。簡單地說，各種壓力就充斥在我們生活周遭。

　　當肌膚承受到壓力時，最直接表現出來的變化，就是肌膚的代謝週期顯得紊亂不規律。在這種情況之下，不只會出現「冒痘痘」或「肌膚顯得沒有透亮感」等問題，更可能因為肌膚代謝變慢，造成日常保養漸漸看不到效果，最後使得肌膚本身的防禦機能變差，引起肌膚乾燥、乾荒以及暗沉。

　　針對這些肌膚因壓力而顯脆弱的肌膚問題，AYURA 在蛻變後的第一個重大挑戰，就是思考如何打造抗壓肌。經多方研究開發之後，推出這瓶能幫助肌膚重新調節規律，讓肌膚從壓力造成的脆弱化狀態中重新振作起來的律化全效精華液。

AYURA
リズムコンセントレート

對於因為壓力而顯脆弱的肌膚，可發揮調節規律性及提升健康度的精華液。除了採用稀有的抗壓成分「日本金松萃取物」來對抗各種壓力對肌膚產生的傷害之外，還搭配數種修復及加強防禦力的美肌成分，讓深受壓力傷害的肌膚回復到健康有光澤與彈潤感的狀態。採用佛手柑及迷迭香等植萃成分所調和而成的草本精油香，因而在使用時也能透過香氛發揮療癒身心的效果。

容量/價格 ● 40ml/8,000 円
主要美容成分 ● 日本金松枝葉萃取物、歐洲越橘萃取物、四氫嘧啶、超級玻尿酸

日本金松

在日本名為「高野槇」的日本金松，是原產於日本的特有樹種。生命力極為強大的日本金松不只是世界三大美樹之一，相傳更是東京晴空塔的設計靈感來源。日本金松在美容界之所以會備受注目，是因為其枝葉萃取物能對抗氧化基因「Nrf2」發揮作用，成為修復受損肌膚的活力來源。

AYURA 認為所有的肌膚困擾，都來自於肌膚的滋潤度平衡狀態，因此在 2018 年春季推出滋潤度更持續且更深入的化妝液。除此之外，可提升化妝液保養效果的角質護理化妝水及化妝棉也同時進行改版。

AYURA
バランシングプライマー Ｉ

適合缺乏水分的肌膚使用，使用起來偏向清透水感。

容量/價格● 100ml/4,500 円
質地● 清爽精華液質地

AYURA
バランシングプライマー Ⅱ

適合缺乏水分及油分的肌膚使用，使用起來質地略為濃密。

容量/價格● 100ml/4,500 円
質地● 精華乳液質地

AYURA
バランシングプライマー

針對壓力造成的肌膚狀態失衡問題，可配合不同狀態發揮最佳調節力的化妝液。化妝液是一種綜合化妝水及乳液的型態，是相當具有特色的保養品類型。AYURA 認為最佳的肌膚狀態，就是水分、油分及緊緻度三者處於平衡的時候。因此全新的 AYURA 化妝液細分為四個類型，讓不同的膚質狀態，都能找到最符合保養需求的類型。

主要美容成分● 石榴萃取物、小白花鬼針草、
皮脂調節成分

AYURA
バランシングプライマー
エクストラ Ｉ

搭配可促進膠原蛋白及彈力蛋白的真皮機能提升成分，適合缺乏水分及緊緻度的肌膚使用，使用起來質地略為濃密滑順。

容量/價格● 100ml/6,000 円
質地● 精華乳液質地

AYURA
バランシングプライマー
エクストラ Ⅱ

搭配可促進膠原蛋白及彈力蛋白的真皮機能提升成分，適合缺乏水分、油分及緊緻度的肌膚使用，使用起來質地極為濃密彈潤。

容量/價格● 100ml/6,000 円
質地● 乳液質地

AYURA
クリアリファイナー α

利用西洋梨發酵果液的角質柔化作用，再搭配細微潔淨膚凝膠體，使用起來清爽卻又能保有肌膚滋潤度的角質調理化妝水。在早晚洗臉後輕輕擦拭全臉，就可溫和去除卸妝及洗臉時所無法確實潔淨的老廢角質。由於可以柔化肌膚狀態的關係，因此也能提升後續保養品的肌膚滲透力。

容量/價格● 200ml/4,500 円
主要美容成分● 西洋梨發酵果液、橄欖潤澤成分

AYURA
マイルドコットン

纖維質地柔軟不刺激，就連嬰兒也能使用的化妝棉。較獨特之處，是化妝棉的纖維當中含有保濕效果高的 LIPIDURE®，所以使用起來感覺特別舒服滑順且不會對肌膚造成過度負擔。

容量/價格● 100 片 /680 円

除此之外，還有毛孔保養用日用精華膏，以及敏感肌也能使用的兩款卸妝品。不只強調不會對肌膚造成壓力，就連承受壓力的不穩肌也能透過其底妝來修飾壓力所造成的痕跡，因此也推出底妝系列。

AYURA
オイルシャットデイセラム

輕輕一塗，就能遮飾粗大毛孔，並且改善乾燥及預防出油的日用精華膏。只要早上保養完，在飾底乳之前使用，就能輕鬆解決多種造成脫妝的肌膚問題，同時也能讓肌膚看起來更加細緻與平滑。

容量／價格 ● 10g/2,500 円

AYURA
メークオフオイル（左・卸妝油）
メークオフミルク（右・卸妝乳）

AYURA 運用 20 年多年來的敏感肌保養技術，在低刺激、無摩擦、簡單快速及嚴選洗淨成分這些關鍵下，打造出這兩瓶兼顧溫和與潔淨力的卸妝油與卸妝乳。除了溫和不刺激的潔淨成分之外，還添加黃芩萃取物來強化卸除附著在肌膚上的環境壓力微粒。由佛手柑、甜橙與天竺葵所調和而成的精油香氛，能在卸除臉部彩妝與髒汙時，令人倍感放鬆與舒暢。無論是卸妝油與卸妝乳，在手濕的狀態下也能使用。

容量／價格 ● 170ml/3,000 円

AYURA
トーンアップベース

即便是深受壓力傷害而易顯暗沉的肌膚，也能輕鬆打造完美素肌的飾底乳。獨特的多層薄膜構造，可同時發揮密封潤澤、平滑修飾及提升底妝服貼度等機能。高保濕潤澤美容成分，更能保護受損肌膚維持在健康的狀態。（SPF16・PA+）

容量／價格 ● 30g/3,500 円

AYURA
トーンアップパクト

使用起來輕透無壓迫感，但讓肌膚看起來更顯平滑的柔焦感表現卻很出色。在紅珍珠粉及銀珍珠粉的巧妙搭配下，輕輕一抹就能打造輕柔且帶光澤的視覺感。不只是持妝效果強，而且隨著上妝時間越長，光澤肌的視覺感就會越自然動人。（全5色）（SPF24・PA++）

容量／價格 ● 粉蕊 9g/3,500 円　粉餅盒 1,300 円

AYURA
トーンアップリキッド

質地輕透無壓力，卻又擁有突出柔膚視覺感的粉底液。採用潤澤微粉及潤澤保養油配方，可讓肌膚持續散發出自然的水潤及光澤感。和粉餅一樣且備優秀的持妝力，而且肌膚也是越晚越顯得有光澤感。（全5色）（SPF30・PA+++）

容量／價格 ● 30ml/4,000 円

AYURA
トーンアップパウダー

採用獨特光感粉體，利用折射光線的方式，讓肌膚看起來更顯平滑的蜜粉。融合三種不同的細微粉體，可使妝感更加纖細且具輕透感。高純度粉體不只妝時間長，更能讓皮膚像剛上妝一般的清透感持續維持一整天。

容量／價格 ● 15g/4,500 円

不調姬保養系列

採用和漢成分作為基底，融合東洋美容概念的纖細敏弱肌保養系列

fサインディフェンス〜・不調姬保養系列

　　古人說，肌膚是一面能夠反映身體健康狀態的鏡子。因此，當我們承受各種不同的壓力時，肌膚總是會顯得乾燥、乾荒甚至是不斷地冒出痘痘。AYURA 融合東洋醫學的古老智慧與現代科學的研究技術，針對肌膚、身體與心靈之間的關連性，開發出包裝設計配色溫和，質地強調溫和低刺激的纖細敏弱肌保養系列。在品牌數量眾多的敏感肌保養市場上，這個系列是風格相當強烈的人氣保養系列。

　　不穩定的纖細敏弱肌有個特色，就是乾荒及痘痘這些惱人的肌膚問題總是會反覆發生，沒有辦法在短時間內簡單獲得改善。AYURA 從東洋醫學當中得到一個靈感，那就是唯有氣、血、水維持平衡，人體健康才能處於良好的循環當中。為改善現代女性肌膚因為「衛氣」衰退而使得角質防禦力薄弱，AYURA 不調姬系列中的化妝液，便採用赤蘚醇、十藥萃取物、當歸萃取物、聚氧乙烯（14）、聚氧丙烯（7）、二甲醚以及甘油調和成獨家的和漢防禦機能成分，並搭配傳明酸與甘草酸等抗發炎穩定成分，來幫助肌膚更加穩定。

針對纖細敏弱肌美白、極度敏弱、極度乾燥以及抗痘等不同的保養需求，
不調姬系列的化妝液也特化出四款類型。
除上述共通成分之外，也因應各種不同的保養需要，
融和不同的美肌成分。

化妝液 緊緻・美白保養型

**AYURA f サインディフェンス
バランシングプライマー
プレミアム WA**

針對美白保養需要，採用 m- 傳明酸作為主
要美白成分，緊緻成分為柴胡萃取物 GL。
（医薬部外品）

容量／價格 ● 100ml/6,000 円

化妝液 極度敏弱肌保養型

**AYURA f サインディフェンス
バランシングプライマー
センシティブ**

對於臉部總是因為毛孔周圍肌膚過度敏感而
出現的刺痛感問題，添加可穩定肌膚狀態的
保濕成分「艾草萃取物」。（医薬部外品）

容量／價格 ● 100ml/4,200 円

角質拋光露

AYURA f サインディフェンス スキンエンハンサー

專為纖細敏弱肌所設計的低刺激去角質化妝
水。除了溫和軟化角質的作用之外，還添加
多種成分來對抗敏弱肌常有的肌膚乾荒、痘
痘及發炎等問題。（医薬部外品）

容量/價格● 130ml/4,000 円

夜用乳霜

AYURA f サインディフェンス リペアランスナイトチャージ

質地偏向濃密，使用後宛如在肌膚表面形成
一道可抵禦外來刺激，同時補給肌膚滋潤度
的防護層。即使是在乾燥的秋天，也能在睡
眠時發揮長時間的保濕潤澤作用。
（医薬部外品）

容量/價格● 30g/5,500 円

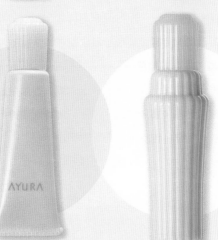

日用乳霜

AYURA f サインディフェンス モイストチャージプロテクション

質地水潤卻能發揮高保濕及防護外來刺激因
子干擾的日用乳霜。即便是在紫外線強烈或
乾燥的季節，也能有不錯的表現。平時可當
成妝前飾底乳使用，幫助纖細敏弱肌提升底
妝持久力。（SPF30・PA+++）
（医薬部外品）

容量/價格● 20g/3,000 円

日用防禦

AYURA f サインディフェンス ハイプロテクション

專為纖細敏弱肌所開發的高係數防曬乳。即
使是無紫外線吸收劑的低刺激配方，仍然有
不錯的防曬力表現。同時搭配不調姬系列最
重視的抵禦外在刺激與穩定肌膚狀態的配
方，加上使用後膚色看起來會顯得均勻變得
明亮，在肌膚不穩定的時候，是不錯的防曬
及飾底乳選擇。（SPF50+・PA+++）
（医薬部外品）

容量/價格● 35ml/3,200 円

化妝液　極度乾燥肌保養型

AYURA f サインディフェンス バランシングプライマー オーバードライ

添加杏桃甘油複合精華，輔助天然保濕因子
作用，提升肌膚本身的滋潤維持力。
（医薬部外品）

容量/價格● 100ml/4,200 円

化妝液　痘痘肌保養型

AYURA f サインディフェンス バランシングプライマー アクネ

採用金縷梅甘油複合精華、黃柏萃取物以及
枇杷葉萃取物，改善痘痘肌特有的肌膚環
境，以及各種不健康及抑菌抗炎等問題。（医
薬部外品）

容量/價格● 100ml/4,200 円

PART 03 美活沙系列

紓解疲憊與循環不佳的肌膚 ‧ 東洋美學概念下的獨特美容法

ビカッサ‧美活沙

　　說到最能代表 AYURA 東方美學的美容法，就不能不提到極具特色的「美活沙」系列。美活沙系列的美容手法，是針對人體各部位的美容需求，以專用的美容保養品搭配 AYURA 獨創的美活沙刮痧板所進行。簡單地說，就是透過揉、壓、推等手法來發揮放鬆肌膚狀態及促進氣、血、水循環，進而讓美容成分發揮最大效果。

　　整個美活沙系列中，根據不同的美容部位，設計簡約但手感紮實的陶瓷刮痧板共有臉部、頭皮、腿部及腹部等 4 種專用類型。依照每個部位的美容或美體需求，AYURA 融合東西方的美容素材，打造出各種訴求不同的專用保養單品。雖說美活沙的概念很像中醫傳統的刮痧，但美活沙的手法較輕柔，感覺起來比較偏向淋巴排毒按摩法，因此使用美活沙進行美容美體保養時，切記不可過度用力，而是要沿著脈絡、穴道、筋骨輕柔但帶點力道地進行。

臉部保養

打造
立體小顏

打造
逆齡肌感

AYURA
ビカッサプレート
プレミアム

臉部專用美活沙陶瓷刮痧板。

價格 ● 2,800 円

AYURA
ビカッサフォースセラム

適用美容需求：打造緊緻立體小顏視覺感、柔嫩有彈性的膚觸感。

容量/價格 ● 58g/8,000 円

AYURA
ビカッサフォースセラム
プレミアム

適用美容需求：針對肌膚下垂及法令紋等熟齡變化，改變肌膚細緻度、彈潤觸感以及水嫩清透感。

容量/價格 ● 58g/12,000 円

頭皮保養

AYURA
ビカッサヘッドプレート

頭皮按摩專用美活沙陶瓷刮痧板。

價格● 2,500 円

打造健康頭皮

AYURA
ビカッサヘッドセラム

適用美容需求：促進頭皮血液循環，打造緊緻、有彈性及柔軟的健康頭皮。
註：使用時有舒暢清涼感。

容量/價格● 120ml/4,300 円

腿部保養

AYURA
ビカッサボディープレート

膝下腿部專用美活沙陶瓷刮痧板。

價格● 2,200 円

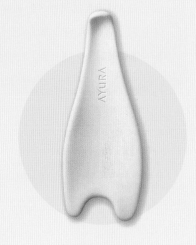

打造緊緻小腿

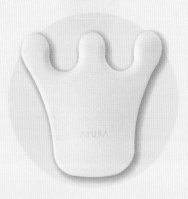

腹部保養

打造溫熱美腹

AYURA
ビカッサボディーセラム

適用美容需求：因久站久坐而引起的小腿疲勞腫脹困擾，以及因忽略保養所造成的小腿肌膚乾燥、無彈力等問題。

容量/價格● 180g/4,300 円

AYURA
ビカッサ リバランスボディープレート

腹部專用美活沙橡膠刮痧板。

價格● 2,000 円

AYURA
ビカッサ リバランスボディー

適用美容需求：溫熱下腹部、改變腹部肌膚的膚觸與緊緻度。
註：使用時有些微溫熱感，使用後需沖洗，建議在入浴時使用。

容量/價格● 180g/3,600 円

PART 04 入浴香氛精選

融合東西方香氛元素散發獨特且療癒的香氣

AYURA 的入浴香氛精選

在 AYURA 的美容世界觀當中，肌膚、身體及心靈調和是最基本的概念。尤其是在「心靈」這方面，AYURA 總是運用獨到且具東方意象的調香技巧，打造出各種能夠穩定心靈的香氛元素。

除了保養品之外，這些香氛也運用在入浴劑和香氛產品中，成為美妝市場上風格強烈的搶眼貨。

AYURA
メディテーションバス α

融合紫檀、迷迭香及洋甘菊等具有穩定作用的精油，可讓人在入浴時宛如進入瞑想狀態般地放鬆身心。在精油與和漢植萃成分搭配下，可同時發揮保濕及潤澤肌膚的作用。

容量／價格 ● 300ml/1,800 円

AYURA
ナイトメディテーション
（ナチュラルスプレー）

別名為「優夜香」，專為壓力大的現代女性所開發，融合具冥想作用的洋甘菊與「白檀」、「菫」、「竹」這些東方自古流傳至今的精油香氛，適合用來引導穩定睡眠的夜用香水。

容量／價格 ● 20ml/3,200 円

Spirit of AYURA
パルファンドトワレ
（ナチュラルスプレー）

可使人籠罩在愉悅感及舒適感之中，象徵 AYURA 精神的「凝神深香」。獨一無二且令人沉浸於其中的香味，是採用洋甘菊、迷迭香及鼠尾草這些西方自然香氛，再融合墨、茶以及撫子花等東方文化之香所調合的夢幻逸品。

容量／價格 ● 20ml/4,000 円

AYURA
蓬香草湯

主香調為沉穩的艾草香，搭配清爽的草本香氛，能使人感到安穩療癒。

容量／價格 ● 25g×1 包 /190 円
25g×10 包 /1,800 円

AYURA
薄荷香草湯

主香調為帶甜感的西洋薄荷與清新的日本薄荷，搭配充滿水潤感的果香，能使人感到清新舒暢。

容量／價格 ● 25g×1 包 /190 円
25g×10 包 /1,800 円

AYURA
山椒香草湯

主香調為帶有刺辣感的山椒，再融和淡甜果香與清爽花香，可使人感到疲憊一掃而空並覺得清新爽朗。

容量／價格 ● 25g×1 包 /190 円
25g×10 包 /1,800 円

AYURA
生姜香草湯

主香調為帶有溫熱感的生薑，再搭配能撫慰人心的柚子與柑橘香，可讓冰涼的身體從深處變得暖和。

容量／價格 ● 25g×1 包 /190 円
25g×10 包 /1,800 円

PART SP

日本藥粧研究室
私心大推

令人愛不釋手的 AYURA 單品

　　向來重視香氛表現，但膚質又屬於超敏感肌的日本藥粧研究室成員，接觸 AYURA 也有好幾年的時間。在這段期間，讓我們愛不釋手而持續回購的美妝保養品不少，絕大部分都已經在這一集「日本美的歷史」介紹過。不過，還有三項是日本藥粧研究室強烈推薦的必 BUY 單品。在此，就為大家詳細介紹。

高係數但清爽到不可思議的防曬凝露！

香氛・使用感・效果皆令人滿意的美白精華！

外出時轉換好心情的小幫手！

AYURA
ウォーターフィール UV ジェル

防曬係數為 AYURA 現今最高水準，但質地卻極為清爽好推展。使用之後可在肌膚表面形成一道極薄膜，可對抗紫外線及空氣中的有害物質。因為添加清爽粉體的關係，所以就算肌膚表面有層極薄膜，摸起來還是會顯得滑順。在香氛表現方面一樣突出，獨特的東方草本精油香聞起來超療癒，而且塗抹後那股恰到好處的清涼感也是加分點。最重要的一點，就是膚質敏弱的人，擦了之後並不會隨著時間經過而感到搔癢！（SPF50+・PA++++）

容量/價格 ● 75g/2,800 円

AYURA
ザ ホワイト EX

採用 4MSK 及 m- 傳明酸這對黃金組合的美白精華液。質地相當清爽好延展，在夏天使用一點也不黏膩，但在冬天使用卻又具備足夠的滋潤度。另一個重點，就是那獨特又沉穩的東方草本精油香，能讓人自然感到放鬆，是一種無論男女接受度都很高的香味。（医薬部外品）

容量/價格 ● 40ml/8,500 円

AYURA
ウェルフィットボディーシート

許多人身上都會攜帶濕紙巾，尤其夏天更是會在外出逛街後休息時，找個地方用濕紙巾擦拭一下滿是汗水的脖子與手臂。這款濕紙巾吸引人的地方，就是擦拭之後隨著清涼感撲鼻而來的是怡人得森林清香。這股香味就像是香水一般，不只會持續一段時間，而且還會隨著時間有前、中、後調般地變化。

容量/價格 ● 15 張 /750 円

CHAPTER **3**

日本日常用品的歷史
EARTH製藥

包辦日本人生活需求的日常用品大廠
EARTH製藥·アース製藥

　　創立於 1892 年的 EARTH 製藥，是日本蚊蟲防護用品市占率超過五成的日常用品大廠。不只是殺蟲劑，EARTH 製藥的製品類型還包括蚊蟲防護用品、口腔護理用品、入浴劑、室內消臭·芳香劑，家用清潔用品、園藝用品以及美容輔助果凍與美容輔助飲品。其實，華人熟悉的寶礦力水得以及巴斯克林也都隸屬於同一集團，旗下產品項目多達千項，可稱是包辦日本人各種生活需求的日常用品大廠。

↑ 1929 年木村製藥所開發出手動幫浦式殺蟲劑「アース」（EARTH）。

　　EARTH 製藥的創始人為藥劑師「木村秀藏」，在大阪難波創業初期的名稱為「木村製藥所」，一開始是以製造販賣家庭常備藥為主業。後來為了扭轉日本國產貨不如外國舶來品的刻版印象，並讓日本國民能在沒有經濟負擔的情況下，購買品質媲美外國日常用品，因此在兵庫縣赤穗市建造坂越工廠，而這座廠區至今仍是 EARTH 製藥最重要的生產據點。不說你可能不知道，其實 EARTH 製藥在 1916 年代就是日本第一家將制酸劑原料「碳酸鎂」國產化的日本百年企業。

　　距今約 90 年前的 1929 年，木村製藥所成功將殺蟲劑原料「除蟲菊脂」國產化，並開發出家用手動幫浦式殺蟲劑「アース」（EARTH）。這項產品一推出，立即成為木村製藥所的招牌商品。正因為這項商品太具代表性，因此在 1964 年企業改組時，才將商品名稱「アース」（EARTH）升格成為公司名稱。這就是 EARTH 製藥企業名稱的由來之一。

從需求尋找開發靈感
不斷推出改變日本人生活品質的劃時代商品

秉持著「開發品質媲美舶來品的商品，並且傳遞到全世界」這個創業理念，EARTH 製藥在過去總是不斷從「需求」當中尋找開發新商品的靈感。

例如隨著集合式住宅興起，為捕捉逐漸定居於室內的蟑螂，EARTH 製藥開發出無人不知曉的「捕蟑屋」。

另一方面，改良當時常見的點火式煙燻殺蟲劑於使用上的安全性及殺蟲成分滲透率，開發出至今仍可見，使用水與發熱劑反應間接發熱的「水煙式殺蟲劑」。

另外，EARTH 製藥還改良傳統蚊香需要點火的安全性問題，以及傢俱或牆面容易因煙燻而變色的美觀問題，因而研發出至今仍有許多人愛用的「液體電蚊香」。

還有一個非常重要的跨界創舉，就是為了改變日本人的口腔衛生習慣，開發出「モンダミン」這款專屬日本人味覺及使用感的漱口水，堪稱是日本國產漱口水的先趨。

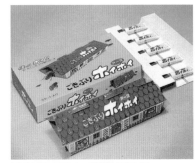

↑「ごきぶりホイホイ」/捕蟑屋（1973 年）

↑「アースレッド」
/水煙式殺蟲劑（1978 年）

↑「アースノーマット」
/液體電蚊香（1984 年）

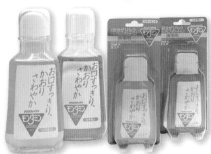

↑「モンダミン」/漱口水（1987 年）

傳統融合流行元素
將日常用品變成時尚家飾的魔法

日本不只長壽人口多，就連歷史超過百年的長壽企業也多達三萬多家。這些長壽企業之所以能歷久不衰，除了產品的品質出眾及危機管理得當之外，最重要的因素是他們會順應潮流的不斷創新，並將這些創新的點子融入自家的長銷商品之中。向來勇於挑戰創新的 EARTH 製藥，在這幾年也陸續推出傳統融合流行元素的產品。這樣的挑戰成功地吸引住年輕族群的目光焦點，順利開發出主婦族群以外的新客層。

舉例來說，驅蚊掛片、防蟲噴霧及液體電蚊香等物，早已經是日本人生活當中相當普及的日常用品了，但 EARTH 製藥卻在 2017 年大膽融合粉紅色、條紋以及蝴蝶結等年輕時尚的元素，香味甚至還重現讓人想一用再用的名牌香水系香氣，打造出讓人不禁想貼上網分享，網美照指數超高的「QunQum 驅蚊系列」。

另一方面，對於年輕人不太使用的蚊香產品，EARTH 製藥則是融合時下流行的和風薰香元素，同時運用防蚊時效長的隱形蚊帳噴霧技術，在 2018 年推出點燃 15 分鐘後就能具備 12 小時防蚊效果，且外觀看起來猶如時尚家飾的「和風薰香式蚊香」。

改變日本人口腔衛生習慣的
漱口水品牌
モンダミン・MONDAHMIN

大家都有使用漱口水的習慣嗎？隨著口腔衛生意識不斷提升，許多人在刷牙之後都會搭配漱口水來提升口腔清潔程度，同時預防口腔形成異味。其實除了防止口臭，淨化口腔之外，使用漱口水還可補足刷牙時沒有潔淨到的部分。這幾年，有越來越多日本人將漱口水視為口腔清潔的最後一個步驟，因此漱口水的銷售量逐年持續攀升。

↑ MONDAHMIN 只要含在口裡漱個 20 秒左右，
就能加強清潔刷牙時所沒有刷乾淨的部分。

說到日本國產漱口水的先驅，就不得不提到 EARTH 製藥的「モンダミン」（MONDAHMIN）。你或許會覺得漱口水是近十年來才興起的口腔護理單品，但其實早在 1987 年 MONDAHMIN 就已經問世。

當年 MONDAHMIN 的研發團隊在研究過海外所產的漱口水之後，決定從配方、功效、口味以及防腐性等各個角度挑戰製出適合日本人的產品。以用到最後「仍感到使用起來很舒服，每天都想持續使用」的堅持，開發出合乎日本人口味的 MONDAMIN 第一號商品——胡椒薄荷口味漱口水。

然而在 30 年前，日本人完全沒有使用漱口水的習慣，加上一般民眾認為漱口水只是用來消除口臭的雅興之物，因此市場反應顯得相當冷淡。即便是在隔年推出奇特的肉桂口味，企圖想引發話題，但市場反應仍然沒有起色。

就在準備要退出市場之際，MONDAHMIN 捨棄「預防口臭」的商品訴求，並且強化特色改打消費者較容易有共鳴的「潔淨效果」這張新牌。為配合全新的商品特色，研發部門便全心投入提升漱口水的潔淨力。沒想到，在上市超

過五年之後，因為商品特色的改變，讓一般消費者覺得使用漱口水是具備了實用性與必要性，因此 MONDAHMIN 的銷量有了起色，並成為長銷超過 30 年的日本國產漱口水先驅。一般人難免會認為漱口水只不過是維持口氣清新的小幫手，但 MONDAHMIN 在潔淨效果上可是下足了功夫，只要含在口裡漱個 20 秒左右，就能加強清潔刷牙時所沒有刷乾淨的牙垢。

不只是潔淨能力，EARTH 製藥認為「受喜愛的口味與香味」才是民眾持續使用漱口水的動機之一，因此在口味與香味等使用感的開發上也格外堅持。

EARTH 製藥最大的突破點之一，就是率先加入木醣醇作為矯味劑，藉以改善漱口水本身的異味。由於木醣醇能讓漱口水的味道變好，提升使用者對漱口水的接受度，因此目前也成為漱口水中常見的主流矯味劑成分。

在多達 10 餘種的 MONDAHMIN 產品當中，每個人都能夠找到符合自己的需求，同時也喜歡其口味及香味的使用感。這也就是為什麼每一款 MONDAHMIN 的漱口水，都能擁有死忠愛用者的原因。

根據不同的使用需求以及消費族群，MONDAHMIN 可分為 PREMIUM 豪華全能系列、基本護理系列、專業護理系列以及學童護理系列等四大類型。接下來就為大家詳細說明每個系列的特色。

MONDAHMIN 新工廠

隨著漱口水市場不斷擴大，MONDAHMIN 的市場需求量也逐年攀升。為滿足市場需求及產能，EARTH 製藥於 2017 年啟用 MONDAHMIN 位於兵庫縣赤穗的全新廠房。這座廠房只生產 MONDAHMIN，每日產能高達 8 萬瓶，而年產能則是高達 2300 萬瓶之多！

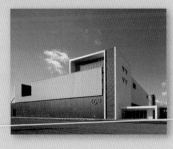

MONDAMIN PREMIUM
豪華全能系列

自 1987 年 以 來 ‧ 累 積 約 30 年 研 發 技 術 的 MONDAHMIN ‧於 2015 年推出 MONDAMIN 史上最多‧具有七大訴求的「MONDAMIN PREMIUM 豪華全能系列」。這一系列是廣受好評‧可對應全家老小各種不同口腔潔淨護理需求的漱口水。只要在刷牙之後簡單漱口 20 秒‧就能達到預防蛀牙、牙齦炎、出血、口臭、牙垢附著以及潔淨口腔‧並讓口氣變得清新。

モンダミン
プレミアムケア

MONDAHMIN 全系列當中‧擁有目前最多七大訴求的漱口水。可解決全家大小各世代不同的口腔需求‧守護全家口腔健康。基本上‧在不知道該怎麼選擇漱口水時‧這一瓶是最不會踩雷的選擇。（医薬部外品）

容量/價格●80ml/248 円；380ml/598 円；
　　　　　700ml/698 円；1080ml/880 円
香味●豪華薄荷香
酒精●有
有效成分●CPC、GK₂、TXA

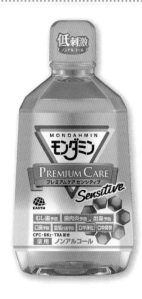

モンダミン
プレミアムケア センシティブ

保有 MONDAMIN PREMIUM 舒服清涼的使用感‧但用起來更加溫和的低刺激無酒精版本。辨別方式很簡單‧無酒精版本的瓶蓋縮膜上印有「低刺激」字樣‧而且瓶身縮膜上的系列名稱的底色為充滿溫和感的水藍色。
（医薬部外品）

容量/價格●380ml/598 円；700ml/698 円；
　　　　　1080ml/880 円
香味●豪華薄荷香
酒精●無
有效成分●CPC、GK₂、TXA

口腔護理小常識

　　　許多人在使用漱口水時‧都曾經有過相同的經驗‧那就是漱口水使用起來刺激感太過於強烈‧導致口腔內部在漱口時會出現刺痛感。這股刺激感主要來自於酒精‧雖然酒精具有殺菌消毒的能力‧但漱口水最主要的機能成分並非酒精。關於漱口水常見的有效成分及效果‧請參考下列表格。

日文標示	英文縮寫	主要效果
トリポリリン酸 Na	TPP	單獨使用時的潔淨力雖然不強‧卻能夠提升界面活性劑的潔淨效果。
ステアレス -20	ST-20	對於口腔內部髒汙具有高潔淨力‧但刺激性卻相對偏低。
ポリエチレングリコール	PEG	牙膏或卸妝品中的常見成分‧可強力溶出油污及異味分子‧並使這些成分變得容易被水沖淨。
セチルピリジニウム塩化物水和物	CPC	中文名稱為西吡氯銨的殺菌劑‧在口腔中會以帶正電的複合體型態‧附著於帶負電的口腔細菌上並發揮殺菌作用。
グリチルリチン酸ジカリウム	GK₂	保養品中常見的穩定肌膚狀態成分‧中文名稱為甘草酸二鉀。因具有消炎作用‧所以也常被運用於口腔護理產品之中。
トラネキサム酸	TXA	許多美白產品都會添加‧中文名稱為傳明酸又稱斷血炎。用於漱口水的主要目的是預防牙齦出血。
テトラピーピー	TetPP	離子塗層料的一種‧可在牙齒表面形成保護層‧防止牙垢及牙漬附著。
セラック	Shellac	中文名稱為蟲膠‧常用於包覆糖衣錠或口香糖外層以增加光澤感。運用於漱口水的主要目的‧在於保護牙齒不受蛀牙菌所產生的酸性物質影響‧同時幫助維持 CPC 的濃度。

MONDAHMIN 基礎護理系列

MONDAHMIN 當中屬於最基本類型的系列，整個系列區分為三個品項，但不管是哪個品項，都採用離子塗料層 (TetPP)。這系列最大特色，在於可去除口中會造成齒垢、口臭等口腔問題的食物殘渣或細微髒汙以及口腔黏膩感。

整個品牌的基礎系列，強調單純漱口就能同時去除髒污並防止附著，可用於日常口腔清潔使用，也很適合放一瓶在工作的地方，在午餐過後漱個口以維持口腔潔淨與口氣清新。

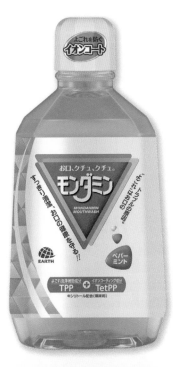

モンダミン ストロングミント

針對吃完油膩食物或抽菸所產生的口腔異味問題，採用潔淨能力較強的口腔護理成分。使用起來的清涼感持續時間長，愛用者當中有不少是喜愛刺激感的男性。

容量/價格● 80ml/198 円；380ml/498 円；700ml/598 円；1080ml/698 円
香味● 強力薄荷香
酒精● 有
有效成分● PEG(清潔輔助成分)、TetPP(離子包覆成分)

モンダミン ペパーミント

MONDAHMIN 全系列中的人氣王，也是基本款中的基本款。對於想要維持口腔潔淨並預防口腔散發異味的人來說，是很不錯的入門款選擇。

容量/價格● 80ml/198 円；380ml/498 円；700ml/598 円；1080ml/698 円
香味● 清新胡椒薄荷香
酒精● 有
有效成分● TPP(清潔輔助成分)、TetPP(離子包覆成分)

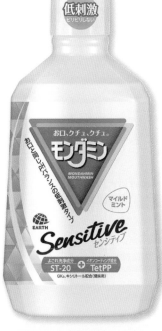

モンダミン センシティブ

專為口腔對刺激忍受度較低的族群所設計。就連潔淨成分也特別採用溫和型的 ST-20。即便使用感溫和，口腔潔淨力可一點也不馬虎。

容量/價格● 380ml/498 円；700ml/598 円；1080ml/698 円
香味● 溫和薄荷香
酒精● 無
有效成分● ST-20(清潔輔助成分)、TetPP(離子包覆成分)

MONDAHMIN 專業護理系列

在 MONDAHMIN 四大系列當中，專業護理系列除「乾燥護理型」漱口水之外，在日本的商品分類上隸屬「医薬部外品」。可針對特別在意的口腔狀況及需求，挑選符合的漱口產品。

モンダミン
ナイトクリア

MONDAHMIN 夜間潔淨型。針對起床後的口臭及口腔內黏膩感等問題，採用長效抗菌成分 CPC。只要睡前使用，有效成分會停留在口腔之中，維持清爽一整晚。由於還搭配消炎成分的關係，因此能同時發揮預防牙齦炎的作用。（医薬部外品）

容量/價格 ● 330ml/498 円；600ml/698 円；
1000mll/880 円
香味 ● 薄荷草本香
酒精 ● 有
有效成分 ● CPC(殺菌成分)、GK₂(抗炎症成分)

モンダミン
メディカルケア

MONDAHMIN 抗炎護理型，針對牙齦發炎的原因和症狀使用三種有效成分。並搭配山楂子、問荊以及金縷梅等牙齦護理植萃成分，很適合用於強化牙齦健康護理，讓牙齦狀態變得更健康。（医薬部外品）

容量/價格 ● 330ml/498 円；600ml/698 円；
1000ml/880 円
香味 ● 舒緩草本香
酒精 ● 無
有效成分 ● CPC(殺菌成分)、TXA(抗出血成分)、
GK₂(抗炎症成分)

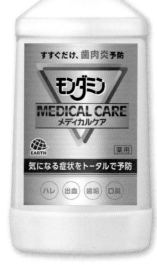

モンダミン
ドライケア

許多老人家會因為唾液分泌量減少的關係，容易出現口腔乾燥及散發異味的問題。其實不只是高齡者，現代人工作壓力大，有不少上班族也有相同的困擾。針對這些口腔乾燥問題，MONDAHMIN 特別開發出乾燥護理型漱口水，主要的口腔保濕成分，幾乎都是臉部保養品中常見的保濕成分。

容量/價格 ● 600ml/698 円
香味 ● 草本荔枝香
酒精 ● 無
主要成分 ● 昆布萃取物、玻尿酸、甜菜鹼

MONDAHMIN 學童護理系列

漱口水最大的用途之一，就是加強潔淨刷牙沒刷乾淨的部分，因此刷牙技巧還不算熟練的學童更是需要使用漱口水維持口腔與牙齒清潔。為幫助未成年的學童養成使用漱口水的習慣，MONDAHMIN推出一系列適合各學齡階段且口味討喜的學童專用漱口水。若是小朋友覺得家中現今所使用的漱口水過於刺激或味道不喜歡，就可以考慮這個專屬學童的漱口水。

モンダミン Kid's

適合會自行漱口（約五歲）到國小低年級學童，口味相當討喜且感覺就像果汁一樣令人沒有抗拒感的漱口水。只要簡單漱口就能使防止蛀牙的包覆成分 Shellac 及殺菌成分 CPC 在牙齒表面形成雙重防護，進而預防蛀牙危機。

容量/價格 ● 250ml/398 円
香味 ● 草莓口味（紅）/ 葡萄口味（藍）
酒精 ● 無
有效成分 ● CPC(殺菌成分)

モンダミン Jr.

適合國小中年級到中學生使用的學童專用漱口水。有效成分與 Kid's 相同，以水感葡萄及麝香葡萄為基底添加薄荷，口味甜度較低的大人口味，很適合在習慣成人用漱口水之前使用。

容量/價格 ● 600ml/698 円
香味 ● 綜合葡萄口味
酒精 ● 無
有效成分 ● CPC(殺菌成分)

日常用品新挑戰
溫泡‧ONPO

EARTH 製藥在 2015 年秋季再次推出全新的日用品品牌「溫泡」，正式宣告加入競爭激烈的碳酸泡入浴發泡錠市場。近年來溫泉成分(碳酸 Na、硫酸 Na 等)及碳酸泡的溫浴，都被視為能夠促進血液循環，進而對付肩頸痠痛、疲勞以及手腳冰涼等問題的好幫手。此外，溫泉成分在日本也被視為可用於汗疹、濕疹、痘痘、乾荒等肌膚困擾。

短短三年之內，溫泡的品項快速擴增至 10 個種類以上，在眾多碳酸泡入浴發泡錠新品中，表現可說是相當突出。然而，在競爭如此激烈的入浴發泡錠市場之中，溫泡究竟是如何獲得消費者青睞的呢？其實，溫泡擁有兩個相當有趣的特色。

【特色一】單一素材的多樣變化

絕大部分的盒裝碳酸泡入浴發泡錠，不是香味都一樣，就是將數種完全不同素材的類型放在同一盒當中。不過溫泡有趣的地方，在於開發人員擁有挑戰極限變化的精神，在選定主題素材之後，便會賦予主素材不同的生命，調配出四種各具特色的香味。

【特色二】追求香氛的質感

香氛是入浴劑的基本構成條件之一，而溫泡的研發團隊將調香視為產品的靈魂，因此溫泡的香氛不單單是一般的合成香料，而是精選日本各地的國產香氛精油，或是分析並重現具有特色的香味，藉此提升溫泡在香氛表現上的質感。在溫泡的強力碳酸泡作用之下，質感出眾又迷人的香味會迅速布滿這間浴室，讓入浴者能在舒服的香氣之下放鬆身心。

目前溫泡的種類有 10 種，以特色主題來看可細分為「清爽碳酸浴」、「滑順碳酸浴」及「極緻碳酸浴」等三個系列。

清爽碳酸浴

入浴錠當中含碳酸氫鈉，因此可消除肌膚在夏季特有的黏膩感。除此之外，還添加具有清涼感的薄荷與能夠制汗爽身的明礬，所以出浴之後能感到清爽舒暢。

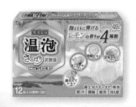

溫泡 ONPO さっぱり炭酸湯 こだわりレモン

清爽檸檬浴。使用廣島縣及愛媛縣等地所產的瀨戶內檸檬精油。

容量/價格● 12 錠 /448 円
香味/湯色● 鮮摘檸檬 / 透明檸檬黃；帶皮檸檬 / 透明淺綠
　　　　　　碳酸檸檬 / 透明天藍；甘甜檸檬 / 透明橘黃

溫泡 ONPO さっぱり炭酸湯 こだわり薄荷

清爽薄荷浴。萃取自岡山縣日本特有種「秀美薄荷」的倉敷薄荷精油。

容量/價格● 12 錠 /448 円
香味/湯色● 純薄荷湯 / 透明水藍；白桃薄荷 / 透明桃粉
　　　　　　柚子薄荷 / 透明淺綠；檸檬薄荷 / 透明草綠

滑順碳酸浴

這個系列最大的特色，就是追求入浴時的滑順膚觸感。在出浴之後，觸感滑順的泡澡水會與入浴錠當中的負離子薄膜溫和地包覆於肌膚表面，使身體能夠持續處於溫暖的狀態之中。

温泡 ONPO とろり炭酸湯
ぜいたくひのき浴

奢華檜木浴。萃取自長野縣木曾檜木的香氛精油。

容量/價格● 12 錠 / 448 円
香味/湯色● 松葉檜木湯 / 乳綠色；柚子檜木湯 / 乳黃色
菖蒲檜木湯 / 乳白色；木球檜木湯 / 乳白色

温泡 ONPO とろり炭酸湯
ぜいたく柑橘柚子

奢華柑橘柚子浴。萃取自德島縣「木頭柚」之嫩芽、花瓣及果皮的香氛精油。

容量/價格● 12 錠 / 448 円
香味/湯色● 伊予柑柚湯 / 乳紅色；醋橘柚子湯 / 乳綠色
蜜柑柚子湯 / 乳黃色；金桔柚子湯 / 乳白色

温泡 ONPO とろり炭酸湯
ぜいたく華蜜

奢華花蜜浴。分析秋田產花蜜之後所重現的香氛。

容量/價格● 12 錠 / 448 円
香味/湯色● 紫藤花蜜湯 / 濁紫色；玫瑰花蜜湯 / 濁紅色
蓮花花蜜湯 / 濁粉色；金合歡花蜜湯 / 濁黃色

温泡 ONPO とろり炭酸湯
ぜいたくハーブラベンダー

奢華薰衣草浴。分析北海道富良野的薰衣草香味之後所重現的香氛。

容量/價格● 12 錠 / 448 円
香味/湯色● 洋甘菊薰衣草湯 / 透明淺紫；天竺葵薰衣草湯 / 透明藍綠
橙花薰衣草湯 / 透明暖橘；茉莉薰衣草湯 / 透明草綠

温泡 ONPO とろり炭酸湯
ぜいたく果実紅茶

奢華紅茶浴。分析印度阿薩姆紅茶香味之後所重現的香氛。

容量/價格● 12 錠 / 448 円
香味/湯色● 花梨紅茶湯 / 透明暖黃；柚子紅茶湯 / 透明鮮綠
桃子紅茶湯 / 透明橘黃；蘋果紅茶湯 / 透明深橘

極緻碳酸浴

溫泡最早推出的系列，主打特色除了溫泡的發泡力與香味之外，最重要的就是溫熱身體的入浴作用。為加強身體在入浴後的溫熱感，全系列除了碳酸鈉及硫酸鈉等溫泉成分之外，還搭配唐辛子與生薑等暖身成分，因此特別適合在冬天或想流點汗的時候使用。

温泡 ONPO
こだわりゆず 炭酸湯

極緻柚香浴。萃取自德島縣「木頭柚」之嫩芽、花瓣及果皮的香氛精油。

容量/價格● 20 錠 / 598 円
香味/湯色● 鮮摘柚子湯 / 透明草綠；熟甜柚子湯 / 透明黃
溫暖柚子湯 / 透明橘；微苦柚子湯 / 透明深綠

温泡 ONPO
こだわり生姜 炭酸湯

極緻生薑浴。萃取自日本國產生薑的香氛精油。

容量/價格● 20 錠 / 598 円
香味/湯色● 香甜生薑湯 / 透明草綠；蜂蜜生薑湯 / 透明橘黃
辣辣生薑湯 / 透明暖黃；柚子生薑湯 / 透明淺黃

温泡 ONPO
こだわり森 炭酸湯

極緻森林浴。萃取自青森縣產羅漢柏的香氛精油。

容量/價格● 20 錠 / 598 円
香味/湯色● 嫩葉之森湯 / 透明草綠；濃綠之森湯 / 透明深綠
針葉之森湯 / 透明淺綠；大樹之森湯 / 透明橘黃

温泡 ONPO
こだわり桃 炭酸湯

極緻桃香浴。分析岡山縣產「清水白桃」的香氛之後所重現之香氛。

容量/價格● 20 錠 / 598 円
香味/湯色● 鮮摘蜜桃湯 / 透明粉紅；甘熟黃桃湯 / 透明鮮黃
初摘嫩桃湯 / 透明淺綠；甜嫩蜜桃湯 / 透明粉紅

温泡 ONPO
こだわりローズ 炭酸湯

極緻玫瑰浴。萃取自鮮摘保加利亞玫瑰的香氛精油。暖體成分為葛根與生薑。

容量/價格● 20 錠 / 598 円
香味/湯色● 混壺玫瑰湯 / 透明粉紅；茶香玫瑰湯 / 透明鮮綠
大馬士革玫瑰湯 / 透明淺紅；迷你玫瑰湯 / 透明淡粉

改善塵蟎困擾的好幫手
ダニアース・Dani EARTH

現代過敏人口眾多，不少人都有噴嚏打不停或皮膚這邊癢那邊癢，甚至是有氣喘的老毛病。研究顯示誘發許多現代人過敏的最大成因，就是肉眼看不見的塵蟎。塵蟎是一種體型極小，無法用肉眼辨識的節肢動物，而牠們就棲息在床舖、沙發以及地毯等生活環境之中。

許多人都會使用吸塵器來對付惱人的塵蟎，不過吸塵器可以吸走皮屑、棉絮及塵蟎的屍體，卻無法吸走牢牢抓住布面傢俱及寢具的活塵蟎。針對這些活塵蟎，最好的方式就是利用噴劑弱化或撲殺之後，再搭配吸塵器才能達到最佳效果。

EARTH 製藥這幾年在塵蟎防護居家用品上，投入不少心力研究並開發這類產品。從目前推出的幾項商品來看，大致可分為化學藥劑及天然草本素材兩種類型。就效能來看，化學藥劑類型可發揮驅除及抑制繁殖的效用，而天然草本素材則是有預防塵蟎靠近及棲息功效。

おすだけダニアーススプレー
100 回分 シトラスハーブの香り

可以按壓 100 次的壓縮氣瓶版本。建議使用量是每 1 平方空間按壓 2 次，因為加壓氣體的擴散範圍大，所以使用距離約為 1 公尺。舉例來說，在沙發或寢具上噴 1～2 下並靜置 2 小時左右之後，塵蟎的活動力就會衰減，這時候就可以利用吸塵器吸起傢俱或寢具上的活塵蟎及塵蟎屍體。在使用次數方面，每個月大約只要一次就可以。

容量/價格 ● 6.9ml/980 円
香味 ● 草本柑橘香
主要成分 ● 苯醚菊酯（phenothrin）

ダニアーススプレー
ハーブの香り

驅除及預防塵蟎的基本原理及成分相同，但使用方式上卻變有不同的噴霧罐版本。使用距離大約是 20～30 公分，且每 1 平方公尺大約噴灑 4～6 下。噴灑後不會殘留黏膩感，就連直接與肌膚接觸的寢具及布沙發也可以放心使用。

容量/價格 ● 300ml/798 円
香味 ● 草本清香
有效成分 ● 苯醚菊酯（phenothrin）

ダニアーススプレー
ソープの香り

EARTH 製藥 Dani EARTH 驅蟎噴霧的拉拉熊版本。除了包裝不同之外，香味也採用清新的皂香。

容量/價格 ● 300ml/798 円
香味 ● 清新皂香
有效成分 ● 苯醚菊酯（phenothrin）

EARTH 製藥
害蟲防護商品・虫ケア用品

EARTH 製藥在日本是市占率過半的殺蟲劑大廠，在過去一百多年來不斷研發各種防蟲商品。隨著時代的進步，產品開發的重點之一，就是在追求效果性的同時兼顧對人體的安全性，因此近年來推出不少原料取自天然植物的防蟲商品。為扭轉一般人對「殺蟲劑」毒害性高的負面印象，EARTH 製藥為這些防蟲商品改名為「害蟲防護品」。在這邊，日本藥粧研究室也特別精選幾項有趣、可愛及特別的害蟲防護代表商品。

アース
サラテクト & moist

乍看之下原以為是化妝水，結果竟然是防蚊液，而且是添加保濕成分的防蚊液。EARTH 製藥發現「溫和不刺激」是消費者選擇防蚊液時的考量條件之一，因此推出這瓶進化到具有保養作用的防蚊液。由於主成分為敵避，因此建議避免使用在傷口處。

容量/價格 ● 150ml/598 円
主要成分 ● 敵避

活用植萃草本力

打造塵蟎防護罩
ダニバリア・Dani Barrier

EARTH 製藥的 Dani Barrier 主打特色為不使用化學藥劑，而是利用植萃草本的力量。簡單地說，就是利用非化學原料來調配出塵蟎討厭的味道，防止討人厭的活塵蟎靠近。由於原料萃取自植物，所以家中有嬰孩或寵物也能夠使用。在產品型態上也有較多變化，除了噴霧之外還有凝凍、貼紙及墊片等各種型態，可依照不同的使用空間進行挑選。

ダニバリア
ダニよけシート

適合用來鋪在衣櫃或抽屜底層，使用效期大約為半年的防蟎墊片，每片尺寸為 90 ㎝ ×90 ㎝，可以依照使用空間自行裁切大小。除了衣櫃與抽屜之外，也適合墊在床鋪、地毯、枕頭或玩具箱下方。要特別注意的一點，就是別和塑膠或木頭等材質直接接觸。

容量/價格●2 片 /698 円
香味●無香
成分●植萃成分

草本皂香　草本薄荷香

ダニバリア
ダニよけゲル

造型類型芳香果凍，可以不斷向四周一定範圍內散發出塵蟎討厭的味道，藉此防止塵蟎靠近。因為是固態的果凍狀，所以也不必擔心翻倒外流。一般來說，這型態的產品適合放在地板上、地毯上以及絨毛娃娃或抱枕集中放置的地方。

容量/價格●110g/498 円
香味●無香
成分●植萃成分

ダニバリア
ダニよけシール

融入植萃成分的防蟎貼片，可以貼在枕頭套或抱枕套的內側，或是衣櫥、玩具箱及食材櫃裡。其實不撕下來貼紙背膠也能發揮機能。若是害怕貼紙背膠會弄傷傢俱，直接放置也能達到防止塵蟎接近的效果。使用效期大約為 1 個月。

容量/價格●36 片 /798 円
香味●無香
成分●植萃成分

防蟎小常識

對於塵蟎而言，潮濕高溫的環境就是最佳的繁殖條件。尤其是在氣溫 25 度、濕度 60% 的環境下※，塵蟎更是會爆發式的大量繁殖。只要在良好的繁殖條件下，一對塵蟎可在兩個月內增加為 3 千隻，四個月後甚至會增加至 450 萬隻。光想就令人頭皮發麻了。

※ 非所有塵蟎都符合這些條件。

清新森林香

溫和花露香

アース蚊とりお香

改良蚊香刺鼻且燃煙過多的問題，EARTH 製藥融合了時下流行的和風薰香元素，推出這款堪稱是史上最時尚的蚊香。不只是時尚而已，還搭配隱型蚊帳噴霧的技術，讓有效成分能夠浮游並附著於使用後的室內空間，因此只要點燃 15 分鐘就可發揮 12 小時的防蚊效果，非常適合使用於臥室或客廳。

容量/價格●10 個 /598 円（含薰香台座）　主要成分●美特寧（Metofluthrin）

防蚊小常識

許多人聽到敵避就退避三舍，尤其是小朋友所使用的防蚊液。然而比起草本素材而言，敵避驅防蚊蟲的效果還是較為確實與明顯。在正確使用之下，敵避的安全性其實很高，除未滿 6 個月的嬰幼兒以及對敵避過敏的人應禁止使用之外，6 個月以上 2 歲以下嬰幼兒的最高使用次數為 1 天 1 次。而 2 歲以上 12 歲以下的兒童最高使用次數則是 1 天 3 次。另外使用時要避免用於眼周或黏膜處以及傷口或是有過敏症狀之部位。

打造一個害蟲不想靠近的空間
ナチュラス・Naturas

EARTH 製藥的 Naturas 是相當有趣的驅蟲商品品牌，因為它不使用化學藥劑殺蟲，而是運用各種植萃草本香氛來驅蟲。EARTH 製藥的研發人員在研究害蟲的生態與習性時，發現特定害蟲會對特定香味產生厭惡反應，並且遠離散發該氣味的來源。在抓住這些特性之後，便以 Naturas 這個品牌推出一系列的此植萃草本香氛驅蟲商品。

ナチュラス
アース天然ハーブのゴキブリよけ

利用蟑螂討厭薄荷味的特性，採用溫和不含化學藥劑的薄荷油所製成，可用來打造一個蟑螂不想靠近的空間。撕開封膜確認薄荷香味可正常發散後，只要放在放餐具或食物的櫃子與抽屜內，或是放在流理台、洗臉台下方，就可防護蟑螂靠近。在正常的使用條件下，使用效期大約為 1 個月。

容量/價格●大：2.1g×2 個/880 円（大收納空間用）
　　　　　小：0.3g×4 個/698 円
有效成分●薄荷油

ナチュラス
アースボタニカルスプレー

這兩年日本藥妝界大吹崇尚自然的植萃保養風，在這股風潮之下，EARTH 製藥推出主打植萃路線的防蟲噴霧。這瓶融合 7 種植萃精油的防蚊噴霧，在香氛表現上相當出色，並沒有傳統防蟲精油的強烈草味。除了可以噴在衣服帽子上之外，也能噴在嬰兒車與運動鞋上防止蚊蟲靠近。

容量/價格● 130ml/980 円
主要成分●草本精油（薄荷、桉樹、薰衣草、
　　　　　天竺葵、迷迭香、依蘭依蘭、橘子）

ナチュラス
アース天然由来成分のコバエよけ ゴミ箱用

EARTH 製藥的研究人員發現，老是在垃圾桶附近飛來飛去的果蠅，會討厭萃取自山葵的異硫氰酸烯丙酯，因此開發出這款果蠅驅除片。只要將這塊果蠅驅除片貼在垃圾桶的蓋子內側，就可撲殺垃圾桶內的果蠅，同時間也能防止果蠅在周圍活動。由於主成分「異硫氰酸烯丙酯」本身具有抗菌防霉效果，所以也能抑制垃圾桶內的垃圾產生異味。

容量/價格● 1 個/548 円
主要成分●異硫氰酸烯丙酯（Allyl isothiocyanate）

衣物防蟲商品新型態
ナチューヴォ・natuvo

　　為防止衣物被衣蛾昆蟲破壞，有不少人都會習慣在衣櫃內放置防蟲掛片或防蟲袋。除了採用化學防蟲成分的產品之外，這幾年也出現許多採用植萃或有機防蟲成分的的產品。

　　一般而言，植萃及有機成分本身的防蟲力較為溫和，所以深受許多育兒媽媽的支持。然而 EARTH 製藥的研發團隊發現，這些來自天然的成分溫和不刺激，卻有個美中不足的問題，那就是單一成分的防蟲力總是差強人意。

　　因此 EARTH 製藥便將開發重點鎖定在植物精油，並且不斷嘗試複合調配，想找出效果確實且香味怡人的最佳組合。在反覆實驗之後，總算是開發出 100% 來自植物成分，其中有機植萃成分比例高達 75% 的自然系防蟲商品。

　　利用有機青薄荷油、日本薄荷油、桉樹精油、薰衣草精油、山蒼樹精油、香茅精油以及迷迭香精油所調和、製作的防蟲袋，在實際使用衣蛾進行實驗時，聞起來是清新怡人的薄荷草本香，卻能在短時間內發揮驅除衣蛾的作用。對於不喜歡化學合成成分防蟲商品的人來說，這個系列是相當不錯的新選擇。

衣類防虫ケア natuvo
引き出し、衣装ケース用

體積大約只有掌心大小的防蟲袋，放在容積 50 公升左右的抽屜或衣物收納箱當中，大約可以使用 6 個月左右。若有送洗衣物，記得要把套在外面的防塵袋取下，不然防蟲效果可能會大打折扣哦！

容量/價格 ● 12 個 /798 円
香味 ● 清新薄荷香
主要成分 ● 7 種有機與植萃精油

衣類防虫ケア natuvo
クローゼット用

大型衣櫃專用，附有環保紙製掛勾套，只要將防蟲袋放入掛勾套之中就可以使用。一般來說，兩門大型衣櫃就差不多需要使用三個。

容量/價格 ● 3 個 /798 円
香味 ● 清新薄荷香
主要成分 ● 7 種有機與植萃精油

讓打掃工作變得輕鬆又快樂
らくハピ・RakuHapi

相信不少人日常生活中最討厭的打掃項目，就是處理浴室裡的霉斑。除此之外，流理台及浴室排水孔在打掃過一段時間之後，就會變得黏黏滑滑，清潔起來真的是討厭又累人。對於許多職業婦女而言，這些清潔工作在無形中會成為相當大的壓力。為了讓這些清潔工作變得輕鬆簡單，EARTH 製藥便在 2016 年推出這個全新的居家清潔品牌，讓忙碌的現代人也能無壓力的做好清潔工作。

らくハピ
おうちの防カビマジカルミトン

採用雙重抗菌成分的防霉清潔手套。不管是廚房流理台、冰箱內側、洗臉台水龍頭、馬桶四周或是衣櫥、窗台，只要輕輕擦過就可以發揮約 2 個月的防霉作用。貼心的三指設計，將拇指與食指的空間獨立出來，提升「搓」與「捏」這些手部細微動作的靈活度，讓打掃清潔的效率更加提升。

容量/價格 ● 5 片 /598 円
主要成分 ● CPC・IPMP・IPBC

らくハピ
キッチンの排水口
ヌメリがつかない 24 時間除菌

對於流理台排水孔總是摸起來黏黏滑滑、散發出異味以及老是有果蠅徘徊的問題，EARTH 製藥開發出這款直接丟在排水孔內杯裡就可解決所有困擾的抗菌錠。抗菌錠中取自於山葵的成分，會隨著沖下來的水發揮抑菌作用。在正常使用下，大約可使用 2 個月。

容量/價格 ● 1 個 /398 円
主要成分 ● 異硫氰酸烯丙酯（Allyl isothiocyanate）

らくハピ
お風呂の排水口用
ピンクヌメリ予防 防カビプラス

成分及防霉原理和流理台抗菌錠相同，只要放在浴室的排水口上，就可防止排水口附近發霉或形成粉紅色的黏滑水垢。在使用含氯化合物漂白劑清潔浴室，要記得先把抗菌劑拿出並暫存於其他地方，待打掃完畢之後再放回排水口上。

容量/價格 ● 1 個 /498 円
主要成分 ● 異硫氰酸烯丙酯（Allyl isothiocyanate）

就能讓馬桶維持清潔與芳香
トワイト・ToWhite

　　現代人對生活品質是越來越講究，打掃廁所馬桶時不只是追求乾淨，而且還講究維持芳香且不易發霉。能夠解決這些問題的潔廁清香凍，在這幾年成為浴廁清潔用品的人氣王。從品牌名稱來看，就不難發現 EARTH 製藥的 ToWhite 潔廁清香錠所追求的目標，就是徹底的「白」。因此和其他同質性商品最大的不同處，就是錠劑本身呈現白色，使用起來並不會太過顯眼。

草本果香

清新花香

純淨皂香

ToWhite トワイト
固形クリーナー貼るタイプ

ToWhite 潔廁清香錠最大的特色之一，就是使用起來清潔度更加分的單包裝。每一顆潔廁清香錠都是獨立包裝，使用時接觸馬桶之後就可以拋棄，而且使用起來完全不費力，只要輕輕一壓就可以發揮潔淨、防污、防霉、防垢及芳香等五大功能。

容量/價格● 4 個 /298 円
主要成分●界面活性劑、香料、防霉劑

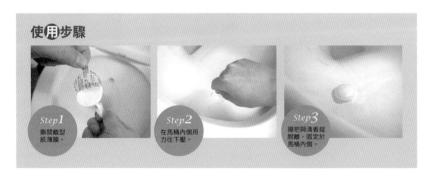

使用步驟

Step 1
撕開離型紙薄膜。

Step 2
在馬桶內側用力往下壓。

Step 3
握把與清香錠脫離，固定於馬桶內側。

不只消除異味還能散發香味

打造清新空間的小幫手
スッキーリ！・Sukki-ri!

　　生活之中，如果添加一點香味就會讓環境有不同的氣氛。Sukki-ri！系列，不只強調香氣，還使用了可以消除異味的成分，散發香味同時淨化空氣中的異味。

　　利用天然精油調配的香味選擇多，就算只想要除味而不喜歡香氣，也有無香版本。因此其中一定會有一個適合屬於你自己的小小天地。逆擺罐的設計，利用地心引力，就算用到最後也不浪費。

お部屋のスッキーリ！

房間專用除味芳香劑。利用植物成分及負離子消臭劑的雙重除臭作用，能消除室內的異味分子，同時配合各種不同的植物精油，發揮溫和不刺鼻的自然香味。由於芳香劑使用時，是由上往下滲入擴散紙，所以使用到最後就算不搖晃瓶身，也能發揮穩定的消臭芳香功能。如果不喜歡香味，也有無香料類型可以選擇。另一方面，對於悶在室內的煙臭味，也有強化消臭機能的煙臭味專用版本。在正常的使用情況下，每一瓶大約可以使用 1.5～3 個月。

容量/價格● 400ml/278 円
主要成分● 天然香料 (天然精油成分)、
　　　　　負離子消臭劑

奢華皂香

極緻薰衣草

溫和玫瑰

淡雅洋甘菊

純淨桃香

草本薄荷

清淨柑橘 (菸臭專用)

無香型

只要三秒就能形成一道保護層
アレルブロック（Aller-Block）

　　對於日本人而言，最擾人的國民健康問題之一，就是柳杉及各種植物所引起的過敏症狀──花粉症。一般來說，日本人會利用戴口罩及眼罩的方式來減緩花粉症所帶來的不適感，市面上更是有不少主打能夠緩解花粉症不適症狀的抗過敏藥物。

　　加上近年來，PM2.5 問題日漸嚴重，日本便出現使用起來更為簡單的防護商品，也就是出門前只要噴一下，就可輕鬆打造防護層的隔離水噴霧。其實 EARTH 製藥旗下的アレルブロック（Aller-Block），就是針對這些需求所推出的品牌。

　　這種水噴霧的作用原理，其實就是利用細微噴霧在身體、頭髮及衣物上，形成一道看不見的保護層。這道保護層可以防止靜電產生，所以不只是植物的花粉，就連病毒、粉塵以及空氣中的懸浮微粒也都能發揮作用。對於許多日本人而言，這樣的水噴霧已經成為日常生活必需品了。

アレルブロック
花粉ガードスプレー
FOR MEN クイックプロテクト

專為男性開發的男用版本。考量到男性不喜歡黏膩的感覺，採用水感清爽質地作為基底，並且搭配薄荷的清涼使用感。

容量/價格●75ml/980 円
香味●水感柑橘香
主要成分●玻尿酸、神經醯胺、膠原蛋白

アレルブロック
花粉ガードスプレー
モイストヴェール

針對女性市場所開發的版本。上完妝後也能使用。除了添加 4 種保濕成分之外，在香味方面則是依照女性偏好，利用玫瑰水及天竺葵水調和出溫和怡人的花香味。

容量/價格●75ml/980 円
香味●溫和花香
主要成分●保濕成分（玻尿酸、神經醯胺、胎盤素、乳油木果油）

アレルブロック
花粉ガードスプレー
ママ＆キッズ

媽媽和小朋友可以一起使用的無香料低刺激版本。一般建議三歲以上，小朋友能夠受控制地閉眼及暫時憋氣之後再使用這樣的水噴霧產品。

容量/價格●75ml/980 円
香味●無香
主要成分●玻尿酸、神經醯胺

CHAPTER 4

特別情報研究室

實現體內外雙向亮白美容‧品項齊全的傳明酸美白品牌 TRANSINO

對於許多愛美人士而言,美白似乎是一個一輩子都努力追求與維持的課題。相信許多對美白成分有研究的人,都知道「傳明酸」是許多美白保養品都會採用,而且效果備受認可的重點美白成分之一。不說你可能不知道,傳明酸這項全球眾多美白保養品都會採用的美白成分,其實是出自日本製藥大廠「第一三共集團」之手。不過傳明酸在問世之初,並非為美白保養而用,而是運用在醫療領域上。開發出傳明酸的第一三共 Healthcare,最早的藥劑商品是至今仍可見的抗纖溶酶藥物「斷血炎」(TRANSAMIN)。

從內服醫藥到外用保養
TRANSINO 的發展五部曲

2007年

首部曲
肝斑改善藥物 TRANSINO

身為傳明酸的發明者,第一三共在斷血炎上市之後,仍然不斷研究並摸索在其他領域上的可能性。在發現醫療美容業界中,會為肝斑患者處方傳明酸等治療藥物之後,第一三共便著手開發世界首例且是目前日本唯一的肝斑改善市售藥「TRANSINO」。在上市之後,「TRANSINO」立即成為 OTC 市售藥的焦點,並在 2014 年改版成為現今流通的「TRANSINO II」。

2010年

二部曲
系列首支美白保養品
TRANSINO WHITENING ESSENCE

在改善肝斑問題的內服藥成功上市之後,第一三共 Healthcare 開始將觸角伸往外用保養業界。在日本,製藥公司運用製藥研發技術開發保養品已經不是新聞,但醫藥品牌跨界推出系列保養品卻是少見的創舉。TRANSINO 運用傳明酸所開發的首支保養品,便是針對美白及色斑問題所推出的美白精華液。

2014年

三部曲
解決日常黑斑及雀斑困擾
TRANSINO White C

針對成因不同的日常黑斑及雀斑問題,第一三共 Healthcare 緊接著推出成分以 L- 半胱胺酸及高劑量維生素 C 為主的口服色斑護理藥物。

2017年

四部曲
系列保養商品改版完整化
TRANSINO 新增洗卸商品

自 2010 年推出美白精華液以來,TRANSINO 幾乎每年都推出一項美白保養單品。從化妝水、乳液、乳霜、面膜到防曬,品項可說是越來越齊全。就在 2017 年保養系列改版之際,第一三共 Healthcare 還推出潔顏乳及卸妝乳,讓整個保養系列變得更加完美與齊全。

2018年

五部曲
新增 TRANSINO 底妝商品

在品牌誕生 10 週年的這一年,除了 TRANSINO White C 推出強化新版本之外,TRANSINO 再次擴張品項版圖,推出美白 CC 霜及 UV 防護粉餅這兩項底妝商品,讓 TRANSINO 成為橫跨內服藥、基礎保養、UV 防護三界的強大品牌。

TRANSINO

TRANSINO 美白錠系列

目前在日本藥妝店可見的 TRANSINO 美白錠有兩種。一種是 TARNSINO 整個品牌最早推出，專門用來改善肝斑問題的白色盒裝「TRANSINO Ⅱ」，另一種則是針對色斑及雀斑等日常斑點問題所開發的寶藍色盒裝「TRANSINO White C clear」。針對不同的斑點問題，要先分辨臉上斑點的成因與類型，這樣才能對症下藥並發揮最佳的改善效果。

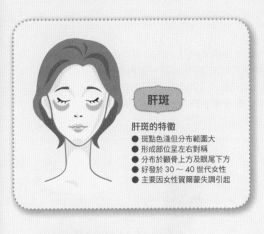

肝斑

肝斑的特徵
- 斑點色淺但分布範圍大
- 形成部位呈左右對稱
- 分布於顴骨上方及眼尾下方
- 好發於 30 ～ 40 世代女性
- 主要因女性賀爾蒙失調引起

TRANSINO
トランシーノ Ⅱ

專門用來對付肝斑的 TRANSINO Ⅱ在日本的醫藥品分類上屬於第 1 類医薬品，因此只有在藥師執業的藥妝店才能購入。就 TRANSINO Ⅱ的建議療程來說，一般是連續服用四週可出現改善效果，連續服用八週為一個療程。在完成一個療程之後，建議在停藥八週之後再進入新的療程。

日本医薬品分類 ● 第 1 類医薬品
容量/價格 ● 60 錠 /1,800 円（2 週份）
　　　　　 120 錠 /3,400 円（4 週份）
　　　　　 240 錠 /6,300 円（8 週份）
主要成分 ●（1 天 2 次每次 2 錠）
　　　　　 傳明酸：750 毫克
　　　　　 維生素 C：300 毫克
　　　　　 L- 半胱胺酸：240 毫克
　　　　　 維生素 B6：6 毫克
　　　　　 泛酸鈣：24 毫克

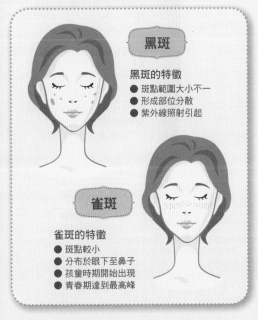

黑斑

黑斑的特徵
- 斑點範圍大小不一
- 形成部位分散
- 紫外線照射引起

雀斑

雀斑的特徵
- 斑點較小
- 分布於眼下至鼻子
- 孩童時期開始出現
- 青春期達到最高峰

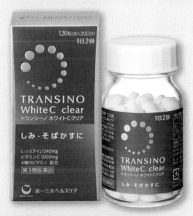

日本医薬品分類 ● 第 3 類医薬品
容量/價格 ● 60 錠 /1,600 円
　　　　　 120 錠 /2,600 円
主要成分 ● 維生素 C：1,000 毫克
　　　　　 L- 半胱胺酸：240 毫克
　　　　　 維生素 E：50 毫克
　　　　　 維生素 B2：6 毫克
　　　　　 維生素 B3：60 毫克
　　　　　 維生素 B6：12 毫克

TRANSINO
トランシーノ White C clear

針對黑斑及雀斑等日常色斑問題所開發的 TRANSINO 寶藍色盒裝版本，在 2018 年春季推出強化成分新版本「TRANSINO White C clear」。除完整保留原有的黑色素代謝成分及促進血液循環成分之外，這次的改版重點，在於新增能夠賦活細胞，促進肌膚代謝力的維生素 B3，可幫助肌膚處於健康透亮的狀態。

軟化角質

TRANSINO 藥用 ホワイトニング クリアローション

質地清新且不帶香味的化妝水。添加杏桃果汁及蓮子發酵液等軟化角質成分，可搭配化妝棉輕輕拭去肌膚表面的老廢角質，讓後續保養成分能夠順利滲透。

容量/價格● 175ml/3,600 円

清透度UP!

TRANSINO 藥用 ホワイトニング エッセンス EX

添加桑葉萃取物及西洋蓍草等能夠提升肌膚淨透感的植萃成分，可在傳明酸發揮亮白作用的同時，讓肌膚看起來氣色更好。使用感滋潤度充足但質地不黏膩，是一支全年通用的美白精華液。

容量/價格● 30g/4,500 円
50g/6,300 円

TRANSINO 美白保養系列

　　主打「根本美白」的 TRANSINO 美白保養系列，自 2010 年推出精華液之後，就不斷擴張品項，目前已經是個擁有化妝水、精華液、乳液、乳霜及面膜等五項產品的完整保養系列。全系列的共通成分，就是能夠阻斷黑色素細胞活化訊號，藉此抑制黑色素形成的傳明酸，以及能夠滋潤角質層的保濕成分海藻糖硫酸鈉。除了共通的美白及保濕成分之外，每個品項也根據保養需求及特質，添加不同的植萃保養成分。對於同時重視亮白及保濕的人來說，是保養層面相當廣的中階保養系列。

肌膚活力 UP!

TRANSINO 藥用 ホワイトニング クリアミルク

運用特殊微粒子化技術，將乳液的粒子縮小至一般乳液的六分之一，所以使用起來滲透力更佳且較無黏膩感。添加漢紅魚腥草萃取物，可應對紫外線等光老化因子所造成的肌膚活力衰退問題。

容量/價格● 120ml/3,600 円

肌膚彈力 UP!

TRANSINO 藥用 ホワイトニング フェイシャルマスク

超細纖維包覆嫘縈纖維的特殊面膜紙，可在服貼肌膚的同時集中釋放美肌成分。而且觸感就像絲綢般滑順舒服。除了美白及保濕成分之外，還採用能在肌膚表面發揮支撐張力的賽洛球，能讓肌況顯得更為緊緻。

容量/價格● 20ml×4 片/1,800 円

TRANSINO 藥用 ホワイトニングリペアクリーム

質地像是凝凍般的乳霜，在使用後會在肌膚表面形成一道透明薄膜，將有效成分及水分鎖在肌膚當中，因此很適合當晚安凍膜使用。強化成分為博士茶萃取物，可利用其抗氧化效果針對肌膚的蠟黃暗沉感進行保養及改善。

暗黃感 DOWN!

容量/價格● 35g/4,000 円

TRANSINO
透亮潔淨系列

TRANSINO 在 2017 年同時推出卸妝乳及潔顏乳兩項潔淨商品，其共通成分包括提升肌膚透亮感的維生素 C，以及穩定肌膚乾荒狀態的甘草酸二鉀。在透過洗淨方式去除肌膚表面老廢角質及毛孔髒汙的同時，也能先將肌膚調整至有效吸收保養成分的狀態。

TRANSINO 藥用
クリアクレンジング

質地濃密的卸妝乳在接觸肌膚後，會因為體溫而快速變化成卸妝油般，質地滑順好推。由於採用高親水性配方，所以較為容易沖淨不易殘留。

容量／價格● 120g/1,800 円

TRANSINO 藥用
クリアウォッシュ

就算不搭配起泡網，用雙手也能快速搓出細緻的濃密彈力泡。不只能夠簡單沖淨，而且洗後還能維持肌膚一定的滋潤度。

容量／價格● 100g/1,800 円

TRANSINO
UV 防護系列

TRANSINO 原本就已經推出防曬乳，但在 2018 年春季品牌迎接 10 週年的同時，推出市面上罕見的添加傳明酸為美白成分的 CC 霜及 UV 粉餅。在這兩項新品加入之後，TRANSINO 宣告正式跨足底妝界。

TRANSINO 藥用
ホワイトニングデイプロテクター

兼具防曬及飾底乳機能的日用防曬乳液，無紫外線吸收劑配方。使用起來溫和且自然不泛白，很適合白天出門前沒太多時間保養的人使用。(SPF35・PA+++)

容量／價格● 40ml/3,300 円

TRANSINO 藥用
ホワイトニング CC クリーム

採用獨特三層構造製法，輕輕一抹就能在肌膚表面形成 UV 防護層、潤色層及防水層。不只抗汗防曬與潤色，也能抵禦空氣中的細微粒子。(SPF50+・PA++++)

容量／價格● 30g/2,600 円

TRANSINO 藥用
UV パウダー

具備抗汗防水機能，還能讓臉部不泛油光不乾荒的防曬粉餅。就算吸附皮脂，粉體也不會變色的關係，所以使用過的肌膚一整天下來也不會顯得暗沉，而且可以直接拿來補妝。(SPF50+・PA++++)

容量／價格● 12g/3,000 円

大刷頭牙刷風潮的領頭羊
EBiSU

刷牙是我們日常生活當中，最為基本的個人衛生習慣。其實，刷牙並不是只為了讓口氣維持清新而已，良好的口腔環境更是與人體健康息息相關。例如正確的刷牙習慣可以預防蛀牙，也能防止危害牙齒與身體健康的牙周病發生。

牙刷應該多久換一次？一般來說，牙刷大約每三個月就需要更換一支，另日本健康美容知識網站《美BEAUTÉ》文章指出，牙刷用超過1個月就該換新，所以說，牙刷可謂是我們身邊相對頻繁更換的日常用品之一。近年來，設計性與機能性水準皆高的日本製牙刷，也成為許多華人前往日本旅遊的必購商品。日本每年的牙刷市場產值將近500億日圓，而扛起這個市場的眾多牙刷製造商當中，僅有EBiSU及LION通過歷史的考驗，成為牙刷一賣超過百年的老字號。

從設計到生產都不假他人之手
業界唯一的專業級大廠

創立於1896年的化妝品批發商「山本商店」，是EBiSU在大阪發跡的前身。到了1919年，山本商店順利取得「エビスはぶらし」（EBiSU牙刷）的商標權，這才開始正式展開牙刷的製造與銷售。在過去百年來，EBiSU從仰賴人工手製時代，到完全自動化生產的現在，儼然是日本國產牙刷的代名詞。

早期牙刷的刷毛材質，大多採用豬鬃毛或馬鬃毛等來自動物的毛髮，而現今則大多使用尼龍刷毛。然而，對於 EBiSU 來說，動物刷毛牙刷是相當具有紀念價值的事業起點，加上仍有少數的愛用者。儘管單年銷量只有幾千支，他們還是抱持著「生產到最後一位愛用者消失」的態度，持續製作市面上相當少見的天然毛牙刷。

持續生產百年的 EBiSU 豬鬃毛牙刷。藍色包裝採用一般豬背硬毛所製，而紅色版本則是精選較長的豬背毛，再截取韌性較強的根部使用，所以刷毛更不容易彎曲且耐用。

相對於偏硬的豬鬃毛牙刷，EBiSU 的混合天然毛牙刷質地就軟許多，很適合拿來一邊刷牙一邊透過按摩的方式來促進牙齦血液循環。綠色包裝採用的是馬鬃毛及山羊毛，而暗紅色包裝則是使用更為高級的白馬鬃毛、山羊毛及獾背毛。

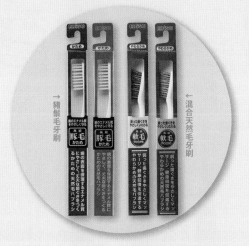

→豬鬃毛牙刷　　←混合天然毛牙刷

經營日本牙刷市場的廠商眾多，但各大廠商都因為事業重心不同的關係，牙刷產品的設計或製造均是委外製造。然而，從創業開始就專心致力於經營牙刷市場的 EBiSU，則是日本現今唯一從企劃開發、設計、開模、製造到銷售全部一手包辦的牙刷廠商。正因為擁有開發設計的技術，所以更能依照使用者的需求，開發出質感及使用感都高的牙刷，並且因為如此在日本的口腔照護市場擁有無可取代的地位。

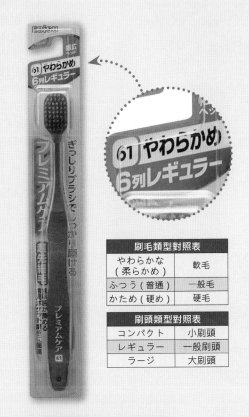

刷毛類型對照表	
やわらかな（柔らかめ）	軟毛
ふつう（普通）	一般毛
かため（硬め）	硬毛

刷頭類型對照表	
コンパクト	小刷頭
レギュラー	一般刷頭
ラージ	大刷頭

日文標示的牙刷選擇法

每個人的刷牙習慣不同，對於牙刷的刷毛硬度喜好也不同。一般而言，牙刷的刷毛可分為超軟毛、軟毛、一般毛及硬毛等四種類型。由於超軟毛的刷毛相當細而容易彎曲，因此在清潔牙垢的表現上比較不佳。除了剛做完牙周病治療或特定原因造成牙齦格外敏感的狀況之外，通常都不建議使用超軟毛。在日本藥妝店的牙刷商品架上，仍然是以軟毛、一般毛及硬毛三種類型為主流，但包裝上標示刷毛類型及刷頭類型的部分，許多廠商仍然只採用日文標示，在這邊就為大家整理出刷毛及刷頭類型的中日文對照表。

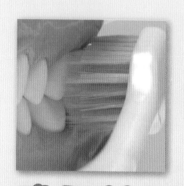

常逛日本藥妝店的人可能已經發現一個新趨勢，那就是推出寬頭牙刷的廠商越來越多，而引爆這股寬頭牙刷熱潮的領頭羊，正是日本百年牙刷老廠 EBiSU。

就在牙刷市場全力投入小刷頭及迷你刷頭的年代，EBiSU 在 2011 年 2 月領先在業界投下一顆震撼彈，推出顛覆傳統刷牙概念的寬頭牙刷品牌「プレミアムケア」(Premium Care)。

雖然寬頭牙刷在一開始的接受度不高，但因不少人使用後表示「感覺刷得更乾淨」，並在大眾的口耳相傳之下瞬間爆紅，在短短幾年間熱賣超過七千萬支。就在這股寬頭牙刷風潮之下，其他牙刷品牌也接著推出相同概念的新產品。時至今日，寬頭牙刷在日本早就成為一般民眾選擇牙刷的主流選項之一。

過去有段時間，因為小刷頭能容易深入口腔每個角落，並確實清潔臼齒及齒列不整的牙齒，所以小刷頭牙刷是大家購買牙刷時的首

EBiSU
プレミアムケア　ハブラシ

帶領寬頭牙刷熱潮並成為主流選擇的 EBiSU Premium Care 系列共有五種不同的刷頭類型。每一種刷頭上的刷毛，可分為外層金色軟毛及內層白色硬毛。金色軟毛可在刷牙時溫和按摩牙齦，而白色硬毛則是能確實刷淨牙齒表面及牙齒與牙齦的交會部分。除此之外，仔細觀察刷毛後，會發現刷毛是由清潔牙垢的平頭刷毛，以及可深入潔淨牙齦間隙的超細尖頭刷毛。在這些質地與形狀不同的刷毛分工合作下，就能確實將牙齒刷得乾乾淨淨。

容量/價格● 298~ 円

選。然而，小刷頭牙刷接觸牙齒的面積小，必須搭配特定的刷牙技巧及耗費較多的時間，才能慢慢地、確實地刷完所有牙齒。

寬頭牙刷之所以崛起，主要是因為刷頭接觸牙齒的面積大又廣，不只能夠完整包覆牙齒表面，還能同時利用最外圍的刷毛清潔並按摩牙齦。由於不需要特定刷牙技巧，就能有效率且完整清潔牙齒與牙齦間隙，因此短時間內便成為熱賣的主流牙刷類型。

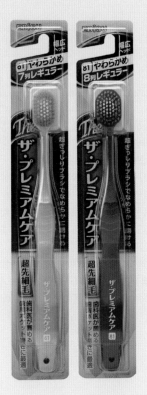

EBiSU
ザ・プレミアムケア　ハブラシ

EBiSU 在寬頭牙刷 Premium Care 系列成功打響名號之後，接著推出毛束更加密集，刷起來牙齒及牙齦的包覆感及滑順感更加升級的 The Premium Care 系列。刷毛形狀同樣是清潔牙垢的平頭刷毛，以及能夠深入潔淨牙齦間隙的超細尖頭刷毛所組成，而刷毛質地則是進化到由三種刷毛所組成。這三種刷毛分別是溫和按摩牙齦的外層金色刷毛、確實刷淨牙齒表面的中層，以及可刷淨牙齒表面凹凸部位上污垢的白色硬毛。

容量/價格 ● 398~429 円

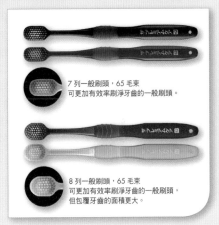

7 列一般刷頭，65 毛束
可更加有效率刷淨牙齒的一般刷頭。

8 列一般刷頭，65 毛束
可更加有效率刷淨牙齒的一般刷頭，但包覆牙齒的面積更大。

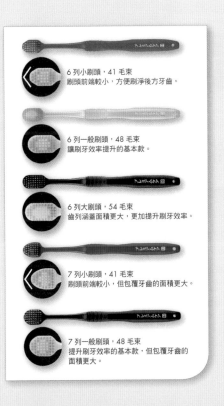

6 列小刷頭，41 毛束
刷頭前端較小，方便刷淨後方牙齒。

6 列一般刷頭，48 毛束
讓刷牙效率提升的基本款。

6 列大刷頭，54 毛束
齒列涵蓋面積更大，更加提升刷牙效率。

7 列小刷頭，41 毛束
刷頭前端較小，但包覆牙齒的面積更大。

7 列一般刷頭，48 毛束
提升刷牙效率的基本款，但包覆牙齒的面積更大。

EBiSU
プレミアムケア　歯の美白

針對牙齒表面附著污漬的問題，EBiSU 採用寬刷頭設計，在毛束當中植入質地偏軟的橡膠刷毛。同時間，也在刷頭背面加了橡膠舌苔刷墊，可在刷牙的同時輕輕刮除舌頭上的髒污。

容量/價格 ● 298~ 円

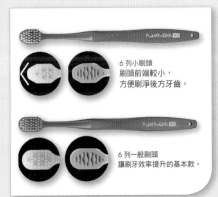

6 列小刷頭
刷頭前端較小，方便刷淨後方牙齒。

6 列一般刷頭
讓刷牙效率提升的基本款。

日本的化妝棉專家
Silcot・シルコット

對於許多人而言，化妝棉是日常保養中不可或缺的重要工具。為提升化妝水的保養效果，不少人都會搭配化妝棉使用。然而，隨著新型態保養品的問世，以及主流保養手法的變化，化妝棉的用途顯得更多樣化。

例如時下流行的化妝棉濕敷法，就是將吸飽化妝水的化妝棉服貼於臉上，用來取代傳統面膜的保濕強化保養術。除此之外，在卸妝水及去角質化妝水的問世之下，不少人會搭配化妝棉進行卸妝及去除臉部肌膚老廢角質。既然用途如此多，只靠同一片化妝棉可能無法讓每項保養都獲得最佳效果。所謂「工欲善其事，必先利其器」，也就是不同的保養需求，就要搭配不同類型的化妝棉。

你可能會覺得，化妝棉還能有什麼變化與類型可言。不過日本日用品大廠「Unicharm(優妮嬌盟)」旗下擁有 40 年品牌歷史的「Silcot」，就根據不同保養需求及保養單品的特色，開發出五種構成材質與使用訴求不同的化妝棉，堪稱是日本的化妝棉專家品牌。

化妝棉選擇小常識

看似簡單的化妝棉，在選擇上其實也有許多注意事項。其中有兩點相當重要，大家在使用手邊的化妝棉時可以稍微留意。

●使用時不可起毛屑

有些化妝棉在使用過程中，表面會捲起一團團的毛屑。這些毛屑其實會因為摩擦而在肌膚角質層留下細微的傷口，反而會造成肌膚乾荒。因此建議選擇纖維較細且質地較柔軟滑順的化妝棉。

●能夠釋放化妝水

若是化妝棉牢牢吸住化妝水，那就無法在使用過程中，將化妝水釋放至肌膚表面。如此一來，不僅化妝水的保養效果變差，肌膚也會因摩擦而受到傷害。因此建議選擇中層能像海棉一般，可吸收又可釋放保養品的化妝棉。

肌膚保養　加強滲透　卸除指彩　美容儀器

Silcot
なめらか仕立て

在日本銷售長達 40 年，Silcot 系列的第一項商品，也是整個系列的泛用型藍盒基本款。表面滑順不會起毛屑，內層採用離水性佳的植物纖維，因此可確實釋放化妝棉所吸收的保養品。

容量/價格 ● 82 片/約 198 円
單片尺寸 ● 66 mm × 50 mm
表面材質 ● 人造絲

肌膚保養　加強滲透　卸除指彩　美容儀器

Silcot
Premium コットンやわらか仕立て

Silcot 綠盒豪華款，是藍盒基本款的升級版。除化妝棉本身尺寸加大、厚度變得更加紮實，在擦拭全臉時更方便之外，邊角的圓弧剪裁也能防止使用時不慎刮到臉部肌膚的問題。不過說到綠盒豪華款最大的特色，其實是表層採用 100% 純棉，同時採用保濕成分加工，使化妝棉能夠吸收空氣中的水分，讓化妝棉觸感顯得更加柔軟。

容量/價格 ● 66 片 / 約 198 円
單片尺寸 ● 72 mm ×55 mm
表面材質 ● 100% 純棉

擦拭卸妝　角質護理

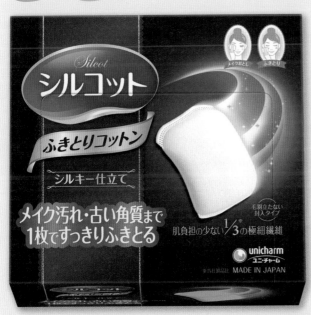

Silcot
ふきとりコットン シルキー仕立て

Silcot 紫盒絲滑擦拭款，化妝棉尺寸與綠盒豪華版相同，方便用來擦拭全臉。在產品定位方面，屬於強化擦拭機能，適合搭配卸妝品或去角質保養品一起使用。紫盒絲滑擦拭款最大的特色，在於表面那股獨特的絲滑感，其表面材質為粗細小於 10μm 極細長纖維，也就是纖維粗細度只有同系列產品的 1/3。因此，使用起來不只可以降低肌膚所承受的負擔，也能搭配卸妝品或帶走去角質保養品，在不需過度施力的情況下，簡單且確實地將臉部彩妝及老廢角質給帶走。

容量/價格 ● 32 片 / 約 198 円
單片尺寸 ● 72 mm ×55 mm
表面材質 ● 尼龍、人造絲

Silcot
黑盒濕敷款

Silcot 黑盒濕敷款堪稱是全系列當中，吸睛程度最高且構造最為特殊的類型。內層採用特殊的海棉狀結構，會成為化妝水的暫存區，在日常保養輕壓臉部時，暫存於海棉狀結構當中的化妝水，會隨著每一次按壓的動作，將化妝水均勻地向肌膚釋放。

另一方面，用於濕敷保養時，化妝棉內層吸飽化妝水海棉狀結構就像是一座小水庫一樣，會向肌膚表面持續輸送化妝水。由於化妝水幾乎不會殘留在化妝棉當中，因此無論是保養或是濕敷，化妝水用量都能大幅節省一半左右。如此一來，使用較高級的化妝水來擦臉時，感覺就比較不會那麼心疼了！

Silcot 黑盒濕敷款的獨特性與實用性深獲眾多消費者的肯定與喜愛，在日本更是少數登上美妝排行榜的化妝棉。在日本美妝第一口碑網站@ cosme 當中，Silcot 黑盒濕敷款挾著超高人氣，破天荒地連續奪下2016 年及 2017 年的美容小物組冠軍。縱觀日本眾多國產化妝棉，在品項涵蓋範圍如此廣的組別當中，要連續兩年奪冠可說是相當罕見的現象。

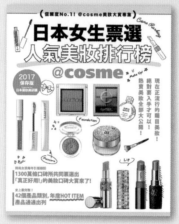

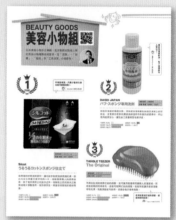

Silcot 黑盒濕敷款人氣爆棚的祕密

只需一半的化妝水用量就可滋潤全臉。

按壓臉部時所滲出的化妝水量。

270

100

同系列化妝棉。　黑盒濕敷款。

※ 按壓 20 次的滲出量。

不容易起毛屑。

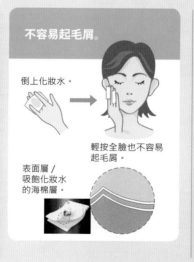

倒上化妝水。

輕按全臉也不容易起毛屑。

表面層 /
吸飽化妝水的海棉層。

可撕成兩片變成面膜。

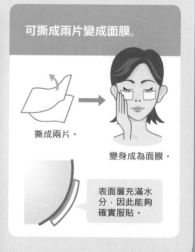

撕成兩片。

變身成為面膜。

表面層充滿水分，因此能夠確實服貼。

Silcot
うるうるコットン スポンジ仕立て

Silcot 黑盒濕敷款除了能用於輕按全臉的肌膚保養之外，最推薦的用法就是濕敷保養。獨特的曲線剪裁可整片服貼於眼下與鼻部，強化雙頰與鼻部的保養。另一方面，每片化妝棉展開後可沿著中間的虛線撕成兩半，可撕開並倒上化妝水之後，敷於臉部任何想濕敷保養的部位。

容量/價格 ● 40 組（80 片）/198 円
單片尺寸 ● 70 mm ×58 mm
表面材質 ● 絨毛漿、人造絲

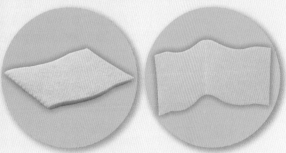

Silcot
うるうるコットン オーガニック PLUS

暫定為
區域限定品
日本/
中國大陸

Silcot 金盒濕敷款是尤妮佳盟預計在 2018 年秋季所推出的重點新品，可說是黑盒濕敷款的豪華升級版。同樣可以撕成兩片，濕敷於想加強保養的部位上。最大的升級重點，在於表面材質改為膚觸更加柔和且舒服的有機 100% 純棉。除了濕敷之外，也很推薦用來擦拭卸妝。

容量/價格 ● 未定
單片尺寸 ● 70 mm ×58 mm
表面材質 ● 有機棉

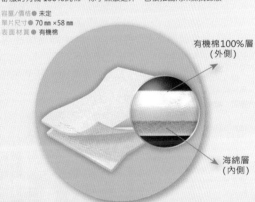

有機棉100%層
（外側）

海綿層
（內側）

除藍盒基本款之外，Silcot 旗下所有化妝棉皆通過纖維製品國際認證「OEKO-TEX®STANDARD 100」當中，認證條件最為嚴苛的「第 1 類製品（嬰幼兒用製品）」考驗，再加上未使用漂白劑及螢光劑，因此連嬰兒也能安心使用。

備受攝影現場肯定的日系國際彩妝保養品牌—江原道·Koh Gen Do

創立於 1986 年，主張「每位女性都是自己人生中的女主角」，不斷追求真實之美的「江原道」，是近年來備受注目的日系彩妝保養品牌。江原道的共同創業者之一，是肌膚相當敏感的日本女星。為了讓自己不穩定的肌膚狀態也能在鏡頭前表現完美，江原道的品牌創立主要目標，就是開發不含合成色素、香料以及石化原料的自然派美妝保養品。

正是在這樣的背景下誕生，江原道的底妝系列才能兼備低肌膚負擔與高遮飾表現，並且深受攝影現場所青睞。不只是在日本當地，對於江原道的底妝表現，就連好萊塢片場的彩妝師亦讚不絕口，因此有不少日本及歐美影星都使用過，甚至成為江原道的忠實粉絲。綜觀所有日本美妝保養品牌，江原道是極少數能征服挑剔出名的好萊塢影星專屬彩妝師，同時在紐約麥迪遜大道以及比佛利山莊這些頂級血拚殿堂展店的傳奇品牌。

許多人對於「江原道」的第一印象，都會直覺認為這是個韓系品牌。事實上，江原道的另一位共同創辦人名姓「江原」，因為想透過這個品牌闖出一條屬於自己的道路，所以才將品牌命名為江原道（Koh Gen Do）。

1987 年時，江原道在東京麻布十番開設第一家直營門市兼美容沙龍。品味出眾的江原道找來畫家「金子國義」，打造這家沙龍的櫥窗擺設。由於風格前衛且打破傳統的商品展示的框架，每一季的櫥窗設計總是引起不小話題，甚至成為前衛藝術愛好者們的朝聖地點之一。2011 年，江原道大樓於同樣的麻布十番區域內搬家。1 樓為直營店，2 樓為 Salon。鮮豔的大紅色外觀，猶如展現著女性想要變美的熱情一般。

在地鐵開通之前，麻布十番的交通並不方便，甚至曾被稱為東京的「陸地孤島」。然而，江原道就是看中麻布十番獨樹一格的歷史與氛圍，才會選擇這裡成為主要據點。或許是閒雜人等不多，加上在攝影現場的評價又高，所以當年有不少一線女星或歌手搭著保母車前來護膚。後來在媒體報導之下，許多觀眾與粉絲才知道自己喜歡的藝人都是來麻布十番添購美妝品，因而不辭千里地從日本各地前來採購。

日本國內除三家直營門市之外，在 LoFT、東急手、PLAZA 以及 shop in 這些美妝店也都可以尋得江原道的蹤跡。不僅如此，除日本之外江原道的足跡已遍及美、澳、韓、菲、新、馬、泰、中、港、台等 10 國。在台灣，則是能在 @cosme 直營店中遇見江原道。

info 江原道直營沙龍門市

❶ 麻布創始店沙龍／麻布本店サロン
營業時間：11:00～20:00
店休日：週日、例假日
地址：東京都港區麻布十番 3-1-6

❷ 新丸大樓店／新丸ビル店
營業時間：
平日・週六：11:00～21:00
週日・假日：11:00～20:00
（週日・例假日・連休最後日營業至 20:00）
店休日：元旦、大樓商場安檢日
地址：東京都千代田區丸之內 1-5-1
新丸ビル 3F

❸ 阪神梅田本店
營業時間：
周日～周四（含假日）：10:00～20:00
週五・週六：10:00～21:00
地址：大阪府大阪市北区梅田 1 丁目
13-13
阪神梅田本店 2 階化粧品売場

江原道三大代表系列

江原道品牌創立超過 30 年，旗下產品多樣且齊全。在如此多的美妝保養品當中，水感粉底液、SPA 保養系列以及 MACRO VINTAGE 沙龍頂級保養系列，堪稱是最能代表江原道的三大支柱。

アクアファンデーション
（水感粉底液系列）

江原道的水感粉底液系列質地極輕透且服貼，卻能夠發揮優秀的遮飾效果，無論是膚色不均還是粗大毛孔，都能在瞬間變得輕透勻亮，宛如剛做完美容課程般散發出優雅的光澤感。強化抗齡及保濕成分，即使是長時間上妝，肌膚仍然能夠維持相當不錯的滋潤度。從明亮色到可可棕，選擇多達 10 個色階，即便是膚色偏深或偏黃的人也能找到最適合且自然的類型。

SPA シリーズ
（SPA 保養系列）

可算是江原道旗下的明星保養系列，訴求能實現讓忙碌女性能快速完成保養。全系列採用出雲湯村溫泉水及六種天然植萃成分，兼具溫和使用感及出色保濕力。問世以來人氣度持續居高不下的卸妝水，便是來自 SPA 保養系列的優秀單品。不僅不需水洗，使用後的水潤感也都是這個卸妝水於日本國內外受歡迎的特色。

MACRO VINTAGE シリーズ
（MACRO VINTAGE 沙龍頂級保養系列）

系列核心概念為提升肌膚本身的價值，來自江原道美容沙龍的頂級保養系列。正因為目標在於提升肌膚的彈力、光澤、清透感、肌質感以及輪廓感，所以這系列的保養重點並非鎖定局部，而是涵蓋全臉肌膚的機能性保養。尤其是自 2007 年上市以來的按摩乳液，能搭配按摩手法讓肌膚彈性提升，也是人氣商品之一。

> **番外編**
>
> ## モイスチャー ファンデーション
> ### 潤澤粉底系列
>
> 說到江原道的代表性單品，其實不能不提到這支在全球熱賣超過 150 萬條以上[※]的潤澤粉底。由於遮飾效果佳、保濕作用高且持妝時間長，加上能讓肌膚散發出自然光澤感，及 12 色多樣化選擇彈性高，因此是許多拍攝現場化妝師所大力推薦的底妝。
>
> ※ 統計自 2005/4 ～ 2018/4 的販售數量。

發源自美國，成長於日本
日本皮膚常備藥領導品牌
曼秀雷敦・メンソレータム

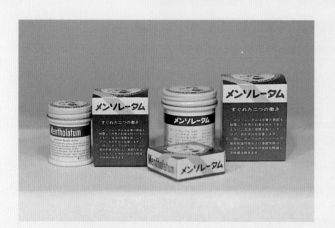

蓋子上印有小護士圖樣的曼秀雷敦軟膏，是許多人從小到大都會使用的皮膚外用藥，更是許多家庭急救箱中必放的常備藥。1894年誕生於美國的曼秀雷敦，是一種結合薄荷油、尤加利油與凡士林的多用途軟膏。

1920年就被引進日本的曼秀雷敦，在1988年正式由樂敦製藥所收購，成為道道地地的日本品牌。向來喜歡挑戰與開發的樂敦製藥，不只是把曼秀雷敦當成明星商品珍惜，更是以曼秀雷敦為中心，在短短的30年內，持續開發超過200種皮膚用藥及保養品。曼秀雷敦在日本從商品名稱一路壯大成為品牌名稱，甚至成為樂敦製藥引以為傲的重點品牌。

安心、安全、有效
曼秀雷敦外用藥系列

在亞洲地區，暱稱為小護士軟膏的曼秀雷敦軟膏堪稱是知名度最高的家庭常備藥之一。在加入樂敦製藥之後，曼秀雷敦便針對每個年代、不同族群的皮膚問題，不斷開發出安全性高、可安心使用且效果確實可見的皮膚用藥。走進日本藥妝店當中，無論是找哪一種類型的皮膚用藥，幾乎都可以看見熟悉的小護士身影。對於日本人而言，曼秀雷敦就像是貼身小護士一般，隨時隨地為需要的人改善各種皮膚問題。

**MENTHOLATUM
軟膏 C**　　第3類醫藥品

熟悉的綠色包裝，整個曼秀雷敦大家族的起點。採用凡士林調合薄荷與尤加利等抗炎止癢成分，能在皮膚表面形成一道保護層，而且使用起來帶有舒服的清涼感。因此，可用來舒緩蚊蟲叮咬所產生的癢癢感與全身肌膚的乾裂問題。

容量/價格● 12g/380 円、35g/680 円、75g/900 円
適應症● 皮膚乾裂、手腳乾裂、凍傷、皮膚瘙癢
主要成分● dl-樟腦、l-薄荷醇、尤加利油

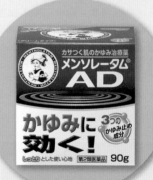

**MENTHOLATUM
AD クリーム**　　第2類醫藥品

在華人圈又被稱為藍色小護士的曼秀雷敦 AD 乳霜採用三種止癢作用成分，對於好發於中老年人的乾燥肌或是冬季常見的冬季癢問題，都有相當不錯的表現，因此一直都是華人赴日採購清單上的常見品項。由於保濕性高的乳霜當中還加入具促進循環作用的維生素 E 衍生物，對於不慎抓傷的患部也有不錯的輔助修護效果。

容量/價格● 50g/780 円、90g/1,180 円、145g/1,450 円
適應症● 皮膚瘙癢、皮膚炎、尿布疹、蕁麻疹、蚊蟲叮咬、汗疹、濕疹
主要成分● 克羅米通、利多卡因、二苯胺明、甘草酸、維生素 E 衍生物

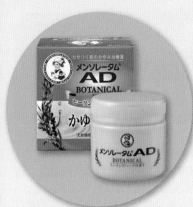

MENTHOLATUM
AD ボタニカル

第 2 類 醫藥品

不僅是在華人圈，藍色小護士 AD 乳霜在日本也有相當龐大的愛用族群。不過原有的藍色 AD 乳霜擦起來並沒有特別的香味，這對於重視香氛表現的女性族群而言，可說是美中不足的地方。為滿足女性使用者對香氛的要求，樂敦製藥於原先的 AD 乳霜融入薰衣草精油、尤加利油與杏仁油，推出這罐質地更軟更好推廣，而且帶有植萃精油香氛的 AD 綠色植萃版。

容量/價格● 90g/1,180 円
適應症● 皮膚瘙癢、皮膚炎、尿布疹、蕁麻疹、蚊蟲叮咬、汗疹、濕疹
主要成分● 克羅米通、利多卡因、二苯胺明、、甘草酸維生素 E 衍生物

MENTHOLATUM
ジンマート

第 2 類 醫藥品

針對說來就來，而且發作起來奇癢無比的蕁麻疹問題所開發的藥膏。添加三種止癢成分，其中鹽酸二苯胺明可透過抑制組織胺作用，確實改善蕁麻疹的瘙癢感。除此之外，還添加加強涼感、收斂及抗炎成分，很適合在蕁麻疹發作時用於緩解患部的瘙癢不適感。

容量/價格● 15g/1,200 円
適應症● 蕁麻疹、皮膚瘙癢、尿布疹、濕疹、皮膚炎、汗疹、蚊蟲叮咬
主要成分● 鹽酸二苯胺明、克羅米通、利多卡因、l薄荷醇、氧化鋅、甘草酸二鉀

MENTHOLATUM
カユピット

第 2 類 醫藥品

對於出現在臉部的濕疹問題，曼秀雷敦特別開發出刺激性低的無涼感藥膏，所以就算患部靠近眼部也不必擔心刺激眼睛。乳膏本身採用高壓乳化技術製成，使用起來滋潤且溫和。考量到使用患部為眼周及嘴周等細微部位，所以曾口明顯偏細許多，以防擠出來的藥膏太多反而不方便塗抹。

容量/價格● 15g/1,200 円
適應症● 皮膚瘙癢、濕疹、皮膚炎、蕁麻疹、汗疹、蚊蟲叮咬
主要成分● 鹽酸二苯胺明、利多卡因、尿囊素、甘草酸二鉀

MENTHOLATUM
メディクイック H

第②類 醫藥品

明明就有好好洗頭，但偶爾還是會覺得頭皮老是癢個不停嗎？有時候頭皮癢其實是頭皮上的濕疹病灶所引起，若是沒有給予適當治療，光是洗頭並沒有辦法改善頭皮的瘙癢感。為解決頭皮濕疹的困擾，樂敦製藥開發出這款透明不黏髮，可直接針對患部噴灑的噴霧型藥劑，就算不小心沾到頭髮，也不會讓頭髮變得黏膩。

容量/價格● 14ml/1,200 円、30ml/1,800 円
適應症● 濕疹、皮膚炎、皮膚瘙癢、蕁麻疹、汗疹、蚊蟲叮咬
主要成分● 醋酸潑尼龍戊酸酯、克羅米通、利多卡因、尿囊素、二苯胺明

MENTHOLATUM
メディクイック クリーム S

第②類 醫藥品

專為雙手紅癢及皮膚發炎等手部濕疹問題所開發的治療乳膏。所謂手部濕疹，其實就是俗稱的富貴手。這條強化止癢與防護作用的乳膏質地清爽不黏膩，就算擦完藥後工作或摸手機，也不會弄得到處黏呼呼的哦！

容量/價格● 8g/1,600 円
適應症● 濕疹、皮膚瘙癢、皮膚炎、蕁麻疹、汗疹、蚊蟲叮咬
主要成分● 醋酸潑尼松龍戊酸酯、克羅米通、利多卡因、尿囊素、二苯胺明

MENTHOLATUM
カブレーナ

第 2 類 醫藥品

採用五種抑炎止癢成分的乳膏，適用於改善衛生棉或紙尿布所造成私密處濕疹與皮膚炎問題。由於許多臥病在床的老人家，常因為尿布回濕而有私密處起汗疹的問題，所以這條乳膏其實也很適合運用在高齡者看護現場。

容量/價格● 15g/1,200 円
適應症● 尿布疹、皮膚炎、皮膚瘙癢、濕疹、汗疹
主要成分● 烏芬那酯、二苯胺明、醋酸鹽維生素 E、甘草酸、氯化苄二甲烴銨

利用有機植萃力量對抗成人痘
DUAL ORGANIC

許多女性在出社會之後，經常會飽受不定期爆發的痘痘問題所困擾。其實，過了青春期之後所發生的痘痘普遍被稱為「成人痘」。青春痘的主要成因是皮脂分泌旺盛，造成毛孔阻塞並促使痤瘡桿菌滋生所引起，一般好發於 T 字部位及臉頰等容易出油的部位。

而成人痘的成因就顯得複雜許多。絕大部分的成人痘，都是肌膚過於乾燥所引起。然而，近年來則是發現忙碌的上班女性，容易因為身心壓力過大或是荷爾蒙失調等問題，造成肌膚新陳代謝變差。在這種情況之下所產生的成人痘就像不定時炸彈一樣，總是會在身心狀況最差的時候出來鬧場，尤其是冒在下巴及嘴周這些令人倍感尷尬的部位。

近年來，專為成人痘所開發的基礎保養產品如雨後春筍般地增加。使用過成人痘基礎保養品的人應該都發現，這些產品力求溫和不刺激與即時效力，因此通常以抗炎抑菌成分搭配保濕成分製成，使用起來也大多沒有香味。然而，成人痘不只是生理層面的問題，心理狀態其實也是不可忽視的重要因子。DUAL ORGANIC 在發現這個盲點之後，便將成人痘基礎保養品的開發重點鎖定在「調合身心平衡」之上，並從結合現代醫學與植物療法的「整合醫療」尋找最佳答案。在一番摸索與嘗試之後，總算是順利開發出日本當地少見的「有機医薬部外品」。

DUAL organic 保養系列

DUAL ORGANIC 力求簡單步驟發揮確實感受，因此品項組成非常單純。除了潔顏乳及化妝水這兩項固定單品之外，精華液及乳液並非依序使用，而是擇其一於化妝水之後使用。

STEP.1

アクネハーブ ウォッシュ／潔顏乳
容量/價格 ● 100g/1,500 円

STEP.2

アクネハーブ ウォーター／化妝水
容量/價格 ● 120g/1,900 円

STEP.3

アクネハーブ MD ミルク／乳液
容量/價格 ● 50g/2,300 円

アクネハーブ MD エッセンス／精華液
容量/價格 ● 50g/2,300 円

● 精華液質地清爽可用於調節水油平衡，適合油性肌與一般肌使用。
● 乳液質地濃密可強化潤澤及柔化肌膚，適合乾性肌與一般肌使用。

DUAL organic 的成分特色

從成分來看，就可以應證 DUAL ORGANIC 是結合現代醫學與植物療法的基礎保養系列。在現代醫學部分，採用甘草酸鉀及異丙基酚來發揮抑菌抗炎效果，藉此安撫肌膚不穩定的狀態。在植物療法方面，則是運用薰衣草、鼠尾草以及百里香等有機植萃成分來溫和調節易受刺激的肌膚敏感狀態，並透過具備舒緩情緒的香氛效力，緩和壓力等外在因素所造成的內心不平靜狀態。

萃取自蔬果力量
222 生酵素

↑在マツモトキヨシ（松本清）大阪心斎橋南店，可以看到顯眼的 222 生酵素。

日本的健康輔助食品種類五花八門，除了膠原蛋白及神經醯胺這些美肌型成分之外，最近幾年最受注目的關鍵字是「生酵素」。許多人都聽過酵素，也知道酵素有益健康，但卻沒多少人真正了解什麼是酵素。

簡單地說，酵素是人體產生代謝、消化及吸收等化學反應時所必需的「催化劑」。這些輔助人體運作的酵素，部分由人體自行產生，但通常是透過蔬菜及水果當中取得。然而，現代人飲食型態改變，能夠從蔬果當中獲取的酵素明顯減少，偏偏體內的酵素又會隨著身體的代謝活動而減少，因此才出現補充酵素的健康輔助食品。

元祖級生酵素
GYPSOPHILA的222生酵素

日本藥妝店裡可見的酵素產品相當多，有膠囊、飲品、粉末以及果凍等各種型態。大部分觀光客基於行李限重問題，以及攝取方便性，大多選購膠囊類型產品。說到日本藥妝店裡可見的生酵素膠囊，GYPSOPHILA 的 222 生酵素堪稱是這股酵素風潮的先驅，更是創造出「生酵素」這個火紅關鍵字的公司。

GYPSOPHILA 的 222 生酵素最大的特色，就是透過補充 222 種蔬果酵素的方式，發揮美肌與改變腸道環境的機能，甚至有人拿來對付惱人的宿便問題。因為效果受到肯定的緣故，GYPSOPHILA 的 222 生酵素不只是在藥妝店等實體門市熱賣，在網購平台樂天市場更是在「減重輔助食品」類連續奪下 91 個月的銷售冠軍，可說是生酵素界的奇蹟商品。

生酵素

日本藥妝店中許多人掃貨的標的物之一，號稱是生酵素膠囊風潮的領頭羊。濃縮融合 222 種蔬菜及水果的酵素，適合平時蔬果攝取不足的人。每一項蔬果都是在營養價值最高的盛產期所採收，並利用非加熱製法慢慢萃取，完整保留 222 種食材當中原有的力量。除 222 種蔬果酵素之外，還添加能幫助酵素發揮實力的維生素 B1，以及 Q10、左旋肉鹼與乳酸菌等美肌美體成分。

廠商名稱●ジプソフィラ
容量/價格● 60 粒/1,886 円

大人の生酵素

人氣度居高不下的 222 酵素升級版，專為年過 30，因年齡增長而感到代謝變差所開發的類型。基本成分與 222 酵素相同，但針對減重過程中身體容易流失玻尿酸的問題，額外添加 1,000mg 的美肌保濕成分玻尿酸。對於想同時補充酵素及美肌保濕的人來說，是不錯的新選擇。

廠商名稱●ジプソフィラ
容量/價格● 60 粒/3,222 円

「生酵素」是什麼？ 存在於食材當中的酵素，其實在高溫環境下會有活性遭受破壞的問題。為保留蔬果中的酵素活性與效力，GYPSOPHILA 把利用非加熱發酵製法所製成，完整保留活性的酵素命名為「生酵素」。

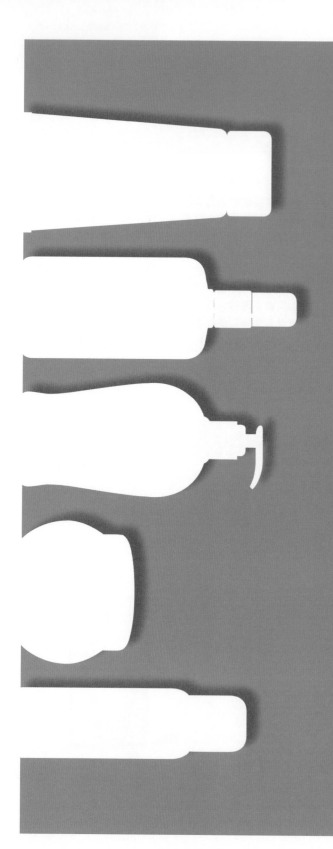

CHAPTER 5

銀座特集

銀座地圖・Ginza map

日比谷

帝国ホテル東京 ●

東京Midtown日比谷 ●

松本清有楽町2丁目店(Matsumoto KiYoshi)(薬)

有楽町 ITOCiA

Bic Camera有楽町

鹿兒島縣物產店 ●

有楽町

MARRONNIER GATE銀座2

→AINZ&TULPE B1F(美)

→NITORI 5~6F

阪急男士館

天阪府物產店

松本清有楽町ITOCiA PLAZA店
(Matsumoto KiYoshi)(薬)

無印良品有楽町店

北海道物產店

東京交通会館

LUMINE 有楽町

東急廣場銀座(TOKYU PLAZA GINZA)

有楽町丸井百貨(0101)

石川縣物產店

沖繩縣物產店

熊本縣物產店

Ginza Sony Park

高知縣物產店

405

MARRONNIER GATE銀座1

→東急手(TOKYU HANDS) 5~9F(美)

松本清銀座5th店(Matsumoto KiYoshi)(薬)

銀座LoFt 3F~6F(美)

銀座博品館TOY PARK

HABA銀座館(美)

SHISEIDO PARLOUR

SHISEIDO THE STORE(美)

銀座

SOFINA Beauty Power Station 銀座店(美)

山形縣物產店

長野物產店

廣島縣物產店

銀座清水藥局(薬)

銀座 伊東屋 G.itoya

UNIQLO銀座店

和光本館

Apple Store

POLA The Beauty Ginza Store

松本清 銀座中央通店(BeautyU)(薬)

SOFTBANK銀座

銀座三越

松屋銀座

DHC MELSA銀座2丁目直営店

新橋

GINZA SIX

GINZA PLACE

銀座 伊東屋 K.itoya

松本清銀座御幸通店
(MatsumotoKiYoshi)(薬)

松本清銀座8丁目店(Matsumoto KiYoshi)(薬)

唐吉訶德銀座本館(Don Quijote)(美)

東銀座

新橋演舞場 ●

銀座

築地川千代橋公園 ●

築地市場

市場橋公園 ●

新富町

ヴィアイ 東銀座

亮點直擊 銀座·GINZA HIGHLIGHTS

在新商業設施陸續開業的刺激下，這兩年銀座變得更有活力，且途中的日本年輕族群也變多了。其實銀座不僅是一個車站商圈，而是幾個車站間的區域概念。除了地鐵銀座站之外，銀座一丁目站、京橋站、東銀座站，乃至於 JR 有樂町站，這幾個車站所包圍的範圍，都是整個大銀座商圈的範圍。

交通資訊 Access：
JR東日本
　有樂町駅：山手線・京濱東北線
東京地下鐵
　日比谷駅：日比谷線・千代田線
　有樂町駅：有樂町線
　銀座一丁目駅：有樂町線
　銀座駅：銀座線・丸之內線・日比谷線
　東銀座駅：日比谷線

銀座熱門拍照打卡景點
PHOTO SPOT

在銀座，有許多值得拍照的景點。這些景點，有些是成為定番的老景點，有些則是最近才出現的新鮮景點。無論是銀座四丁目十字路口的和光鐘樓與看板貓，或是東寶戲院外的新·哥吉拉，都是最能象徵銀座的視覺印象。當然，在週末及例假日午後更是步行者的天堂，你也可以漫步在銀座街道的馬路中央，或是找把椅子坐下，拍張文青風的照片也很棒。

GODZILLA SQUARE 新·哥吉拉

每逢假日，銀座大街就變成步行者天堂。

中央通

這些景點也很棒

年輕時鐘塔·
Young Clock Tower
／若い時計台　　MAP C3

軟體銀行銀座店·
Softbank Ginza
／ソフトバンク銀座　　MAP B4

蘇菲娜美肌活力檢測站·
SOFINA Beauty Power Station
／ソフィーナ
ビューティパワーステーション　　MAP C4

銀座和光本館·
Ginza WAKO
／銀座·和光　　MAP C4

三越銀座店·
Ginza Mitsukoshi
／銀座三越　　MAP C4

GINZA SIX·
GSIX
／ギンザ シックス　　MAP B5

日比谷哥吉拉廣場·
GODZILLA SQUARE HIBIYA
／ゴジラスクエア日比谷　　MAP C1

新・銀座／NEW GINZA

大家對銀座的第一印象是什麼呢？

　　高級料亭、精品旗艦店、各式百年老舖、頂級甜點名店、身著和服的優雅女士、品味獨到的紳士等等，這些是一般人對於銀座的第一印象。可能是這些印象給人一種莫名的距離感，造成許多回遊旅人慢慢地不敢再訪銀座。

　　然而，這幾年銀座起了些變化。除了深耕已久的百貨重新翻修之外，年輕人取向的速食時尚、新型態的複合商場以及日本各縣市的物產店如雨後春筍般，陸續出現在銀座這片土地上。

　　為了讓大家重新認識現在的銀座，日本藥粧研究室這回除了帶領大家複習銀座的經典景點之外，也為大家整理值得一訪的新景點。

MAP D1 JR 有楽町駅

除了地鐵銀座站之外，搭成 JR 前來時，有樂町站是最近的車站。步行到銀座的主要街道，大約只要 5 分鐘。除此之外，地下鐵的有樂町站、銀座站、銀座一丁目以及東銀座站等車站也都是造訪銀座的主要車站。

MAP D3 Marui

步出 JR 有樂町站「中央口」，可看到站前廣場的另一端是年輕人取向的丸井百貨。舉凡是服飾、包包或創意雜貨，在這裡都找得到。

〒 100-0006 東京都千代田区有楽町 2-7-1

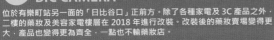

MAP D2 BIC CAMERA

位於有樂町站另一面的「日比谷口」正前方。除了各種家電及 3C 產品之外，二樓的藥妝及美容家電樓層在 2018 年進行改裝。改裝後的藥妝賣場變得更大，產品也變得更為齊全，一點也不輸藥妝店。

〒 100-0006 東京都千代田区有楽町 1-11-1
地下鐵「有楽町駅」、「日比谷駅」D 4 出口有地下通道

MAP C4 銀座三越

銀座最具歷史代表性的百貨公司。除了地下一樓的美妝樓層之外，地下二樓的日式和菓子及西式甜點也不容錯過。

〒 104-8212 東京都中央区銀座 4-6-16
「銀座駅」A7 番出口直結

MAP B5 GINZA SIX

位於銀座六丁目，是目前人氣最旺的購物景點之一。懸掛在中庭，草間彌生親手打造的裝置藝術是個不錯的拍照景點。地下一樓的美妝樓層則是集結資生堂、黛珂以及 HABA 等人氣品牌的旗艦櫃。

〒 104-0061 東京都中央区銀座 6-10-1
「銀座駅」、「東銀座駅」A2 附近有地下連通道路

MAP C4 銀座松屋

和三越同樣，屬於銀座最具歷史性的百貨公司之一。在整修重新開幕之後，就經常舉辦各種主題展或主題展售會。

〒 104-8130 東京都中央区銀座 3-6-1
「銀座駅」A12 番出口直結

MAP B1 TOKYO MIDTOWN HIBIYA

銀座一帶最新的大型商業設施。比起購物來說，來這裡用餐及看電影的人潮比較多。因為東寶影院就座落於此，所以在門口的日比谷哥吉拉廣場 (GODZILLA SQUARE HIBIYA) 建立了一座很好拍照的「新‧哥吉拉」雕像。

〒 100-0006 東京都千代田区有楽町 1-1-2
「日比谷駅」A11、A5 出口直結

MAP C3 東急 PLAZA 銀座

客層鎖定在 30 世代以上，對生活品味有所要求的族群，有不少日本新創品牌進駐。就連 7 樓的 HANDS EXPO 也是集結和風商品的主題賣場。位在 8-9 樓的樂天市中心免稅店的進駐品牌雖然不多，但搭配樂天信用卡或 HAPPY GO 都有不同的優惠。

〒 104-0061 東京都中央区銀座 5-2-1　「銀座駅」C2‧C3 出口

MAP C4 GINZA PLACE

位在銀座中心，與三越及和光處在同個十字路口，是一棟由 SAPPORO 啤酒所擁有的大樓。在拆除舊大樓之後，2016 年以酒杯及啤酒泡為概念重回銀座，是一棟外觀極具特色的商業設施。

〒 104-0061 東京都中央区銀座 5-8-1
「銀座駅」A4 出口直結

MAP C2/C3 阪急男性館‧LUMINE

兩座緊鄰的百貨公司。阪急男性館是銀座唯一的男性百貨，從平價服飾到高檔皮件都有。一樓還有男性保養品與香水專區。另一方面，LUMINE 則是客層鎖定在 20 至 30 世代年輕族群的百貨公司。

〒 100-8488 東京都千代田区有楽町 2-5-1

MAP A5 唐吉訶德

華人最愛逛的綜合大型折扣賣場。品項一樣多到令人眼花撩亂，而且 24 小時營業，晚上回飯店不知道做什麼的話可以來挖寶！

〒 104-0061 東京都中央区銀座 8-10 銀座ナイン 3 号館

MAP C4 HABA

來自北海道的角鯊烯專家 HABA 在銀座也有專賣店！下次角鯊精純液缺貨時，來這邊找就對了！

〒 104-0061 東京都中央区銀座 5-6-6

MAP D3 **TOKYU HANDS**

銀座一帶唯一的東急手，就位在 MARRONNIER GATE 銀座 1 號館的 5 ~ 7 樓。不過招牌不是很顯眼，很容易不小心錯過。

〒 104-0061 東京都中央区銀座 2-2-14

MAP D4 **LoFt**

原本在有樂町車站附近與無印良品為共構商場，後來搬到現在這個地點。雖然環境變得明亮許多，但每個樓層的面積不算太大，不如之前賣場的開闊感。

〒 104-0061 東京都中央区銀座 2-4-6 銀座ベルビア館 3 階 ~ 6 階

MAP D4/D5 **itoya**

創立於 1904 年，位在銀座中心的伊東屋，是文具控不可錯過的聖地。兩棟樓 18 個樓層，從庶民價到貴族價，任何想找的文具都在這裡了！

〒 104-0061 東京都中央区銀座 2-7-15

MAP D2 **MUJI 無印良品**

位於有樂町車站附近。自從 LoFt 搬離之後，無印良品就成為這棟商業設施的主角，堪稱是都會區內少見的大型門市。裡頭還有無印餐廳跟無印蔬果店。

〒 100-8488 東京都千代田区丸の内 3-8-3　インフォス有楽町

MAP A4 **SHISEIDO THE STORE**

2018 年改裝重新開幕的資生堂旗艦大樓，任何你想找的資生堂品牌，在這裡都可一次購足。對於喜歡資生堂的美容愛好者來說，這裡是一生至少要來一次的聖地。來到這裡隔壁的法式甜點 SHISEIDO PARLOUR 也別錯過喔！

〒 104-0061 東京都中央区銀座 7-8-10

MAP E4 **POLA THE BEAUTY GINZA**

POLA 集團設於日本銀座的 POLA GINZA 旗艦門市。近來抗皺丸跟美白丸在百貨公司或機場經常缺貨，但這裡備貨最齊全，不常遇到缺貨的困擾。

〒 104-0061 東京都中央区銀座 1-7-7

有楽町・銀座周邊物產店
Antenna Shops in Yurakucho & Ginza

包括東京都在內，日本總共有47縣。雖然每個縣都有不同的特產及好物，但若是不到各縣旅行，通常不容易買到當地特產。這些年，日本各縣都卯足全勁推動當地觀光，為把自家的旅遊特色及名產展現給日本海內外的旅客，不少自治體都在銀座一帶開起名為「アンテナショップ」的商店。

アンテナショップ的英文為「Antenna shop」，算是日本人自創的和製英語。這個由「天線」及「商店」所組成的名詞，意指傳遞各地特色的商店，也就是我們常說的「物產店」。這類型的商店，不只能向世界各地的人宣傳各縣特色，更能讓在東京打拚的遊子們一解思鄉之苦，因此無論是平日或假日，店內總是擠得滿滿都是人。

位於東京的日本各縣物產店，大多分佈在東京車站周邊、日本橋及銀座這一帶。其中，包括JR有樂町站到地鐵銀座站在內的銀座商圈內，目前共有**北海道、秋田、山形、長野、滋賀、大阪、兵庫、和歌山、石川、富山、廣島、福岡、熊本、鹿兒島、高知、德島、香川**以及**沖繩**等縣設立物產店。

其中，密度最高的地方就屬JR有樂町站正前方，丸井百貨旁的「交通會館」。包括北海道、秋田、滋賀、大阪、兵庫、和歌山、富山、福岡、德島以及香川等10縣的物產店都集中在這棟建築物裡。下次來到東京，不妨來這裡做一趟日本各地的巡禮哦！

MAP C3 熊本縣

MAP E3 沖繩縣

MAP C2 鹿兒島縣

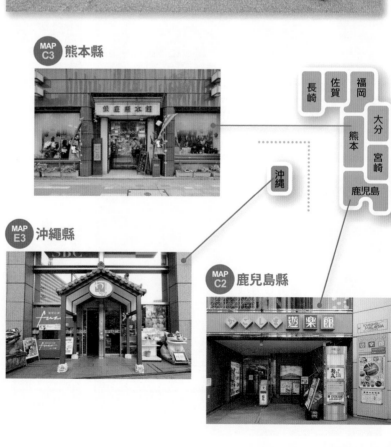

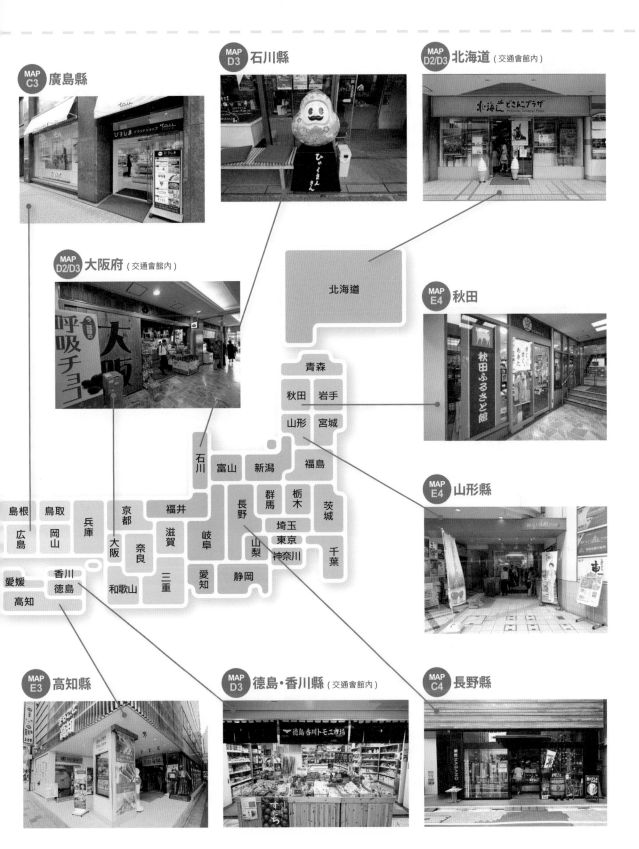

MAP C3 廣島縣

MAP D3 石川縣

MAP D2/D3 北海道 (交通會館內)

MAP D2/D3 大阪府 (交通會館內)

北海道

MAP E4 秋田

青森

秋田　岩手

山形　宮城

石川　富山　新潟　福島

MAP E4 山形縣

島根　鳥取　　　京都　福井　群馬　栃木　茨城

　　　　　　兵庫　　　　長野

廣島　岡山　　　大阪　滋賀　岐阜　　埼玉

愛媛　香川　　　奈良　　　山梨　東京

　　　徳島　　　　　　　　　神奈川　千葉

高知　　　和歌山　三重　愛知　静岡

MAP E3 高知縣

MAP D3 德島・香川縣 (交通會館內)

MAP C4 長野縣

銀座藥妝店・DrugStore in Ginza

銀座貴為東京的精華區，地價店租也是屬一屬二。
以前來過銀座的人都會感到納悶，為何銀座商圈如此大一片，卻看不到幾家藥妝店，可以說是藥妝沙漠。
然而，這個情形其實在這幾年出現變化。

在華人圈知名度極高的日本藥妝連鎖「松本清」（マツモトキヨシ），在看中銀座商圈的藥妝市場潛力之後，除原本就已經進駐多年的有樂町二丁目店及銀座五丁目店之外，這幾年持續在銀座一帶擴展版圖。包括 2018 年 6 月中旬最新開幕位於 GINZA SIX 旁的「銀座 Miyuki Ave. 店」在內，整個銀座商圈已有 6 家松本清插旗，這對於來到銀座觀光購物的旅人來說，購買藥妝變得很方便。

松本清 in 銀座
Matsumoto KiYoshi in Ginza

大家印象中的松本清，大多是那鮮明的黃色招牌。不過在銀座商圈內的松本清，除了黃色招牌之外，還有白色及黑色等不同顏色招牌的松本清。為何同樣是松本清，卻有不同顏色的招牌呢？在這邊，日本藥粧研究室就為大家解謎囉！

{ 有樂町地區 Yurakucho Area }

MAP C2

有楽町二丁目店 ／有樂町 2 丁目店
東京都千代田区有楽町 2-8-5

位於 JR 有樂町站附近，步出車站中央口右轉往 LUMINE 的方向走沒多久，就可在右手邊看到這家店。這家黃色招牌的松本清，是最為典型也是大部分人最熟悉的型態。內部商品主要以區域內日本人常買的商品為主，而且各類型新商品的上架速度也會比較快。喜歡在藥妝店裡挖掘新鮮貨的人，比較適合來這樣的門市逛。

MAP C2

有楽町イトシアプラザ店 ／有樂町 ITOCiA PLAZA 店
東京都千代田区有楽町 2-7-1

同樣位於有樂町站附近的分店。嚴格來說，就在有樂町 2 丁目店的斜對面不到 50 公尺處。為何要在如此近的地方開這家店呢？其實這一間分店，最早是為了分散辦理退稅的外國顧客所展店。因此，店內的商品較偏向外國人常買的品項，以及較為主流大眾化的大品牌。為和對面的分店做區隔，所以招牌改為白色，但店名部分仍保留黃色字框以提升辨識度。店內的店員絕大多數會說中文，若是已經鎖定想買的藥妝品，或是幫別人代購熱門商品的話，這家分店會比較方便些。

銀座地區 Ginza Area

MAP A5
銀座八丁目店／銀座 8 丁目店

東京都中央区銀座 8-12-10

位在銀座靠近新橋及汐留的主要幹道上。由於這裡距離築地市場也相當近，因此店內的顧客有不少是華人觀光客。門市內陳列的熱賣品及新品比例還算平均，有不少店員能提供中文服務，所以無論是代購熱賣商品，或是想挖掘新鮮貨的話，這家門市也蠻合適。

MAP C3
銀座 5th 店／銀座 5 丁目店

東京都中央区銀座 5-5-1

說到銀座裡的松本清，日本人第一個想到的就是這家分店。不只是因為這家分店已經存在一段時間，而是在銀座中心精華地帶開藥妝店一事，讓太多日本人大感意外。為配合銀座商圈內沉穩且充滿高級感的獨特風格，松本清首開先例，將鮮明的黃色招牌改為低調穩重的白色招牌。這家門市的商品項目和典型門市差不多，但因為客層絕大多數以華人為主，因此華語圈熱賣的商品備貨會較多，難免會壓縮到新品或創意商品的陳列空間。

MAP A4
銀座中央通り店（BEAUTY U）／銀座 BEAUTY U

東京都中央区銀座 8-8-5

沉穩時尚的黑白配色招牌，乍看之下真的看不出來是松本清。這家名為「銀座 BEAUTY U」的新型態門市，其實是來自於主打提供區域民眾專業服務，特別招聘藥劑師、營養師或彩妝師進駐。從門市名稱就不難發現，這是一間主打美容保養及彩妝商品的門市。在保養品方面，除傳統的藥妝品牌之外，也進許多單價較高的美妝商品。在彩妝品方面，則是將時下所有人氣品牌聚集在一起，並打造一個開放的試用專區讓顧客試妝。銀座 BEAUTY U 還有一個很特別的服務叫「10 min. BEAUTY」，意指彩妝師能為顧客免費提供單一部位的 10 分鐘個人化彩妝設計服務。另一方面，只要購買口紅、粉餅或腮紅等彩妝品，就能提供 10 分鐘刻字服務，可將指定的文字刻在自己購買的彩妝品外殼。想為好朋友準備獨一無二的禮物時，這裡的確是相當不錯的地方。

MAP B5
銀座みゆき Ave. 店／銀座御幸通店

東京都中央区銀座 5-8-9

2018 年 6 月中旬開幕，不只是銀座商圈內最新，也是規模最大的一家分店。地理相當棒，就在現今最火紅的商業設施「GINZA SIX」的側門旁。除了藥妝品牌之外，也陳列許多美妝品品牌，甚至還集結部分百貨品牌，算是品牌數及品項最多的分店之一。整家店分為地上一樓及地下一樓，一樓為醫藥品、健康輔助食品、開架保養品、男性保養品以及熱門零食伴手禮賣場，其中健康輔助食品的種類相當多，甚至還有松本清自有品牌專區。地下一樓則是聚集各大中高階保養品牌及彩妝品，除了有專業美容師進駐服務之外，還有一大區的彩妝新品試自由試用區，粗估品項至少超過百項。很難想像在銀座如此精華的地段，會開一家規模如此大的藥妝店。這家松本清感覺不太像傳統的松本清，而是配合銀座這個地段特別推出的松本清旗艦店。

占地兩層樓，一樓以醫藥品、健康輔助食品以及基礎保養為主，而地下一樓則是以保養、彩妝品為重點。

男性保養品位於一樓，就連一般藥粧店少見的 LAB、資生堂男士以及 BULK 也能找的到。

一樓的最深處設有營養補充品吧檯，可以輔助選擇適合身體狀況的產品。

進入地下一樓映入眼簾的亮點，擺有滿滿彩妝品的中島試粧區。

松本清購物推薦清單

　　既然這回介紹銀座最多的藥妝店「松本清」，那麼接下來就為大家介紹松本清的購物推薦清單。大家可能會覺得，松本清賣的東西不就和其他藥妝店一樣嗎？其實這幾年松本清有個非常具突破性的特色，那就是許多大廠的熱門品牌，都會專為松本清開發限定新品、限定色甚至是限定香味。除此之外，看準松本清在日本全國門市數量超過 1600 家的龐大流通力，也有廠商將松本清設定為鋪貨的重點零售商。接下來，日本藥粧研究室就為大家精選 9 項松本清獨家或松本清最容易入手的推薦藥妝品。

註：部分商品為企劃限定商品，可能會依季節、限定期間不同以及各家門市進貨等因素而不一定有鋪貨。
　　參考價格為採訪當時之售價，實際價格以現場販售為準。

よいとき

廠商名稱●キユーピー
容量/價格●1 包 (2粒)/180 円
　　　　　1 盒 (5包)/880 円

日本美乃滋大廠「KEWPIE」於 2016 年所推出的應酬法寶。KEWPIE 活用釀醋技術與濃縮技術，將富含醋酸菌的濁醋濃縮 1000 倍之後，再萃取出其中的「醋酸菌酵素」，最後順利開發出每兩粒就含有 1 億個醋酸菌的醋酸菌酵素膠囊。在醋酸菌酵素當中，存在著醇去氫酶和乙醛脫氫酶這兩項能夠代謝酒精的成分。因此經常需要應酬和容易不勝酒力的人，隨時準備在身邊似乎比較能夠安心一些。

　　去年在介紹よいとき醋酸菌酵素膠囊之後，就有讀者反應說不容易找得到這項商品。其實它在剛上市的時候，只在少部分超商或藥妝店上市，直到去年下半年才在關西地區的唐吉訶德大規模上架。即便如此，在關西地區以外的地方仍然不容易尋得。不過從 2018 年起，KEWPIE 順利進軍松本清，決定在全國 1600 多家門市全面上架，因此松本清成為最容易入手這項應酬族夢幻逸品的連鎖藥妝店。

2017年 秋冬限定

Bioré
スキンケア洗顔料
ボタニカルハーブの香り

廠商名稱 ● 花王
容量/價格 ● 130g/425 円

採用花王獨家 SPT 淨膚鎖水技術，加入時下流行的植萃保養話題，打造出這瓶只有松本清才買得到的植萃草本香 Bioré 潔顏乳。在 POS 系統中，Bioré 洗面乳是潔顏銷售榜上的常客，是許多日本人平時購買洗面乳的最佳選項之一。這次和卸妝液以成套的概念，推出松本清限定的植萃香氛版潔顏乳。

matsukiyo
目もとパックシート

廠商名稱 ● 森下仁丹
容量/價格 ● 10 片 /370 円

森下仁丹是松本清推出的限定眼膜。主要美容成分是維生素 A、Q10、維生素 E 和玻尿酸等保濕抗齡成分。黏著性相當好，就像是貼布一樣可貼一整晚，可在睡眠過程中持續保養眼周肌膚。

MELANO CC
集中対策マスク 大容量

廠商名稱 ● ロート製薬
容量/價格 ● 30 片 /908 円

華人園中人氣度相當高的亮白保養品牌所推出，專屬松本清的大包裝面膜。添加維生素 C 衍生物、維生素 E 衍生物及多種植萃保濕成分，適合在夏季晚上用來集中保養已被摧殘了一整天的肌膚。

肌美精
3D 濃厚プレミアムマスク(保湿)

廠商名稱 ● クラシエホームプロダクツ
容量/價格 ● 4 片 /900 円

肌美精 3D 面膜的新品，雖然不是專為松本清所開發的類型，但上市一年內只在松本清獨家上架。這款面膜的特殊之處，就是採用細緻油保養成分，可發揮保濕潤澤作用，但敷完卻不會感到黏膩。相較於 3D 面膜系列的其他品項，這款的面膜布是最厚最紮實，服膚貼度也算高的一款。

2018年 春夏限定

Ag DEO24
ビューティースムースパウダー

廠商名稱 ● 資生堂
容量/價格 ● 8g/880 円

資生堂制汗爽身品牌 Ag DEO24 為松本清開發的抑菌爽身粉。來自植物的爽身制汗粉末當中含有可抑制異味產生的銀離子，再加上爽身粉本身具有吸汗作用，所以輕拍幾下就能使肌膚保持乾爽，並使肌膚變得明亮且膚色均勻。

2018年 春夏限定

INTEGRATE
ファストスキンメーカー

廠商名稱 ● 資生堂
容量/價格 ● 60g/1,000 円

多效凝膠。早上起床之後，一個輕擦動作就可完成潔顏、保養以及飾底三大步驟。凝膠當中含有珍珠礦物微粒及亮膚微粒，所以能夠修飾毛孔凹凸問題，讓肌膚看起來更顯細緻。除此之外，每年夏天推出的透明飾底乳也不要錯過。

INSTREAM
リフレッシュ コール エッセンス

廠商名稱 ● コーセー
容量/價格 ● 50ml/3,600 円

高絲專為松本清所開發的按摩用精華液。對於睡了一整晚略顯水腫的臉部，建議可以洗臉後先用這瓶精華液按摩全臉，先讓臉部肌膚醒過來，之後再上化妝水。如此一來，不只可以提升臉部滋潤度，還能夠讓肌膚更加清透且容易吃妝。

2017年 秋冬限定

NIVEA
マシュマロケア ボディミルク
スウィートキャンディ

廠商名稱 ● ニベア花王
容量/價格 ● 200ml/600 円

來自妮維雅的棉花糖滑嫩肌身體乳。這系列在日本身體乳市場上擁有相當高的人氣。這款帶有可愛甜美味的糖果香版本，則是只在松本清才買得到的香味。獨特的糖果香，其實蠻值得收藏的呢！

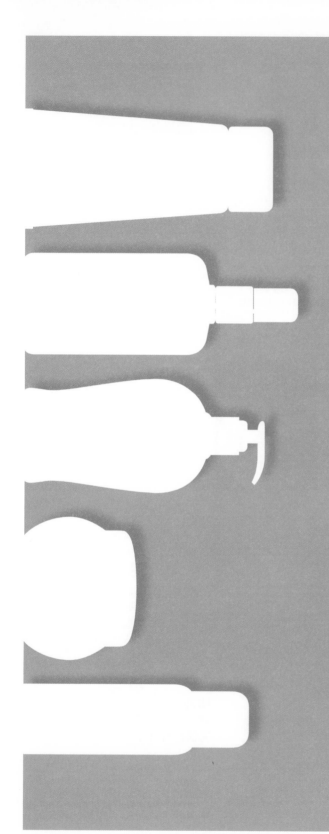

CHAPTER 6

化妝水特集

日本獨特的化妝水文化

化妝水是許多人日常保養的其中一環，相信有些人梳妝台上所擺放的化妝水有兩瓶以上。數千年前，埃及豔后就曾經使用玫瑰水來潔淨與保養全身，相傳這就是化妝水的起源之一。雖然中古世紀的歐洲王室貴族，也曾經使用蒸餾花草後所取得的液體來保養肌膚，但在乾燥氣候及偏硬水質等條件影響之下，歐美國家慢慢地以油保養為主流。

反觀日本，在文化與環境等背景影響之下，逐漸形成獨特的化妝水文化。相信許多人都看過日本的修行人士，都會站在瀑布底下，任由大量從山崖上落下的水打在自己身上；又或者曾經看過在日本的冬季傳統祭典當中，有許多人衝入雪地的池塘中，不斷地拿木桶舀水往自己身上潑。

從這些承襲自古代日本的儀式中，就不難看出「水」對於日本人而言，代表著「淨化」的意義。

縱觀整個日本歷史，明確出現化妝水的紀錄是在江戶時代。不過當時的化妝水可能跟我們所認知的不太一樣。據說當時的日本女性為了讓自己看起來更白、更美，會用水混合美顏用的白粉後塗在臉上，似乎比較接近我們現今所用的粉底液。正因為是用來上底妝所用的水，所以才會被稱為「化妝水」。

另一方面，據說昔日藝妓在客人離席之後，會將喝剩的清酒稀釋之後當成保養品塗在臉上。因為清酒當中含有豐富的胺基酸，能夠發揮相當不錯的保濕作用，所以成為過去藝妓們維持美肌的祕密武器。

什麼是化妝水?

化妝水就定義來說,是一種具有保濕及調節肌膚狀態的透明或半透明液體。化妝水的質地通常為清爽的水狀,但依照產品特性及使用觸感需求,有些化妝水會帶有稠度,甚至是接近乳液或凝露狀。一般來說,化妝水都是在洗臉完之後使用,但近年來出現許多能提升保養品滲透力的「導入精華液」,若是搭配這類保養單品時,化妝水的使用順序就要順延到第二步驟。

許多原本沒有化妝水品項的歐美品牌,在進軍日本或台灣等亞洲市場時,都會特別新增化妝水這個品項,由此可見亞洲人的化妝水保養文化有多麼地根深柢固。

化妝水最基本的功能,就是提供水分給肌膚角質層,藉此讓肌膚狀態變得柔嫩,並且讓肌膚的水油比例維持平衡。不過在保養品研發技術的進步與消費者多樣性需求下,化妝水除了保濕效果之外,還有美白、抗齡、抗痘以及去角質等不同機能。一般來說,化妝水大約有 60% ~ 90% 是由精製水所構成,扣除掉保濕劑及酒精等輔助成分之後,真正主打的美肌成分比例可能不高。化妝水畢竟是幫助肌膚暖身,做好補充各種美肌成分事前準備的保養單品,因此再怎麼昂貴的化妝水,通常後面都會有同系列的精華液、乳液及乳霜等加強保養品項。因此就算再怎麼懶或天氣悶熱也千萬不要只上個化妝水就草草結束保養程序哦!

化妝水類型

在所有保養品項當中,化妝水可說是最為基本的類型。絕大部分的品牌,都會推出至少一瓶以上的化妝水。

光是這個單元所整理的日本品牌化妝水就已經多達 200 瓶以上,若是加上歐美或其他地區的品牌,數量則會更加可觀。就「使用目的」來說,

化妝水大致可分為**保濕型**、**機能型**及**擦拭型**等三種類型,其主要代表成分如下:

● 保濕型化妝水代表成分

玻尿酸、膠原蛋白、神經醯胺、胺基酸、海藻糖、角鯊烷、白米萃取物、豆乳發酵萃取物、甘油、溫泉水、海洋深層水以及各種植萃成分。

● 機能型化妝水代表成分

1. 美白類

維生素 C 衍生物、傳明酸、麴酸、熊果素、胎盤素、對苯二酚以及各種獨家植萃成分。

2. 抗齡類

維生素 A 衍生物、彈力蛋白、蝦青素、茄紅素、胎盤素、玫瑰萃取物、胜肽類以及各種獨家植萃成分。

3. 抗痘類

維生素 C 衍生物、甘草酸二鉀、甘草次酸、茶樹萃取物、水楊酸、紫草根萃取物、魚腥草萃取物以及氨基己酸。

4. 毛孔調理類

維生素 C 衍生物、維生素 E 衍生物、綠茶萃取物及金縷梅萃取物。

● 擦拭型化妝水代表成分

蘋果酸、檸檬酸、乳酸等能夠溶解蛋白質之成分。

化妝水的使用方式

　　最一般的化妝水使用方式，就是取適當量在掌心，再輕輕抹於全臉，最後再針對容易乾燥的眼周及雙頰等部位，以輕輕按壓的方式加強化妝水的滲透力。有些人會在上化妝水的時候拍打臉頰，想藉此加強肌膚對於化妝水的吸收力，但拍打的方式會對臉部肌膚造成過度刺激，不僅會讓肌膚泛紅，更可能會造成斑點形成，因此在上化妝水時千萬不要拍打臉部。

　　另一種常見的化妝水使用方式，就是將化妝水倒在化妝棉上使用。在透過化妝棉上化妝水時有個很重要的注意點，就是要以輕滑或是輕輕按壓的方式使用。若是施力以摩擦的方式使用，化妝棉上的纖維將會對臉部肌膚產生刺激，這樣反而會使肌膚受損而引起乾燥及老化等問題。另外，過去也有人提倡要用吸飽化妝水的化妝棉輕拍全臉 100 下，藉此讓化妝水能更深入滲透至肌膚底層。然而這種方式和用雙手拍打臉部的方式一樣，都會對肌膚造成刺激，並不會讓化妝水更加深入肌膚底層，因此對美肌保養來說並沒有太大的幫助。

使用化妝棉保養的好處

　　許多人都有個疑問，使用化妝水或乳液保養時，真的要搭配化妝棉一起使用嗎？其實這個問題並沒有絕對的答案，不過日本化妝棉品牌「Silcot」指出保養時搭配化妝棉會有以下幾個好處：

❶ **化妝水能深入滲透毛孔。**
❷ **促使毛孔更加細緻。**
❸ **不容易脫妝。**

只要多加一個步驟，就可以讓保養工作變得事半功倍。苦惱於日常基礎保養效果不彰的妳，或許可以換個方法試看看哦！

正確的化妝棉拿法

　　一般來說，使用化妝棉搽化妝水時，建議用雙指作為基底。如此一來，可增加化妝棉接觸臉部肌膚的面積，不只能提升保養效率，更能分散肌膚所承受的壓力。另一方面，眼部及鼻翼等細部範圍，則建議只用單指作為基底，這樣才能將保養品確實搽到細部，或是在卸妝時能仔細卸除肌膚每個角落的髒汙與殘妝。

保養
臉部整體
時

保養
細部範圍
時

化妝水的正確用量

　　在搭配化妝棉保養臉部肌膚時，最重要的是化妝棉上吸附保養品的範圍。若是吸附範圍太小，乾燥部分會因為過度摩擦而造成肌膚刺激。因此，在接觸肌膚的範圍之內，都要確實倒上保養品才行。

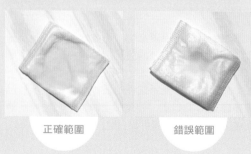

正確範圍　　　　　　　錯誤範圍

化妝棉濕敷保養

　　關於搭配化妝棉的化妝水使用方式，其實還有個相當推薦的作法，那就是「化妝棉溼敷法」。這種保養方式很簡單，只要將吸飽化妝水的化妝棉撕成數片，再服貼於臉部肌膚上就可以。這種方式相當適合拿來強化保養臉頰，或是 T 字部位、下巴等面膜紙不容易服貼的局部部位。

　　除了撕成數片使用的化妝棉之外，目前日本頗具人氣的濕敷用化妝棉使用起來感覺更加方便。這種化妝棉中間有條切割好的虛線，在沾濕化妝水之後，沿著虛線撕成兩片，就可以服貼在想濕敷的部位上。而且這款化妝棉還有一大特點，就是不會在濕敷後殘留棉絮在臉頰上。

步驟 1
將化妝水倒在化妝棉上。

步驟 2
將吸飽化妝水的化妝棉撕成適當的厚度。

步驟 3
將撕開的化妝棉服貼在想強化保養的局部位置。

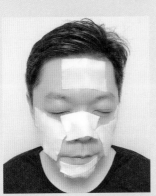

一張撕開成兩片可敷於兩頰。

一整張敷於鼻樑及鼻翼兩側。

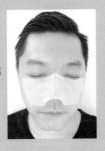

三張可敷全臉，一張敷於額頭，一張撕成兩片敷於兩頰，另一張撕成兩片分別敷於鼻子與下巴。

1885年

明色美顏水
藥用化粧水

誕生於 1885 年，上市已經超過 130 年的明色美顏水，堪稱是日本保養品業界歷史最為悠久的化粧水。相傳這瓶化粧水是藥劑師為有痘痘困擾的妻子所開發，因為使用後改善痘痘的成效明顯，立即成為當時的熱賣商品，並且持續長銷至今。對於許多日本人而言，明色美顏水可說是痘痘肌保養化粧水的代名詞。

廠商名稱●明色化粧品
容量/價格● 80ml/700 円
香味●藥效草本香
主要美容成分●水楊酸、磺胺米隆

1915年

Hechima Cologne
ヘチマコロンの
化粧水

瓶身上有日本大正時代畫家「竹久夢二」所繪之插畫，整體散發出懷舊復古風格的絲瓜化粧水。主要美容成分是絲瓜當中的維生素 C 與植物酵素，可說是日本植萃保養品的始祖。許多日本人都曾在小時候看祖母或媽媽使用過，因此在復古風再次襲來的現今，也有不少年輕世代的愛用者。

廠商名稱●ヘチマコロン
容量/價格● 60ml/380 円　230ml/900 円
香味●懷舊花香
主要美容成分●無農藥絲瓜水

日本的化妝水文化
PART 01 懷舊復古化妝水 8 選

1957年

La bonne
ラボンヌ 化粧水

La bonne 為高絲於 1957 年所推出的第一個保養品牌。瓶身設計概念來自希臘神殿石柱，瓶蓋的品牌名稱不是貼紙而是印刷的講究與堅持，在當年引發不小的話題。目前 La bonne 化粧水仍在市面上流通，因為不易尋得，大部分只能透過店家訂貨才能入手，可說是歷史極為悠久的夢幻逸品。成分相當單純且質地清爽溫和，適合肌膚乾荒者使用。

廠商名稱●コーセー
容量/價格● 120ml/680 円
香味●淡雅花香
主要美容成分●生物素

1962年

AULIC
オーリック 化粧水
（アレ性用）

繼 La bonne 之後，在 1962 年上市的 AULIC 是高絲史上第二個保養系列，也是日本保養品業界中，歷史悠久的現存商品之一。質地略帶濃密的 AULIC 化粧水，是在乳液之後使用的保養單品，概念和時下許多頂級品牌先乳後水的保養程序相同。目前在日本的藥妝店中可能不容易尋得，因此對這瓶經典化粧水有興趣的人，可能要透過店家預約才容易入手。

廠商名稱●コーセー
容量/價格● 140ml/1400 円
香味●典雅花香
主要美容成分●甘油、穀維素

1952年

deLuxe
オードルックス N

這瓶充滿復古風的化妝水，相信許多人在小時候應該都看過媽媽使用過。來自資生堂長壽品牌 deLuxe，老一輩日本女性口中所稱的「紫水」最早誕生於 1952 年，而目前市售的版本則是 1993 年改版至今。雖然成分相當簡樸，但在上市當時卻是媲美法國舶來貨，人人趨之若鶩的高貴保養品。

廠商名稱●資生堂
容量/價格● 150ml/600 円
香味●淡茉莉花香
主要美容成分●蓖麻油、檸檬酸

1958年

deLuxe Odorless
オードルックス

同樣來自資生堂長壽品牌 deLuxe 的另一瓶人氣化妝水。不同於經典紫水的地方，在於這瓶是專為香料敏感者所開發，其第一代在 1958 年上市，是日本最早的一瓶無香化妝水。

廠商名稱●資生堂
容量/價格● 150ml/700 円
香味●無香
主要美容成分●雙甘油、檸檬酸

化妝水是日本獨特的保養文化，且日本早在江戶時代就有使用化妝水的習慣。在長達數百年的化妝水保養文化當中，因應每個時代的保養需求及製造技術，日本不斷推出各類型的化妝水。但其中有些化妝水，則是因為使用感、效果及不可取代性等原因，持續存留至今成為長壽的懷舊復古化妝水。這邊就為大家整理出 8 款歷史悠久，目前仍可在市場中入手的懷舊復古化妝水，並透過這些化妝水來見證日本的化妝水保養文化。

1980年

EUDERMINE N
オイデルミン

不說你可能不知道，這瓶從包裝設計到香氣都散發出滿滿復古風的擦拭化妝水，其實就是資生堂鎮店之寶「紅色夢露」在 1980 年所推出的第七代版本，也是現今紅色夢露的上一個版本。由於是著重清潔效果的擦拭型化妝水，因此並沒有特別添加保養成分。因為藥妝店的實際售價相當便宜，而且使用後也具有收斂作用，所以日本有不少女性拿它替代洗臉來擦拭全臉。

廠商名稱●資生堂
容量/價格● 200ml/500 円
香味●淡玫瑰香

1983年

utena Moisture
しっとり化粧水

在環保意識抬頭所帶領的自然派保養風潮之下，這瓶誕生於 1980 年代的蘆薈保濕化妝水，在日本算是少數從昭和時代留存至今的代表性商品之一。化妝水的成分相當單純，主要的保濕成分就是蘆薈萃取物，使用起來感覺偏清爽。除滋潤型之外，還有清爽型及超滋潤型等類型。

廠商名稱●ウテナ
容量/價格● 155ml/775 円
香味●玫瑰花香
主要美容成分●蘆薈萃取物

日本的化妝水文化
經典必BUY 9 名水

在日本眾多化妝水當中，有些歷久不衰，有些瞬間爆紅，成為市場上熱銷的經典必 BUY 單品。
這些化妝水擄獲人心的原因各不相同，有的以高研發技術取勝，也有的則是以高 CP 值深受喜愛。
當你不知道該選哪一瓶化妝水才好時，或許可以先從經典必 BUY 9 名水先嘗試哦！

中階保濕型
1985年

雪肌精
藥用 雪肌精

說它是日系化妝水經典中的經典，在華人圈當中是知名度極高且愛用者眾多。以東洋美容概念為基礎，採用多種草本萃取成分所打造。主要保養訴求著重在保濕與提升肌膚清透感。質地清爽且帶有舒緩感受的香味，除沾濕化妝棉擦拭或輕壓使用之外，也很適合在夏季或乾燥季節用來濕敷全臉。（医薬部外品）

廠商名稱 ● コーセー
容量／價格 ● 360ml／7,500 円　200ml／5,000 円
香味 ● 淡雅花香
主要美容成分 ● 甘草酸鉀、薏仁萃取物、當歸萃取物、白蘞萃取物

抗醣化保養的天后級明星單品！宛如藝術品般的瓶身設計也極為沉穩時尚，美得令人讚嘆。

清透感儼然成為雪肌精的代名詞！夏天可以冰鎮後使用，冬天則可以熱毛巾溫熱肌膚後使用。

頂級抗齡型
1985年

B.A
ローション

品牌誕生於 1985 年的 B.A，在華人圈的支持率相當高。這瓶堪稱是貴婦級專屬保養單品之一的 B.A 化妝水，因為有著「抗醣化」這項少見的保養機能，儘管所費不貲，仍擁有不少愛用者。2015 年為慶祝品牌 30 週年慶，包裝設計變身成為氣勢凌人的黑曜稜柱造型。不僅如此，還同時提升保濕與肌膚再生機制的新成分，因此再次成功抓住世人的目光。

廠商名稱 ● POLA
容量／價格 ● 120ml／20,000 円
香味 ● 水感花香
主要美容成分 ● 問荊萃取物、EG CLEAR 萃取物、YAC 萃取物

實際體驗感的舒緩使用感及令人倍感懷念的香氛，都是記憶點相當高的特色。

頂級保濕型
1980年

SK-Ⅱ
フェイシャル トリートメント
エッセンス

不只在日本，SK-Ⅱ在台灣也是家喻戶曉的精華化妝水之一。誕生於 1980 年的 SK-Ⅱ，早就成為許多祖孫三代同時愛用的化妝水。說到 SK-Ⅱ的主成分，相信許多人都講得出來。沒錯，就是富含胺基酸、有機酸以及礦物質的 PITERA™。SK-Ⅱ化妝水當中的 PITERA™ 含量高達 90% 以上。主打美肌作用包括潤澤、緊緻、彈力、亮膚以及抗齡等等。一般來說，SK-Ⅱ較為偏向加強肌膚保濕作用，但也很適合當初期抗齡保養單品，是一瓶任何季節且年齡層都適用的化妝水。

廠商名稱 ● SK-Ⅱ
容量／價格 ● 160ml／17,000 円
香味 ● 無添加香料，但帶有 PITERA™ 的香味
主要美容成分 ● PITERA™

獨家成分 PITERA™ 能針對多種肌膚保養問題發揮作用，上市三十八年以來，在 SK-Ⅱ 的銷售國家已成經典逸品。

中階保濕型
1974年

ALBION
藥用スキン コンディショナー
エッセンシャル

純白瓶身搭配綠色字樣的健康化妝水，是 ALBION 熱賣近半個世紀的鎮店之寶。主打任何膚質、任何年齡及任何季節都適用，具備保濕、舒緩、平衡與代謝等多項保養機能，是許多愛用者心中的化妝水首選。這瓶化妝水的另一個特色，就是那股令人感到安心的懷舊香氛。除了一般化妝水的使用方式之外，若是油性膚質最推薦搭配化妝棉濕敷於 T 字部、雙頰及下巴等容易出油的部位。

廠商名稱 ● アルビオン
容量／價格 ● 165ml／5,000 円　330ml／8,500 円
香味 ● 懷舊花香
主要美容成分 ● 甘草酸鉀、薏仁萃取物、七葉樹萃取物、金縷梅萃取物

ASTALIFT
モイストローション

富士軟片運用底片製作過程中所累積多年的膠原蛋白研發技術與經驗，針對三十世代後所出現的膠原蛋白劣化問題，推出保養概念不同於傳統的抗齡型保濕化妝水。這瓶化妝水所注重的保養重點，不僅在於補充膠原蛋白，更是利用膠原蛋白胜肽將累積在肌膚中劣化及斷裂的老廢膠原蛋白一掃而空。唯有老廢膠原蛋白順利代謝，肌膚才能產生有彈力的新鮮膠原蛋白，如此一來就可發揮更好的保濕彈潤作用。化妝水本身質地滑順好推展，恰到好處的玫瑰花香也具有撫慰心靈的效果，很適合輕熟齡肌拿來作為抗齡保濕保養用。

廠商名稱●富士フイルム
容量／價格●130ml／3,800 円
香味●大馬士革玫瑰香
主要美容成分●獨家「CL Refresher」複合成分(奈米蝦青素、維生素 A、膠原蛋白胜肽)、奈米茄紅素

菊正宗
日本酒の化粧水

出自關西的日本清酒百年老鋪，添加純米吟釀酒的日本酒化妝水。目前市面上有不少清酒保養品，但菊正宗所推出的日本酒化妝水，算是這股日本酒保養風潮的領頭羊。日本酒當中含有許多保濕效果高的胺基酸，因此很適合拿來改善肌膚乾燥的問題。就容量與價位來說，CP 值也相當高，就算天天拿來濕敷也不會心痛。

廠商名稱●菊正宗酒造
容量／價格●500ml／740 円
香味●日本酒香
主要美容成分●日本酒、胺基酸、胎盤素萃取物、熊果素

無印良品
化粧水・
敏感肌用・
高保湿タイプ

說到無印良品的商品，大家先想到的就是那些看起來簡約卻有質感的文具、雜貨、家飾與零食。其實無印良品的這瓶化妝水，在日本的美妝界也是最具人氣的單品。看似清爽卻有突出的保濕力，加上沒有多餘的添加物，所以敏弱肌族群也將它視為絕佳逸品，因此經常登上各大美妝排行榜。就以非美妝大廠的品牌而言，堪稱是相當少見的奇蹟單品。

廠商名稱●良品計畫
容量／價格●400ml／1,112 円
香味●無香
主要美容成分●LIPIDURE®、馬齒莧萃取物、葡萄柚籽萃取物、玻尿酸

ELIXIR SUPERIEUR
リフトモイスト
ローションW

集結資生堂研究膠原蛋白三十多年的精華，主打提升肌膚張力並能散發出自然光澤感的保濕化妝水。從誕生至今已經進化到第八代，而最新一代的保養主題鎖定在真皮幹細胞促進膠原蛋白自然增生的作用。由於使用感及品牌形象都不斷提升，使得 ELIXIR SUPERIEUR 這幾年在華人圈的人氣扶搖直上。從清爽到濃密，化妝水共有三種不同的質地可選擇。

廠商名稱●資生堂
容量／價格●170ml／3,000 円
香味●舒緩花香
主要美容成分●m−トラネキサム酸、水溶性膠原蛋白

Hada Labo
極潤ヒアルロン液

說到日本的開架玻尿酸保養品，就不能不提到樂敦製藥的極潤。自 2004 年上市以來就備受喜愛，現今儼然成為玻尿酸保養的代名詞之一。在 2017 年最新一次的改版當中，樂敦製藥從超過 100 個配方內，找出三種分子量不同之玻尿酸的黃金比例，打造出滲透力更好且提升肌膚嫩彈力的新版本。很適合重視保濕效果，又喜歡成分單純不複雜的人使用。

廠商名稱●ロート製薬
容量／價格●170ml／740 円
香味●無香
主要美容成分●玻尿酸、超級玻尿酸、奈米玻尿酸

2018春夏最新化妝水

頂級
美白

DECORTÉ
AQ ホワイトニング
ローション

誕生於 1990 年，KOSÉ 旗下最為奢華的頂級品牌 DECORTÉ AQ 繼 2017 年秋季的保濕系列之後，美白系列也在 2018 年初春進行大改版。這瓶化妝水在產品定位上屬於強化美白效果的抗齡保養，主打特色是打造出沒有暗沉感的清透肌。基底採用品牌共通的白樺水，香味也是放鬆身心效果極佳，搭配曇花香所調和而成的沉穩木調花香，徹地展現出 DECORTÉ AQ 重視放鬆身心以提升肌膚保養感受度的核心理念。(医薬部外品)

廠商名稱 ● コーセー
容量/價格 ● 200ml/10,000 円
香味 ● 木調花香
主要美容成分 ● 麴酸、禾雀花萃取物、白樺水、日本紫珠果萃取物、木蘭花萃取物

中階
保濕

AYURA
バランシングプライマー
エクストラ I

打東洋美容風的 AYURA 在 2018 年初春推出全新的保養系列。AYURA 認為人們在承受壓力時，肌膚會出現乾燥、皮脂分泌過剩以及沒有彈力等問題，因此這次新系列主打的保養重點在於「舒壓」，也就是提升肌膚的代謝力。同系列化妝水分成四個類型，這瓶 EX I 水油比例適中，偏向強化補水及提升肌膚彈力保養，質地則是介於精華液及乳液之間，感覺起來清爽但滋潤度相當不錯。

廠商名稱 ● アユーラ
容量/價格 ● 100ml/6,000 円
香味 ● 草本精油香
主要美容成分 ● 石榴果萃取物、鬼針草萃取物、甘草葉萃取物

中階
擦拭

AYURA
クリアリファイナー α

AYURA 在 2018 年初春推出全新的潤澤平衡系列。主打為肌膚舒壓的肌代謝保養中，第一步就是確實去除潔顏時無法洗淨，但卻會因為壓力不斷增厚的老廢角質。只要搭配化妝棉輕拭，就能簡單地讓臉部肌膚變得滑嫩，後續保養品也能快速滲透至肌膚當中，極具 AYURA 風格的東方香調聞起來也格外令人放鬆。

廠商名稱 ● アユーラ
容量/價格 ● 200ml/4,500 円（税抜）
香味 ● 草本精油香
主要美容成分 ● 西洋梨果汁發酵液、橄欖潤澤複合物

中階
抗齡

DEW SUPERIOR
ジェリーローション
コンセントレート

「DEW SUPERIOR」是來自於 Kanebo 旗下的玻尿酸抗齡保養品牌。除了一般的化妝水之外，專為夏季喜歡沁涼使用感的族群，開發出這款凝露狀化妝水。相較於一般化妝水，凝露質地的服貼性高且滑順好延展，很適合用來搭配按摩手法，讓美肌成分確實滲透至肌膚角質層。

廠商名稱 ● カネボウ化粧品
容量/價格 ● 100g/5,000 円
香味 ● 優雅草本花香
主要美容成分 ● 玻尿酸輔助美肌成分 α（玻尿酸鈉、乙醯葡萄糖胺、甲基絲氨酸、海藻萃取物）、彈潤保濕複合成分（桃葉萃取物、甘油）

Awake
ビヨンドバランス
リキッドハイドレイター

（中階保濕）

品牌大改版的新 Awake 承襲一貫的植萃保養路線，但從品項到包裝設計都變得豐富且活潑。這瓶橘色的超保濕平衡化妝水最大的特色，就是採用植萃成分給予肌膚充分的保濕潤澤力，同時搭配植萃清爽微粉，降低植萃油特殊的濃厚質地，所以使用起來極為潤澤，但觸覺上卻是清爽滑嫩。瓶身上的半月型圖案概念來自木鋸，代表著肌膚水油平衡的狀態。

廠商名稱●コーセー
容量/價格● 200 ml／4,000 円
香味●複合天然精油香（橘皮油、葡萄柚、胡椒薄荷、茶樹、洋甘菊、絲柏精油）
主要美容成分●米胚芽油、薰衣草精油、白芒花籽油、野薔薇萃取物、鼠尾草精油、有機橄欖油、有機荷荷芭油

Awake
スキンリフレッシュ
リキッドハイドレイター

（中階保濕）

新 Awake 基礎保養系列的紫色化妝水，主打保養特色為清涼的滋潤感。整體的美肌成分是以美容油作為基底，但使用起來有一股非常舒服的清涼感。對於肌膚極為乾燥的人來說，即便是在悶熱的夏天使用，也不會覺得臉部悶熱厚重。恰到好處的清涼感，也具有收斂毛孔的作用，可讓乾燥引起的粗大毛孔變得不明顯。瓶身上的圖案概念來自薄荷葉，代表清涼感與收斂效果。

廠商名稱●コーセー
容量/價格● 200ml／5,000 円
香味●複合天然精油香（橙花油、橘皮油、苦橙葉精油、薰衣草精油、桉樹精油、絲柏精油）
主要美容成分●米胚芽油、玉米胚芽油、有機橄欖油、有機荷荷芭油

Awake
デイリーグロウ
リキッドハイドレイター

（中階保濕）

新 Awake 基礎保養系列的水藍色化妝水，主打保養特色為深層潤澤保養。包保濕潤澤作用的化妝水能軟化乾燥僵硬的肌膚，並且快速深入角質層當中，讓肌膚顯有彈潤有光澤。相對於帶有清涼感的紫色版本而言，這一瓶的使用感較為溫和，適合在秋冬或不喜歡清涼感的人使用。瓶身上的圖案概念來自鎖定人體深層的潤澤力，代表著深入肌膚深層並幫助肌膚找回原有的水潤感。

廠商名稱●コーセー
容量/價格● 200ml／5,000 円
香味●複合天然精油香（橙花油、橘皮油、苦橙葉精油、薰衣草精油、桉樹精油、絲柏精油）
主要美容成分●米胚芽油、玉米胚芽油、有機橄欖油、有機荷荷芭油

HABA
リバイタライジング
モイスチャーローション

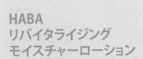

（中階保濕）

無添加主義保養品牌 HABA 在 2018 年春季所推出的新化妝水。這瓶化妝水的保養概念，是以海洋保濕力為主題，不只採用北海道海洋深層水，更加入萃取自紅藻及海洋浮游生物的保濕成分。再搭配近年來備受注目的美容食材「白木耳」所提取而成的高保水性，加上化妝水搭載可在肌膚表面形成薄膜的潤澤玻尿酸技術，因此很適合注重長效保濕效果的人使用。上市初期階段，建議可以到銀座 GINZA SIX 的旗艦門市會比較容易找得到。

廠商名稱●ハーバー研究所
容量/價格● 120ml／3,800 円
香味●無香
主要美容成分●北海道羅臼海洋深層水、白木耳多醣體、紅藻萃取物、海洋微生物多糖體萃取物

Koh Gen Do
ハーバル ミスト

（中階保濕）

同時添加保濕、抗齡、鎮靜與緊緻毛孔成分的溫泉水噴霧。無論任何膚質及年齡都適用，採用草本精油所調合而成的怡人香氛，也可在工作累的時候拿來提振精神。

廠商名稱●江原道
容量/價格● 100ml／2,600 円
香味●草本精油香
主要美容成分●溫泉水、粉紅岩薔薇萃取物、月見草籽萃取物、四氫嘧啶、水前寺藍藻萃取物、甘草酸二鉀、洋薊萃取物、水解猢猻樹葉萃取物

MAMA BUTTER
フェイスミスト

採用乳油木果油及 10 種有機植萃成分所調合而成的噴霧化妝水。大小剛好的噴霧罐，適合放在包包或抽屜裡，不只是肌膚乾燥的時候可以使用，在昏昏欲睡的午後也可以拿來噴一下，重新振作一下精神。

廠商名稱● 比比艾爾・伊・
容量/價格● 150ml/1,500 円
香味● 有機薰衣草花香
主要美容成分● 乳油木果油、玫瑰果油、荷荷芭種子油、薰衣草精油、迷迭香萃取物

IHADA
薬用ローション

資生堂藥品的 IHADA 是專為乾燥敏弱肌所開發的治療藥品牌，無論是痘痘藥、臉部濕疹藥或是抗花粉噴霧的知名度都相當高。對於乾燥敏弱肌問題，IHADA 則是推出以高精製凡士林與雙重抗炎成分所調製的保養系列。在高精製技術之下，凡士林保留了高潤澤效果，但使用起來質地卻是清爽不黏膩。若是有反覆乾燥與肌膚荒問題的人，倒是可以嘗試一下這瓶成分概念全新的化妝水。

廠商名稱● 資生堂藥品
容量/價格● 180ml/1,500 円
香味● 無香
主要美容成分● 高精製凡士林、尿囊素、甘草酸鹽

d program
アレルバリアミスト

資生堂敏弱肌保養品牌「敏感話題」當中，銀色包裝為主打阻隔塵埃及髒汙等生活過敏原的淨化隔離系列。在 2018 年春季推出的這一瓶噴霧淨化妝水，可在補充肌膚滋潤度的同時，在肌膚表面拉起一道淨化隔離防線。在完妝後噴一下，更是能夠提升持妝力。化妝水本身是水油兩層構造，使用前必須先搖晃均勻。小小一瓶攜帶也很方便，很適合隨身在化妝包裡放個一瓶。

廠商名稱● 資生堂
容量/價格● 57ml/1,500 円
香味● 無香
主要美容成分● 精胺酸、金縷梅萃取物

WafoodMade
化粧水

酒粕泥膜一度賣到缺貨，在華人圈引發不小話題的 WafoodMade 酒粕系列在 2018 年推出化妝水。酒粕美肌成分在靜置之後會沉澱於瓶底，從外觀來看這化妝水本身呈現雙層構造，所以使用前要記得先搖晃均勻。化妝水質地清爽如水，並沒有任何稠度。

廠商名稱● pdc
容量/價格● 190ml/1,200 円
香味● 日本酒淡香
主要美容成分● 酒粕萃取物、米發酵液、酵母萃取物、小黃瓜萃取物、米糠萃取物、柚果種子萃取物

Hàda Labo
白潤薬用美白化粧水

在肌研系列中，水藍色版本是主打美白基礎保養的白潤，也是整個肌研品牌中最早推出的美白保濕雙效系列。美白成分採用的是高純度熊果素，可改善紫外線照射後的肌膚乾燥問題，還加入這個品牌最核心的成分—玻尿酸。在最新一次的改版當中，除了提升奈米玻尿酸含量來增加保濕度之外，還加入維生素 E 以提升美白機能，再搭配新增的薏仁萃取物來提升肌膚明亮度與膚紋細緻度。整體來說，在保濕及美白的表現上都有相當不錯的升級。

廠商名稱● 樂敦製藥
容量/價格● 170ml/740 円
香味● 無香
主要美容成分● 玻尿酸、熊果素

MOISTURE MILD WHITE
ローション しっとり

開架
美白

MOISTURE MILD WHITE 是日本開架美白保養品中的長銷品牌之一，自 2000 年上市以來已經持續長銷 18 年之久。這次的改版重點，除了改用仿玻璃瓶質感的輕量瓶身之外，最重要的是新增高保濕及美肌效果不錯的蜂王漿，因此使用起來的保濕效果會比前一個版本更好。化妝水質地分為清爽型及滋潤型兩種可以選擇。

廠商名稱●コーセーコスメポート
容量/價格● 180 ml/900 円
香味●無香
主要美容成分●高純度維生素 C 衍生物、蜂王漿、
　　　　　　　膠原蛋白、玻尿酸

黑糖精 PREMIUM
パーフェクトローション

開架
保濕

繼 2017 年底推出全效凝露之後，黑糖精 PREMIUM 在 2018 年春季接著推出化妝水及乳液。相較於粉紅色包裝的黑糖精化妝水而言，黑糖精 PREMIUM 的特色是兼顧保濕及潤澤，因此除了系列主打的黑糖發酵萃取物之外，還額外採用五種植萃保養油強化濃密的潤澤感。化妝水本身是呈現白色的乳液狀，較適合肌膚過於乾燥、造成膚紋紊亂且毛孔顯得粗大的膚質使用。

廠商名稱●コーセーコスメポート
容量/價格● 180 ml/1,500 円
香味●無香
主要美容成分●黑糖發酵萃取物、超級玻尿酸、
　　　　　　　黑米萃取物

ALOES
しっとり化粧水

開架
保濕

日本在天然保濕成分方面，冬季喜歡採用蜂蜜，而夏季則是喜歡蘆薈。這瓶 ALOES 蘆薈保濕化粧水，是日本蘆薈化粧水的長銷代表商品之一。在 2018 年的改版當中，從成分到包裝設計都進行更新。在強調主成分採用有機蘆薈的同時，也將包裝設計變得簡約時尚。

廠商名稱●ウテナ
容量/價格● 240ml/900 円
香味●無香
主要美容成分●有機蘆薈水

NIVEA MEN
オイルコントロール
ローション UV

開架
保濕

fo
MEN

只要使用這瓶化妝水，就能完成保濕、控油及防曬。對於懶得保養的男性而言，是相當方便的一瓶化妝水。只要出門前或刮鬍後使用，就可馬上出門。使用起來帶有舒服的清涼感，添加皮脂吸收成分，可抑制惱人的油光問題。（SPF20／PA+）

廠商名稱●ニベア花王
容量/價格● 100ml/1,000 円
香味●涼感柑橘香
主要美容成分●甘油、皮脂吸附成分

PART 04 頂級化妝水

保濕・抗齡

頂級保濕化妝水

MDNA SKIN
ザ・ローズミスト

MDNA SKIN 是日本美容儀器大廠 MTG 與西洋流行天后瑪丹娜聯手，再融合義大利蒙特卡蒂尼湧泉而誕生的頂級保養品牌。這瓶容器設計散發出不凡氣勢的噴霧化妝水，基底採用的是來自義大利蒙特卡蒂尼四處泉水調配而成的美肌原料 M.T.PARCA。化妝水透過獨特噴頭，會形成相當細微的霧狀，而且保濕與潤澤效果表現不凡。在香氛方面，則是採用野生玫瑰萃取物與大馬士革玫瑰精油所調和，使用時那股優雅溫和的香氣能發揮不錯的身心撫慰效果。

廠商名稱● MTG
容量/價格● 100ml/8,400 円　150ml/12,000 円
香味●大馬士革玫瑰花香
主要美容成分● α－葡聚糖寡糖、核糖

est
エターナルフロー
ローション

花王貴婦專屬品牌 est 全系列當中最為頂級的化妝水。採用獨家複合保濕成分，能夠發揮非常不錯的保濕力，就算是膚質敏感的人使用起來也沒問題。雖然在分類上屬於保濕化妝水，但因為還添加能夠賦予肌膚張力的複合成分，因此也能拿來強化抗齡保養。

廠商名稱●エスト
容量/價格● 140ml/10,000 円
香味●淡雅花香
主要美容成分●獨家複合保濕成分（宣草花萃取物、迷迭香萃取物）、彈力賦予複合成分（七葉樹萃取物、檸檬萃取物）

INFINITY
ローション プレステジアス

追求緊緻無痕肌的 INFINITY Prestigious 是整個 INFINITY 當中的頂級系列，主打特色是運用多種珍稀植萃成分及獨創技術，打造出能夠喚醒肌膚基底活力的抗齡保養品。這瓶化妝水採用液晶乳化技術，將高吸水性保養成分細微透明化。即便使用感濃密卻能滲透至肌膚深層，感覺就像是在使用精華液一般。

廠商名稱●コーセー
容量/價格● 160ml/10,000 円
香味●典雅花香
主要美容成分●芭樂葉萃取物、橢圓懸鉤子萃取物、甘油、薰衣草花水

DECORTÉ
リポソーム
トリートメント リキッド

針對角質層之間缺乏滋潤及水分的問題，黛珂運用獨家的多重微脂囊體技術，讓化妝水中的美肌成分能快速滲透肌膚，利用修復角質層機能的方式，提升肌膚整體的豐潤感及活力。使用起來相當清爽，但保濕效果卻能持續發揮，是相當適合用來強化抗齡保養的保濕化妝水。

廠商名稱●コーセー
容量/價格● 170ml/10,000 円　100ml/6,000 円
香味●草本花香
主要美容成分●茶胺酸、茯苓萃取物、天然維生素 E、銀耳萃取物

頂級抗齡化妝水

SK-Ⅱ
LXP アルティメイト
パーフェクティングエッセンス

SK-Ⅱ的 LXP 系列是專屬百貨通路的高端品牌，而這瓶化妝水更是少數單價逼近 3 萬日圓的頂級單品。既然是 SK-Ⅱ旗下的保養系列，主成分當然是獨家研發的 PITERA™。只不過 LXP 系列的化妝水所採用的是專門為 LXP 系列研發的超濃縮 PITERA™。這瓶訴求在於肌膚潤澤、彈力、柔嫩、亮膚抗齡以及清透感，打造極致晶瑩美肌。對於輕熟齡之後的族群來說，也是保濕效果及抗齡表現值得期待的單品。

廠商名稱 ● SK-Ⅱ
容量/價格 ● 150ml/28,500 円
香味 ● 無香
主要美容成分 ● 超濃縮 PITERA™

DECORTÉ
AQ ミリオリティ
リペア ローション

AQ MELIORITY 是黛珂當中主打抗齡保養的頂級系列。系列名稱「MELIORITY」意指極緻、卓越，因此訴求的保養效果鎖定在超越原有膚質，改改變臉部肌膚給人的視覺印象。在成分方面也相當講究，基底採用素有生命之水之美稱的白樺水，再搭配萃取自大豆的雙重胜肽，目的在於喚醒膠原蛋白的再生力。很適合搭配化妝棉輕輕地按壓全臉，如此一來就能感受到植物生命力所帶來的清透及彈力感。

廠商名稱 ● コーセー
容量/價格 ● 200ml/20,000 円
香味 ● 輕柔優雅花香
主要美容成分 ● PPP-4（棕櫚醯五肽）、
黑豆萃取物、白樺水

EXCIA EMBEAGE
ローション

來自 ALBION 頂級抗齡晶湛凝采系列的化妝水。使用起來的第一印象，就是 ALBION 運用最拿手的調香技術，融合四種白花所調合出來的高雅香氛。這瓶主打喚醒永恆美肌的化妝水，其美肌成分是能夠賦予肌膚生命力，且來自馬達加斯加島的三種罕見原生植萃成分。略帶稠度的化妝水在接觸肌膚後，可在美肌成分迅速滲透的同時，在肌膚表面形成一道潤澤層，可說是同時滿足嗅覺、觸覺及視覺的頂級抗齡化妝水。

廠商名稱 ● アルビオン
容量/價格 ● 200ml/18,000 円
香味 ● 優雅白花香
主要美容成分 ● 積雪草葉萃取物、硬骨凌霄花葉萃取物、
薑花萃取物、葡萄葉萃取物、香茶菜萃取物、
矢車菊水

episteme
ステムサイエンスローション

episteme 是樂敦製藥利用藥廠研發技術所開發，從再生醫療的角度切入抗齡保養的高端百貨品牌。這瓶抗齡化妝水的機能關鍵字是「彈力肌再生」。樂敦製藥在多年的研究中發現，肌膚當中的脂肪幹細胞其實也能產生大量的膠原蛋白，因此獨家開發出能針對脂肪幹細胞發揮作用的成分，讓真皮及表皮的細胞能更加活化。就題材及成分來說，都算是相當具話題性的抗齡化妝水。

廠商名稱 ● ロート製藥
容量/價格 ● 150ml/15,000 円
香味 ● 大馬士革玫瑰香
主要美容成分 ● STEM S 複合成分

NOEVIR
505 薬用スキンローション

無論是在日本還是台灣，NOEVIR 505 化妝水都無法在藥妝店或百貨公司入手。可能是因為這個原因，讓大部分的人對它都不太熟悉。不過這瓶化妝水，在日本可是長銷超過 30 年的經典抗齡化妝水之一。不只是增齡老化，也針對光照、氧化及醣化等致老因子強化，採用 26 種能夠提升肌膚保濕力、彈潤感及清透感的植萃成分，使用起來略帶稠度卻完全沒有厚重感的質地也讓人感覺很舒服。對於日本長銷隱藏版逸品有興趣的人，是一瓶蠻不錯的抗齡化妝水選擇。

廠商名稱 ● ノエビア
容量/價格 ● 150ml/12,000 円
香味 ● 淡雅花香
主要美容成分 ● 銀杏葉萃取物、枇杷葉萃取物、金銀花萃取物、
黃花報春萃取物、伸筋草萃取物、香蜂草萃取物

Clé de Peau Beauté
ローションイドロ A

集結資生堂肌膚科學力，將研究重心鎖定在「細胞保養」的肌膚之鑰 Beauté，是資生堂引以為傲的頂級品牌。這瓶化妝水在 2016 年進行品牌改版，除沿襲過去 30 多年來數次進化的肌膚保養理論之外，這瓶化妝水更是講究觸感及使用後肌膚由內向外散發的生命力與光亮感。在香味方面，更是活用資生堂拿手的調香技術，打造出獨特優雅、華麗中略帶內斂的香氛，在化妝水接觸臉部肌膚的瞬間，就可同時滿足觸覺及嗅覺的感受。（医薬部外品）

廠商名稱 ● 資生堂
容量/價格 ● 170ml/10,500 円
香味 ● 優雅花香
主要美容成分 ● 傳明酸、白金金黃羅絲萃取物、日本國產
珍珠萃取物、甘草酸鉀、海藻糖、濃甘油

頂級抗齡化妝水

雪肌精 MYV コンセントレートローション

雪肌精御雅是主要客層鎖定在百貨高端的雪肌精頂級系列，除承襲雪肌精的三大植萃保濕之外，還另外添加金櫻子及金盞花等新植萃成分，可在打造清透膚質的同時，讓肌膚由內向外散發出彈潤感。雖然是抗齡保養用化妝水，但質地使用起來相當清爽，且肌膚滲透力也很不錯。在香味方面，則是比雪肌精更加沉穩及優雅。

廠商名稱●コーセー
容量/價格● 200ml/10,000 円
香味● 優雅花香
主要美容成分● 熟成薏仁萃取物、當歸萃取物、白蘞萃取物、金櫻子萃取物、金盞花萃取物

DECORTÉ AQ ローション

黛珂 AQ 在 2017 年秋季所推出的新系列。這系列的主打抗齡重點在於為肌膚紓壓，因此在修復及滋養成分上格外講究，而 AQ 系列所主打的白樺水濃度還特別提升。在香氛方面則是採用優雅的曇花為基底，打造出能夠舒緩身心的木調花香。化妝水質地雖清爽，但在快速滲透肌膚的同時，能發揮相當不錯的保濕力，很推薦搭配同系列的美容油一起使用，可以加強肌膚的潤澤度及保濕力。

廠商名稱●コーセー
容量/價格● 200ml/10,000 円
香味● 淡雅木調花香
主要美容成分● 禾雀花萃取物、白樺水、海藻酸鈉、蛋白聚糖

POLA RED B.A ローション

身為 B.A 品牌的成員之一，RED B.A 化妝水也是抗醣化保養單品。不過在 RED B.A 的保養概念當中，認為心理壓力會造成肌膚彈力降低以及顯得暗沉，因此在抗醣化及保濕成分之外，還運用獨特的調香技術，讓化妝水也能像香水一樣擁有前調、中調及後調般地變化。在瓶身設計方面，則是採用能夠反映堅強女性特質的日本傳統色「紅赤」。就整體而言，是同時堅持肌膚科學理論、高科技配方以及心靈感性三大領域的頂級化妝水。

廠商名稱● POLA
容量/價格● 120ml/10,000 円
香味● 果調花香
主要美容成分● BA Liquid E（水解貝殼硬蛋白液、貽貝糖原、絲瓜萃取物、蓮花萃取物）

episteme トリートメントクリアローション ステージ 1 ／ステージ 2 ／ステージ 3

這三瓶將保養重點鎖定在表皮醣化問題，改善肌膚清透感的化妝水，可說是 episteme 這個品牌的鎮店之寶。質地與成分組成感覺就像是精華液一般講究，可針對肌膚細胞發揮抗醣化作用。這瓶化妝水其實有三種類型，30 世代的輕熟齡肌適合用 Stage 1 版本，40 世代的前熟齡肌適合用 Stage 2 版本，當 50 世代之後肌膚出現數種增齡警訊時，則適合使用 Stage 3 版本。

廠商名稱● ロート製薬株式会社
容量/價格● 150ml/6,000 円；8,000 円；10,000 円
香味● 玫瑰香
主要美容成分● AG Deep Clear 複合精華、月見草油、芍藥萃取物

SUQQU
ライトソリューション ローション

SUQQU 旗下的 LIGHT SOLUTION 系列所主打的保養訴求為「光之肌」，也就是打造清澈透亮的光感美肌。除了兩種分子大小不同的玻尿酸及複合保濕成分之外，還添加親油性及親水性都高的水感潤澤成分，因此可在肌膚表面形成一道輕透的保護層。因為質地相當清爽，所以特別適合在夏季拿來加強保濕保養。

廠商名稱●エキップ
容量/價格●200ml/8,000 円
香味●東洋蘭三世冠加橙花香
主要美容成分●弟切草萃取物、印度苦楝樹萃取物、甘草酸鉀

INFINITY
アドバンスト モイスチュア コンセントレート ローション

高絲輕熟齡保養品牌 INFINITY 在 2016 年秋季推出的最新黑色系列，主打的保養機能為深層保濕。主成分中的精米效能淬取液 NO.11，號稱是能夠促進肌膚中神經醯胺的保濕成分，即使使用感相當清爽，但還是能讓肌膚從深層散發出膨潤感。另外，沉穩的木調花香聞起來也能令人感到放鬆且舒服。

廠商名稱●コーセー
容量/價格●160ml/7,000 円　80ml/3,800 円
香味●木調花香
主要美容成分●精米效能淬取液 NO.11、肌活防護因子 Ectoin®、交替單胞菌發酵產物萃取物、比菲德氏菌發酵產物萃取物

Prédia
スパ・エ・メール ブラン コンフォール

Prédia 系列的特色之一，就是採用來自海洋及溫泉的保濕成分。這瓶在 2017 年發表的化妝水除了承襲系列特色成分之外，還另外添加穩定肌膚及抑菌成分，因此不只是保濕，也很適合不穩定的痘痘肌使用。獨特的木調草本味，聞起來不只能夠穩定身心，還給人一種草本香氛的使用感。(医薬部外品)

廠商名稱●コーセー
容量/價格●360ml/6,500 円　170ml/3,600 円
香味●木調草本香
主要美容成分●甘草酸衍生物、異丙基苯酚、維生素 C 衍生物、海洋深層水、溫泉水、薏仁萃取物、紅藻萃取物

est
ザ ローション

花王貴婦專屬品牌 est 是整個花王體系中最頂級的高端保養品牌，其基礎保養系列在 2017 年進行改版，包裝設計也變得更有質感。這瓶化妝水的主打特色，就是利用褐藻、曇花及甘油調合出獨家保濕成分 ATP Spiral，並將水分緊緊鎖在角質細胞的角蛋白纖維之中，就算周遭環境極度乾燥也能讓肌膚維持水潤。無論是使用感及保濕力表現都不遜色，難怪在日本上市不到一年，就受到各大主流美妝雜誌票選為年度最佳化妝水。

廠商名稱●エスト
容量/價格●140ml/6,000 円
香味●淡雅花香
主要美容成分● est 獨家保濕成分 ATP Spiral、桉樹萃取物、生薑萃取物

Prédia
スパ・エ・メール ミネラルローション I

Prédia 是運用海洋及溫泉成分的保濕品牌，而這瓶化妝水可算是整個系列的基本款。主要保濕成分是來自海藻萃取成分，再搭配富含礦物質的海洋深層水及溫泉水，是相當講究成分的保濕化妝水。對於 Prédia 這個品牌好奇的人來說，算是非常不錯的入門單品。除 I 保濕型之外，在秋冬或乾燥季節也可以換成 II 超保濕型。

廠商名稱●コーセー
容量/價格●250ml/6,000 円　130ml/3,200 円
香味●淨透草本香
主要美容成分●籠目昆布萃取物、軟毛松藻萃取物、海洋深層水、溫泉水、水解珍珠蛋白

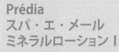

EUDERMINE G
オイデルミン

紅色夢露可說是最能代表資生堂歷史的鎮店之寶，因為它不只是資生堂第一瓶保養品，也是整個保養品業界中極少數擁有超過百年歷史的化妝水。紅色夢露的英文品名為「EUDERMINE」，這名稱則是取自希臘語的「完美肌膚」。自 1897 年誕生以來，紅色夢露隨著時代的保養需求不斷進化改版，現今版本則是從 1997 年熱賣至今，在許多美容愛好者心中，擁有不可動搖的重要地位。

廠商名稱●資生堂
容量/價格●125ml/6,000 円
香味●西洋芍藥香
主要美容成分●玻尿酸、胺基酸、西洋芍藥萃取物

保濕型

THREE
バランシング ローション

THREE 的品牌鎮店之寶，可調節肌膚水油平衡狀態，讓肌膚顯得健康潤澤且清透的平衡型保濕化妝水。使用起來質地相當清爽，肌膚滲透力表現不俗，而且帶有舒緩身心的獨特精油香，在為數不多的精油植萃化妝水市場當中，是同時能滿足保養使用感與包裝設計感的優秀單品。

廠商名稱● THREE
容量/價格● 140ml/5,800 円
香味●舒緩精油香
主要美容成分●乳香精油、佛手柑精油、甜馬郁蘭精油、檀香精油

PHILNATURNT
CL コンセントレイト
ローション

日本醫美保養品牌 PHILNATURNT 旗下的 CL，是主打改善肌膚彈力問題的保濕系列。整個成分組成都著重在追求豐潤的使用感，而化妝水本身也略帶有點濃稠度，因此使用時的膚觸會顯得滑順不拉扯肌膚，很適合用來對付乾燥所引起的小細紋。

廠商名稱●ドクターフィル コスメティクス
容量/價格● 150ml/5,500 円
香味●無香
主要美容成分● CL 複合成分 (瓜氨酸、醋苦橙皮苷)、硫酸軟骨素鈉、甘草葉萃取物、羥脯胺酸、磷脂

米肌
肌潤化粧水

主要成分包括高絲拿手的精米效能淬取液 NO.11 在內，將眾多高保濕效果成分全都濃縮在一瓶，是使用起來質地滑順的保濕化妝水。除了深入角質層發揮保濕效果外，還能改善毛孔粗大問題。在日本屬於網購品牌，但從 2017 年 12 月開始，也能在台灣的 @cosme store 購入。

廠商名稱●コーセープロビジョン
容量/價格● 120ml/5,000 円
香味●無香
主要美容成分●精米效能淬取液 NO.11、比菲德氏菌發酵產物萃取物、大豆發酵物萃取物、乳酸鈉、醣基海藻醣

SUQQU
センティッド
ハイドレイティング ミスト WT

近年來不只是在日本，在華人圈人氣也扶搖直上的 SUQQU，在 2016 年與薰香老舖「麻布香雅堂」合作，推出和風味十足的白茶香噴霧化妝水。像這樣的高雅薰香香氣，在化妝水中十分少見。除了當成一般保濕化妝水使用之外，最推薦在完妝後輕噴當下定妝。若是長時間待在空調空間當中，也很適合放在辦公室的抽屜裡隨時使用。

廠商名稱●エキップ
容量/價格● 60ml/5,000 円
香味●和風白茶香
主要美容成分●山椒萃取物、明日葉萃取物、白茶萃取物、酵母萃取物

KANEBO
モイスチャー フロウリッチ
ローション

Kanebo 紀念創業 80 週年所推出的同名品牌化妝水，從線條獨特的瓶身設計就不難看出這瓶化妝水在 Kanebo 眾多產品中的重要地位。化妝水本身有水感的清爽型及濃密的滋潤型兩種類型，在香氛方面則是採用少見的獨特茶花香調。

廠商名稱●カネボウインターナショナル Div.
容量/價格● 180ml/5,000 円
香味●白茶精油香
主要美容成分●枇杷葉萃取物、乙基葡萄醣苷、西洋菜萃取物、甘油

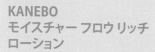

THREE
ザ ディフィニティブ
ローション

for MEN

根據角質肥厚粗糙且容易呈現外油內乾狀態的男性特有膚質，是採用多種植萃成分調和而成的保濕化妝水。針對男性皮脂分泌旺盛的特殊保養困擾，能夠發揮相當不錯的皮脂調理作用，就算是在悶熱的夏季使用也能讓肌膚維持清爽。綜觀整個男性保養市場，走精油植萃保養風的化妝水相當少見。因為是專為男性所開發，在調香方面也較為中性，因此很適合想接觸精油保養卻又擔心香味太濃的男性朋友。

廠商名稱● THREE
容量/價格● 100ml/5,000 円
香味●舒緩精油香
主要美容成分●綠花白千層精油、迷迭香精油、薰衣草精油

DECORTÉ
フィトチューン
ハイドロ チューナー

主要美容成分是來自植物經年累月所形成，
富含數十種礦物質及微量元素的富里酸。這
種近年來在美容及醫療界備受注重的成分，
其實相當稀有且取得不易。這瓶化妝水的主
打訴求，是能夠快速滲透肌膚底層，並使肌
膚膨潤，進而讓毛孔變得不明顯。因此很適
合肌膚乾燥所引起的粗大毛孔與暗沉肌使用。

廠商名稱●コーセー
容量/價格● 200mL/5,000 円　110ml/3,000 円
香味●草本花香
主要美容成分●富里酸萃取物、複方草本精萃（紫蘇葉
　　　　　　　萃取物、迷迭香萃取物、玫瑰果油）

Bb LABORATORIES
プラセンテン

胎盤素原液老舖 Bb LABORATORIES
所推出的胎盤素化妝水。除了濃度高
達 10%的胎盤素之外，還有許多保濕
及緊緻毛孔的成分。很多人都知道胎
盤素是抗齡成分，但其實胎盤素在日
本更是人氣度相當高的美白成分。因
此這瓶化妝水格外適合拿來打造具有
水潤感的清透肌。

廠商名稱●ビービーラボラトリーズ
容量/價格● 150ml/4,650 円
香味●無香
主要美容成分●胎盤素萃取物、玻尿酸、卵磷脂、
　　　　　　　金縷梅萃取物、大豆萃取物、紅藙
　　　　　　　草花萃取物

DECORTÉ
ヴィタドレーブ

主成分為四種紫蘇科植物的植萃成分，再搭
配香氛精油所調和而成的保濕型化妝水。獨
特的清新草本香味，能給人一種淨化般的舒
暢感。很適合肌膚容易乾荒或是暗沉的人，
用來打造充滿清透感且滑嫩的健康膚質。

廠商名稱●コーセー
容量/價格● 150ml/4,500 円
香味●清新草本香
主要美容成分●迷迭香葉水、紫蘇葉萃取物、
　　　　　　　丁香萃取物、鼠尾草萃取物

hifmid
エッセンスローション

來自老字號製藥公司ーー小林製藥的
hifmid，在日本屬於網購品牌。雖然無法在
一般藥妝店購買，但卻擁有不少死忠的支持
者。最主要的原因，是這瓶化妝水一口氣添
加三種高鎖水神經醯胺，因此在乾燥的季節
也能發揮不錯的保濕效果。由於成分相當單
純且溫和，所以敏弱肌族群也蠻適合使用
的。

廠商名稱●小林製藥
容量/價格● 120ml/3,000 円　180ml/4,300 円
香味●無香
主要美容成分●第一型、第二型、第三型神經醯胺

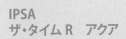

IPSA
ザ・タイム R　アクア

從這個充滿未來感的清透曲線瓶身設計來
看，就不難發現 IPSA 這瓶化妝水是主打保
濕保養的產品。獨家保濕成分 Aqua
Presenter Ⅲ能在肌膚表面形成一道鎖水層，
並適時適量地為角質層補充水分。使用起來
清爽如水，但卻能夠發揮令人驚豔的保濕補
水力。（医薬部外品）

廠商名稱●イプサ
容量/價格● 200ml/4,000 円
香味●無香
主要美容成分●獨家保濕成分 Aqua Presenter Ⅲ、
　　　　　　　傳明酸

BENEFIQUE
ローション

這瓶橘色瓶裝的化妝水，是資生堂所有保養
品當中少數採用和漢植萃成分的產品，就連
香味聞起來也是令人感到放鬆的草本香氛。
針對乾荒僵硬的問題肌，這瓶化妝水的主打
保養訴求是深入滋潤肌膚角質層，同時讓臉
部肌膚顯得膨潤柔嫩。如果是搭配化妝棉使
用，可在擦拭臉部之後順便擦一下手肘和膝
部，保養一下這些角質容易顯得又厚又硬的
部位。

廠商名稱●資生堂
容量/價格● 200ml/4,000 円
香味●舒緩草本香
主要美容成分●高麗人蔘萃取物、當歸萃取物、甘油

保濕型

NOV
ノブⅢ フェイスローション R

誕生於 1985 年的 NOV，是以皮膚科學角度所研發的敏弱肌保養品牌，在台灣有不少醫美診所都會推薦使用。NOV Ⅲ 是專為不穩定敏弱肌所開發，利用保濕潤澤成分提升肌膚本身的刺激防禦力，幫助肌膚能夠變得更加健康。因為成分與質地都相當溫和，所以敏弱肌或不穩肌使用起來都不易有刺痛之類的不適感。

廠商名稱●常盤藥品工業
容量/價格●120ml/4,000 円
香味●無香
主要美容成分●甘草酸二鉀、甜菜鹼、甘油、
第三型神經醯胺、角鯊烷

RMK
スキンチューナー
コンディショニング

RMK 基礎保養系列中的另一瓶保濕型化妝水。相對於粉紅色瓶裝的保濕化妝水而言，這一瓶除了基本的保濕功能之外，因為加入能夠穩定乾荒肌狀態的成分，所以較為適合在肌膚狀態不穩定的時候拿來強化肌膚防禦力。尤其是在換季時，肌膚很容易因為環境劇烈轉變或乾燥而出現泛紅或脫皮等問題，這時候就蠻適合用這瓶化妝水。（医薬部外品）

廠商名稱●エキップ
容量/價格●150ml/3,800 円
香味●草本清香
主要美容成分●蕎麥酸、甘草酸、酸橙果皮萃取物、
山桑子葉萃取物

FORMULE
ビタソリューション

除獨特的 EPC 配方外，還額外添加五種維生素、玻尿酸衍生物及胺基酸的保濕機能強化型化妝水。另外還利用油酸衍生物等潤澤成分發揮柔膚作用，使美容成分能夠深入角質層，並在肌膚表面形成一道保護膜。化妝水本身帶有稠度，就算是乾燥敏弱肌使用，也不會拉扯肌膚而帶來不舒服的刺痛感。

廠商名稱●ドクターフィル コスメティクス
容量/價格●150ml/3,500 円
香味●無香
主要美容成分●EPC(維生素 E + 磷酸 K + 維生素 C)、
玻尿酸衍生物、胺基酸

d program
モイストケア ローション W

專為偶發敏感肌所開發的 d program 有四個系列，而每個系列的化妝水都主打能夠同時保濕及美白。但若是肌膚極為乾荒甚至是因乾燥脫屑的話，就比較適合使用這瓶粉紅色的滋潤強化型。（医薬部外品）

廠商名稱●資生堂
容量/價格●125ml/3,500 円
香味●無香
主要美容成分●傳明酸、甘草酸鉀、野山椿萃取物、
銀杏萃取物、濃甘油

Obagi
アクティブベース
クリアローション

樂敦製藥在結合本身的皮膚科學研究，以及 Obagi 的肌膚再生 SHR 理論後所推出的保養系列。STEMBASE α 及 Active Base EX 都是獨家的保濕成分，在滲透至肌膚當中之後，會以主動出擊的方式，利用再生機能的方式來改善肌膚問題。雖然這瓶化妝水屬於保濕型，但以機能性來說則是偏向輔助強化肌膚再生代謝。

廠商名稱●ロート製薬
容量/價格●150ml/3500 円
香味●清新花香
主要美容成分●STEMBASE α、Active Base EX、
雷公根萃取物

DEW
ローション

Kanebo 運用 30 多年的玻尿酸研發技術所開發的保濕型化妝水。化妝水本身的質地雖然偏向濃密，但塗抹在肌膚上的瞬間就會化成清爽如水般的形態，因此用起來感覺並不會有厚重感。搭配獨特且舒服的草本花香，整體的使用感還算是不錯。化妝水質地有清爽型、滋潤型及超滋潤型等類型。

廠商名稱●カネボウ化粧品
容量/價格●150ml/3,500 円
香味●草本花香
主要美容成分●獨家玻尿酸輔助 α 成分 (玻尿酸、
乙醯葡醣胺、甲基絲氨酸、海藻萃取物)

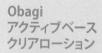

RMK
スキンチューナー トリートメント
モイスト(左)／エクストラモイスト(右)

每一季新彩妝及底妝妝感總是令人驚豔的 RMK，其實在基礎保養上的表現也很不錯。承襲 RMK 一貫風格，保濕型化妝水的包裝走的是簡約會風。化妝水本身的肌膚滲透力高，且能在肌膚表面形成守護肌膚的潤澤薄膜。在選擇類型方面則是有兩種類型可以選擇，潤膚保濕型較為清爽，質地是略帶稠度，而極緻保濕型則是更為濃密。還有一個比較特別的地方，那就是一般同系列化妝水通常都採用相同的香氛，但這兩瓶不只是使用質地不同，就連香氣也是走完全不同的風格，但無論是哪一種都能令人感到身心放鬆。

廠商名稱●エキップ
容量／價格●150ml／3,400 円
香味●潤膚保濕型（左）：薰衣草佐玫瑰木生薑
　　　極緻保濕型（右）：玫瑰花佐天竺葵
主要美容成分●米糠萃取物、西印度櫻桃萃取物、
　　　　　　　酸橙果皮萃取物、山桑子葉萃取物

DHC 薬用
マイルドローション(L)

1998 年就上市，在 DHC 所有基礎保養系列當中屬於相當長銷的明星商品，在日本擁有不少愛用多年的死忠粉絲。如同包裝設計一般，化妝水本身的成分相當質樸簡單，以最單純的植萃成分發揮潤澤肌膚的保濕力。因為質地溫和，所以敏弱肌與痘痘肌也適合使用。

廠商名稱● DHC
容量／價格● 180ml／3,334 円
香味●無香
主要美容成分●富含維生素之植萃成分

LIPS and HIPS
ピュアスキンセラムローション

走可愛公主風格的 LIPS and HIPS，是來自北海道的藥妝連鎖 AINZ&TULPE 旗下之自有品牌。這瓶化妝水主打一瓶可抵化妝水、精華液及乳液，且帶有獨特的葡萄柚風清新香味。除了這瓶強調濃密質地的「濃密潤澤型」之外，還有質地較為清爽的「溫和潤澤型」可以選擇。對於沒太多時間保養的年輕女性來說，是一瓶值得嘗試的保濕型化妝水。

廠商名稱●アインファーマシーズ
容量／價格● 150ml／3,200 円
香味●葡萄柚玫瑰香
主要美容成分●神經醯胺基酸、米萃取物

HABA
ディープモイスチャー
ローション

HABA 基礎保養系列當中，保濕及潤澤成分最為講究的一瓶化妝水。化妝水本身能在肌膚表面形成一道潤澤層，藉此防止肌膚表面的水分蒸散。化妝水質地帶有黏稠度，可持續發揮不錯的保濕效果，因此特別適合在極度乾燥的季節使用。

廠商名稱●ハーバー研究所
容量／價格● 120ml／3,200 円
香味●無香
主要美容成分●小分子神經醯胺、玻尿酸、
　　　　　　　米糠萃取物、白金萃取物、
　　　　　　　仙人掌萃取物

資生堂 MEN
ハイドレーティング ローション

男性皮脂分泌旺盛但肌膚內部卻往往缺水顯得乾燥，再加上刮鬍對肌膚會產生不小的刺激。針對這些男性的肌膚特質，資生堂在 2004 年推出這瓶專為男性開發的高保濕化妝水。考量到男性不喜歡黏膩的使用感，保濕效果不錯，而且使用起來清爽許多。

廠商名稱●資生堂
容量／價格● 150ml／3,000 円
香味●草本花香
主要美容成分●甘草酸二鉀、甘油、白樺樹皮萃取物

Paul Stuart
モイスチュア ライジング
ローション N

來自紐約的男性時尚品牌 Paul Stuart 在日本推出專屬男性的保養品牌。針對男性特有的外油內乾膚質，開發出使用感清爽不黏膩的水油平衡保濕化妝水。這系列另一個特色，就是襯托都會男性魅力的優雅草本柑橘香調。

廠商名稱●コーセー
容量／價格● 180ml／2,800 円
香味●草本柑橘香
主要美容成分●櫟木萃取物、綠茶萃取物、
　　　　　　　茴香萃取物、百里香萃取物

保濕型

DHC
リバイタライジング
ローション

保養重點鎖定在肌膚滲透力的保濕化妝水。主成分之一的 NANOCUBE®，是聖瑪麗娜醫科大學與 NANOEGG 公司以標靶治療藥物製造技術所共同研發的自我治癒力活化成分。這項成分可讓肌膚細胞排列狀態暫時變得整齊，如此一來所有的美容成分就可順利通過並深入肌膚角質層。這瓶化妝水的特性比較像是輔助導入，所以搭配其他保濕單品一起使用的話會更有感。

廠商名稱● DHC
容量/價格● 150ml/2,800 円
香味●無香
主要美容成分● NANOCUBE®、超氧岐化酶（SOD）、甘蔗皮萃取物

草花木果
ハリ肌化粧水・ゆず

主要美肌成分都是來自柚子的保濕化妝水，其中柚籽萃取物據說有協助玻尿酸形成的作用，因此適合想提升肌膚彈潤力的人使用。在香味方面，是來自日本高知縣安藝地區所產的有機栽培柚子香，聞起來沉穩具有撫慰身心的效果。

廠商名稱●株式会社キナリ
容量/價格● 180ml/2,800 円
香味●和風柚香
主要美容成分●柚籽萃取物、柚果萃取物、清潤環植萃成分（牡丹萃取物、紅花鹿蹄草萃取物、杏桃果汁）、關平溫泉水

草花木果
化粧水・よもぎ

草花木果的兩瓶保濕化妝水當中，黃色的柚子化妝水主打彈潤保濕，而這瓶深綠色的艾草化妝水則是針對敏弱膚質所特別開發的低敏保濕化妝水。因為沒有添加酒精的關係，很適合對於酒精敏感或是極度敏弱，使用保養品時容易感到刺痛的族群使用。

廠商名稱●キナリ
容量/價格● 180ml/2,800 円
香味●溫和草本香
主要美容成分●艾草萃取物、關平溫泉水

ORBIS=U
モイストアップローション

針對無止盡的乾燥問題，ORBIS=U 在 2014 年所推出的全新保養概念第一彈。30 世代之後的輕熟齡肌，會陸續出現乾燥、細紋及膚色暗沉等問題，而這瓶化妝水當中的 HSP（熱休克蛋白）可透過提升肌膚內部酵素活性的方式來改善這些問題。無油配方搭配略帶稠度的清爽使用感，就算是夏季使用也不會感到黏膩。

廠商名稱●オルビス
容量/價格● 180ml/2,800 円
香味●無香
主要美容成分● HSP 酵素、濃密水感凝露、小分子玻尿酸

freeplus
モイストケアローション

freeplus 化妝水的最大特色，就是採用 6 種具有保濕及調理膚質作用的和漢植萃成分作為主要美容成分。主成分當中還有個葢鹼醯胺，其實這是一種能改善肌膚屏障機能，藉此減少外來刺激與水分流失的保護成分。因為質地溫和且能阻隔外來刺激，所以也很適合敏弱肌族群使用。

廠商名稱●カネボウ化粧品
容量/價格● 130ml/2,800 円
香味●無香
主要美容成分●大棗萃取物、陳皮萃取物、桃仁萃取物、薏仁萃取物、甘草萃取物、川芎萃取物、葢鹼醯胺

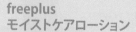

肌極
化粧液

角質層內的神經醯胺容易因為增齡或環境變化而減少，因此保濕不只是補充肌膚水分，更要提升肌膚本身的保水力。這瓶化妝水的主成分「精米效能淬取液 NO.11」，在日本被視為能夠輔助神經醯胺機能的成分，因此提升肌膚保水力的作用非常值得期待。使用起來感覺滋潤度充足，甚至不需要再使用乳液。

廠商名稱●コーセー
容量/價格● 150ml/2,800 円
香味●草本花香
主要美容成分●精米效能淬取液 NO.11、木通莖萃取物、綠茶萃取物、紫蘇葉萃取物、甘油

SOFINA beauté
高保湿化粧水

SOFINA beauté 是專為 30 世代之後輕熟齡肌所開發，而這瓶高保濕化妝水在2016年秋季進行品牌大改版。在這次改版當中，SOFINA beauté 將保濕重點鎖定在柔化角質，也就是讓角質細胞中的角蛋白纖維吸滿水分，藉此打造出水潤柔嫩的膚質。依照使用滋潤度不同，共有輕潤型及潤澤型等兩種可選擇。

廠商名稱●花王ソフィーナ
容量/價格● 140ml/2,700 円
香味●淡雅花香
主要美容成分●月下香培養精華 α
（月下香多醣體、甘油）

Paul Stuart
アフターシェーブ
ローション N

for MEN

Paul Stuart 保養系列除了水油平衡保濕化妝水之外，還有這瓶鬚後化妝水。基本的保濕成分相同，最大的不同之處在於鬚後化妝水具有收斂作用，因此多了能夠抑制泛油光的作用，同時使用起來也多了一股舒緩的清涼感。

廠商名稱●コーセー
容量/價格● 180ml/2,500 円
香味●草本柑橘香
主要美容成分●櫟木萃取物、綠茶萃取物、茴香萃取物、百里香萃取物

Arouge
モイスチャー
ミストローション

在日本敏弱肌保養市場中，支持度相當高的 Arouge 是少數由製藥公司所推出的產品。品牌誕生於 2001 年，主打敏弱肌保濕保養的化妝水採用滲透力及保濕性表現都相當好的奈米神經醯胺。化妝水本身分為三種質地，其中 Ⅰ 清爽型及 Ⅱ 滋潤型為噴霧罐裝，可以在不拉扯肌膚的狀態下均勻噴在全臉，而 Ⅲ 超滋潤型則是觸感滑順的水凝露狀，使用時也不容易拉扯肌膚，很適合對於外在刺激相當敏感的敏弱肌使用。

廠商名稱●全藥工業
容量/價格● 150ml/2,300 円
香味●無香
主要美容成分●甘草酸二鉀、奈米神經醯胺、甘草葉萃取物、甜菜鹼

suisai
ローション（左）
スキンタイトニングクールローション（右）

洗顏粉在華人圈聲名大噪的 suisai，其實也有相當完整的基礎保養系列。這瓶專為 20 世紀毛孔問題所開發的保濕化妝水，主要是利用發酵成分來發揮保濕及調理膚紋的作用。在 2016 年的改版當中，最大的突破點是使用感變得更加清爽，但保濕效果的表現卻還是完整保留。化妝水質地分為 Ⅰ 清爽型、Ⅱ 滋潤型、Ⅲ 超滋潤型三種類型。另外，針對喜歡清涼使用感的人，suisai 在 2017 年初夏推出透明瓶裝的涼感版本，還蠻適合在悶熱的夏季使用的呢！

廠商名稱●カネボウ化粧品
容量/價格● 150ml/1,960 円
香味●無香
主要美容成分●豆乳發酵萃取物、西洋梨發酵萃取物、雙重玻尿酸

MINON AminoMoist
モイストチャージローション

MINON AminoMoist 是來日本藥廠的敏弱肌保養系列，而這瓶保濕化妝水則是將保濕重點鎖定在角質層中的抓水型保濕成分—「NMF 天然保濕因子」。由於這個成分有一半是由胺基酸所組成，因此這瓶化妝水採用 9 種保濕型胺基酸及 2 種清透型胺基酸作為主成分。化妝水有滋潤型及超滋潤型兩種質地，但無論是哪一種質地，使用起來都能滿足溫和低刺激性及美容保養這兩大敏弱肌保養需求。

廠商名稱●第一三共ヘルスケア
容量/價格● 150ml/1,900 円
香味●無香
主要美容成分●胺基酸、玻尿酸

PREMIUM PURESA
ゴールデンジュレローション

PREMIUM PURESA 的水凝凍面膜，一直是日本藥妝店的熱賣商品。使用過的人都知道，那吸附在面膜紙上的水凝凍保濕效果好且觸感佳。這瓶化妝水正是以人氣最旺的玻尿酸版本為基底，融合五種保濕成分與來自金澤的金箔所打造而成。化妝水本身的質地也是水凝凍狀，沒辦法天天敷面膜的話，倒是可以試試這瓶化妝水。

廠商名稱●ウテナ
容量/價格● 190ml/1,500 円
香味●草本清香
主要美容成分●玻尿酸、膠原蛋白、薏仁萃取物、蜂王漿萃取物、酵母萃取物

美白型

DECORTÉ
セルジェニー ローション ホワイト

黛珂 Cellgenie 美白系列所採用的美白成分，是高絲向來最常採用，概念來自於傳統釀酒技術的麴酸。這瓶美白化妝水的主要訴求，是打造由內向外散發光感，膚色均一的透亮肌，同時搭配少見的樺木萃取物及旋覆花萃取物等保濕成分，發揮獨特的滋潤作用。(医薬部外品)

廠商名稱●コーセー
容量/價格● 200ml/7,000 円
香味●淡雅花香
主要美容成分●麴酸、樺木萃取物、旋覆花萃取物、水解桃仁萃取物

INFINITY
リアライジング
ホワイト ローション ＸＸ

美白成分採用能夠針對深層斑點發揮作用的麴酸，再搭配其他保養品中較少見的特殊保養成分，打造出提升肌膚亮度及保濕效果表現都不錯的化妝水。尤其是黑加侖萃取物的保濕潤澤效果時間長，能改善乾燥引起的肌理紊亂問題。(医薬部外品)

廠商名稱●コーセー
容量/價格● 160ml/7,000 円
香味●溫和花香
主要美容成分●麴酸、高山火絨草萃取物、紅景天萃取物、川芎水、黑加侖萃取物

Prédia
スパ・エ・メール
ミネラルローション ホワイト I

主打海洋及溫泉保濕保養的 Prédia，在活用獨家的保濕複方成分的同時，加入穩定性高的維生素 C 衍生物及水解珍珠蛋白，推出著重保濕感的美白化妝水。淨透草本香聞起來相當舒服，感覺就像是在海島 SPA 中迎面而來的微風一般舒服。除 I 保濕型之外，在秋冬或乾燥季節也可以換成 II 超保濕型。(医薬部外品)

廠商名稱●コーセー
容量/價格● 250ml/6,000 円　130ml/3,200 円
香味●淨透草本香
主要美容成分●維生素 C 衍生物、褐藻 AG、海洋深層水、溫泉水、水解珍珠蛋白

PHILNATURNT
MC₂ ホワイトニング ローション

日本醫美保養品牌 PHILNATURNT 旗下的 MC₂ 系列，是能夠同時進行保濕及美白的保養系列。美白成分是穩定性相當高的維生素 C 衍生物，保濕成分則是同時能夠和緩肌膚發炎狀態的醣基海藻醣。就美白化妝水而言，是相對注重保濕潤澤效果的類型。化妝水本身為雙層構造，使用前必須先搖晃均勻後使用。(医薬部外品)

廠商名稱●ドクターフィル コスメティクス
容量/價格● 150ml/5,500 円
香味●無香
主要美容成分●維生素 C 衍生物、葡萄醣、醣基海藻醣、濃甘油

米肌
澄肌美白化粧水

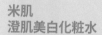

主要美白成分為穩定性高的維生素 C 衍生物，即使是敏弱肌也能使用。除美白成分之外，還搭配用米萃取物與發酵成分，讓肌膚維持水潤。因為採用獨特的超細微乳化技術，所以塗抹之後能在肌膚表面形成一道潤澤膜，不只能夠發揮保濕效果，還能讓肌膚看起來顯得透亮。在日本屬於網購品牌，但從 2017 年 12 月開始，也能在台灣的 @cosme store 購入。(医薬部外品)

廠商名稱●コーセープロビジョン
容量/價格● 120ml/5,500 円
香味●無香
主要美容成分●維生素 C 衍生物、米發酵物萃取液、米糖酵素分解萃取物、薏仁發酵液、乳酸鈉

資生堂 WHITE LUCENT
ルミナイジング インフューザー

主打訴求為「媲美醫美的效率」×「保養的安全與持續力」，可針對肌膚表淺黑斑發揮淨白作用，藉此提升肌膚整體清透感的美白化妝水。瓶身設計充滿科技感，而配色更是大膽採用美白保養瓶少見的粉紅色，壓嘴設計在使用上也顯得方便許多。

廠商名稱●資生堂
容量/價格● 150ml/5,500 円
香味●優雅花香
主要美容成分● m- 傳明酸、染井吉野櫻萃取物

DECORTÉ
フィトチューン
ホワイトニング チューナー

主要美白成分為近年熱門的傳明酸，再搭配
由紫蘇葉萃取物、迷迭香萃取物以及玫瑰果
油等植萃成分所組成的獨家複方草本潤澤成
分。除此之外，還加入數種富含維生素C的
熱帶水果萃取物，因此能讓肌膚更顯清透，
也非常適合有毛孔問題的人使用。
（医薬部外品）

廠商名稱●コーセー
容量/價格●200mL/5,000 円　110ml/3,000 円
香味●清新草本花香
主要美容成分●傳明酸、扶桑花發酵液、複方草本精華、
　　　　　　　黑加崙萃取物、卡姆果萃取物、
　　　　　　　西印度櫻桃萃取物

雪肌精 SUPREME
化粧水 I

白色瓶裝的雪肌精 SUPREME 是藍色瓶裝雪
肌精的姐妹品。除了採用高純度植物萃取保
濕成分之外，最大的特色就是保濕效果及淨
透效果更加提升，因此適合較乾燥膚質使用。
在類型方面細分為 I 清爽滋潤型以及 II 潤
澤滋潤型，可依照膚況選擇適合的滋潤度。
（医薬部外品）

廠商名稱●コーセー
容量/價格●230ml/5,000 円　140ml/3,500 円
香味●淡雅花香
主要美容成分●甘草酸鉀、高純度白蘞萃取物、
　　　　　　　藍草萃取物

Bb LABORATORIES
薬用ホワイトニングローションα

主要美白成分是維生素C衍生物，再搭配數種保濕
成分的化妝水。考量到夏季美白需求，所以化妝水質
地本身偏向清爽，但由於保濕效果還不錯的關係，因
此在冬季使用也不會覺得保濕度不足，算是一瓶全年
通用的美白化妝水。

廠商名稱●ビービーラボラトリーズ
容量/價格●120ml/4,700 円
香味●無香
主要美容成分●維生素C衍生物、虎耳草萃取物、月見草萃取物、
　　　　　　　海藻糖

ALBLANC
薬用ローションIII

ALBLANC 是花王旗下的中階美白保養品牌，
其品牌的核心理念在於打造「潤白美肌」，
因此除了最主要的美白成分是維生素C衍生
物之外，最重要的保養訴求就是提升肌膚的
潤澤保濕力及循環力。其中最特別的地方，
就是利用活性蛋白 NMF 來提升肌膚的鎖水潛
能，藉此強化肌膚本身健康的清透感。在質
地方面，從清爽感到濃潤感共有四種類型可
以選擇，算是同階化妝水當中最細分的一款。

廠商名稱●花王ソフィーナ
容量/價格●140ml/4,500 円
香味●草本花香
主要美容成分●潤白保濕成分（桉樹萃取物、
　　　　　　　藥蜀葵萃取物、柚子萃取物）、
　　　　　　　維生素C衍生物

HAKU
アクティブメラノリリーサー

日文品牌名稱為 HAKU 的驅黑淨白露，在日本
的美白精華液市場創下連續 10 年銷售冠軍的
銷售記錄。這瓶 HAKU 化妝水則是在慶祝品牌
誕生 10 週年所推出，主要作用是拭去帶有黑
色素的老廢角質，讓肌膚整體顯得柔嫩透亮，
同時讓後續的驅黑淨白露能夠更容易滲透肌膚
角質層。由於是透過擦拭方式使用，所以建議
搭配化妝棉一起使用。

廠商名稱●資生堂
容量/價格●120ml/4,500 円
香味●無香
主要美容成分●4MSK

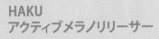

ELIXIR WHITE
クリアローション C

ELIXIR WHITE 是資生堂在 2010 年從 ELIXIR
SUPERIEUR 中所獨立出來的新系列，除了
原有的膠原蛋白保養技術之外，還加入資生
堂最重要的美白成分黃金組合── m- 傳明酸
+ 4MSK。在最新一次的改版當中，這瓶化
妝水的美白重點鎖定在膠原蛋白羰基化所造
成的膚色暗沉問題，因此美白對象不是黑斑
源頭，而是變色的膠原蛋白，藉此提升肌膚
整體的明亮度。從清爽到濃密，化妝水共有
三種不同的質地可選擇。

廠商名稱●資生堂
容量/價格●170ml/4,000 円
香味●舒緩花香
主要美容成分●m- 傳明酸、4MSK、水溶性膠原蛋白

美白型

FORMULE
ビタソリューション ホワイト

FORMULE 保濕化妝水的美白版，同樣以多種維生素、玻尿酸衍生物及胺基酸為主要的保濕成分。美白成分採用的是能提升肌膚清透度的維生素 C 衍生物。有些人的額頭與下巴到了冬天，會因為肌膚乾燥而冒出惱人的小痘痘，像這種問題就蠻適合使用這瓶化妝水。（医薬部外品）

廠商名稱●ドクターフィル コスメティクス
容量/價格●150ml/3,800 円
香味●無香
主要美容成分●維生素 C 衍生物、EPC（維生素 E ＋
　　磷酸 K ＋維生素 C）、玻尿酸衍生物、
　　胺基酸

ASTALIFT WHITE
ブライトローション

富士軟片在美白研究當中，發現肌膚暗沉的成因和引發酒醉的成因，其實都是因為名為「醛類」的物質所引起。由於萃取自稻米的「阿魏酸」具有抑制醛類生成的作用，因此在獨家美白成分奈米 AMA 當中添加阿魏酸。就產品定位來說，是一瓶鎖定肌膚暗沉及蠟黃問題所開發，同時也運用獨家膠原蛋白研發技術，強化保養作用的美白化妝水。當肌膚呈現「酒醉」狀態而顯得暗沉無光時，可以嘗試這個從不同角度切入的保養新概念哦！

廠商名稱●富士フイルム
容量/價格●130ml/3,800 円
香味●大馬士革玫瑰香
主要美容成分●熊果素、奈米 AMA+、奈米蝦青素

TRANSINO 薬用
ホワイトニング
クリアローション

TRANSINO 是開發美白成分「傳明酸」的製藥公司，在結合多年斑點內服藥研究開發技術後所推出的美白透亮保養系列。這瓶主打「根本美白」的化妝水，著重在肌膚代謝力，因此除了主要的美白成分傳明酸之外，還搭配保濕成分及角質軟化成分，可幫助肌膚順利代謝造成肌膚暗沉的老廢角質。使用起來雖然相當清爽，但對肌膚的滋潤度表現卻還不錯。

廠商名稱●第一三共ヘルスケア
容量/價格●175ml/3,600 円
香味●無香
主要美容成分●傳明酸

SOFINA GRACE
高保湿化粧水（美白）

SOFINA GRACE 是 SOFINA 品牌中專為 50 歲以上客層所開發的熟齡肌養系列。相對於同品牌當中 SOFINA beauté 而言，在保濕及美白方面採用相同成分，但最大的不同之處在於這瓶多了「促進血液循環」的機能，因此能夠兼顧保濕、美白及循環等三大保養需求。依照使用滋潤度不同，共有清爽型、輕潤型及潤澤型三種可選擇。（医薬部外品）

廠商名稱●花王ソフィーナ
容量/價格●140ml/3,500 円
香味●淡雅花香
主要美容成分●月下香培養精華 α（月下香多醣體、
　　甘油）、維生素 C 衍生物

HABA
薬用 VC ローション

北海道無添加主義保養專家 HABA 所推出的美白化妝水，主要美白成分是穩定性高且常見的維生素 C 衍生物。較為特別的地方，是搭配萃取自柑橘的維生素 P 以及小分子神經醯胺，所以在夏季日曬後使用可以發揮鎮靜肌膚與提升肌膚鎖水力的保濕效果。使用起來也沒有什麼黏膩感，但保濕力的表現卻還蠻不錯的。

廠商名稱●ハーバー研究所
容量/價格●180ml/3,200 円
香味●無香
主要美容成分●維生素 C 衍生物、維生素 P
　　衍生物、小分子神經醯胺

SOFINA beauté
高保湿化粧水（美白）

就主打客層來說，SOFINA beauté 主要鎖定在 30 世代之後的輕熟齡，因此在保養訴求上以提升肌膚儲水能力為主。在 2016 年的品牌大改版當中，SOFINA beauté 採用的保濕成分，是在嚴苛的環境條件中，由月下香花瓣的細胞所萃取而來，在日本保養品業界中是相對少見的保濕成分。依照使用滋潤度不同，共有輕潤型及潤澤型等兩種可選擇。（医薬部外品）

廠商名稱●花王ソフィーナ
容量/價格●140ml/3,000 円
香味●淡雅花香
主要美容成分●月下香培養精華 α（月下香多醣體、甘油）、維生素 C 衍生物

ORBIS＝U
ホワイトローション

日本無油保養專家 ORBIS 所推出的輕熟齡美白化妝水。除了常見的美白成分「熊果素」之外，還搭配能讓黑色素不過度堆積的紅花活顏精華，以及能夠幫助肌膚新陳代謝，可打造潤澤膚質的「W.H. 胺基酸晶禦盾」。雖然化妝水本身帶有一點稠度，但因為採用特殊的 Quick Delivery 配方，所以在塗抹的瞬間就能快速滲透至肌膚當中，感覺算是非常清爽。（医薬部外品）

廠商名稱●オルビス
容量/價格●180ml/3,000 円
香味●無香
主要美容成分●紅花活顏精華、熊果素

抗齡型

REVITAL
レチノサイエンス ローション AA

說到資生堂最具代表性的抗齡化妝水，就不能不提到這瓶寶藍色的莉薇特麗抗皺精露AA。恰到好處的稠度搭配淡淡的草本花香，使用起來的觸感非常好。化妝水當中有許多裝載抗齡成分維生素A的細微晶球膠囊，加上數種潤澤及保濕成分，很適合用來解決肌膚乾荒或乾燥引起的小細紋等問題。

廠商名稱●資生堂
容量/價格●125ml/8,000 円
香味●草本花香
主要美容成分●維生素A醋酸酯、維生素E醋酸酯、酵母萃取物、水溶性膠原蛋白、程酰胺酸、濃甘油

SUQQU
モイスチャー ハイドロ ローション

針對輕熟齡之後肌膚容易出現的水油量減少、彈力不足以及膚紋紊亂等問題，SUQQU 推出能讓肌膚由內向外散發出彈潤感的保濕抗齡化妝水。這瓶化妝水特別的地方，就是採用細微乳化技術，打造出擁有化妝水清爽質地，但保濕潤澤效果卻相當接近乳液，因此非常適合在冬季或乾燥膚質使用。

廠商名稱●エキップ
容量/價格●200ml/8,000 円
香味●東洋蘭三世冠、芍藥香氛
主要美容成分●西洋菜萃取物、茯苓萃取物、酵母萃取物、櫻花萃取物、綠茶萃取物

THREE
エミング ローション

專為肌膚慢性乾荒問題所開發，調和數種高親膚性植萃成分及溫泉水的抗齡保濕化妝水。化妝水可針對肌膚不易吸收保養品的角質粗硬部位進行柔化，同時也能調理外油內乾的不平衡狀態，因此除了適合作為抗齡保養之外，也能改善反覆發生的成人痘問題。整體來說，是透過柔化角質、提升滲透力與肌膚保水力的方式，讓肌膚狀態顯得更加健康的一瓶抗齡化妝水。

廠商名稱●THREE
容量/價格●140ml/7,800 円
香味●舒緩精油香
主要美容成分●大馬士革玫瑰精油、茴香精油、天竺葵精油

REVITAL GRANAS
精密ローション

專為熟齡肌因乾燥而顯得無彈性且膚紋紊亂的肌膚所開發，採用獨家美容豆萃取複合精華所打造的抗齡化妝水。使用後，化妝水會在肌膚表面形成一道薄薄的保濕膜層，可讓美容成分順利深入滲透肌膚，同時將水分留在肌膚當中，如此一來肌膚就會更有彈性，且膚紋也能顯得細緻。

廠商名稱●資生堂
容量/價格●150ml/7,000 円
香味●淡雅花香
主要美容成分●美容豆萃取複合精華（四棱豆萃取物、甘油）、玻尿酸、水溶性膠原蛋白、水解酵母萃取物

DECORTÉ
セルジェニー ローション

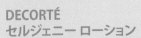

黛珂 Cellgenie 系列主打針對抗重力影響，可打造出具有張力的緊緻肌。主成分中的穿心蓮萃取物算是保養品業界屬於少見的植萃保濕成分，搭配甘油後可將其潤澤機能發揮到最佳狀態。在獨家的囊體包覆技術下，這些美肌成分能夠讓紊亂的膚紋也變得整齊，藉此打造出緊緻有彈力的膚質。

廠商名稱●コーセー
容量/價格●200ml/7,000 円
香味●淡雅花香
主要美容成分●穿心蓮萃取物、茶胺酸、茯苓萃取物、甘油

米肌
活潤リフト化粧水

米肌是日本高絲旗下的網購限定品牌，全系列的主體是來自精米的精米效能淬取液 NO.11。這瓶 2016 年推出的抗齡化妝水總共有 10 種保濕及潤彈成分，適合臉雙頰、眼周及嘴唇出現年齡痕跡的人使用。因為加入常在頂級保養品中所添加的白木耳萃取成分，所化妝水本身帶有一股舒服的濃稠感。在日本屬於網購品牌，但從 2017 年 12 月開始，也能在台灣的 @cosme store 購入。

廠商名稱●コーセープロビジョン
容量/價格●120ml/7,000 円
香味●無香
主要美容成分●精米效能淬取液 NO.11、菖蒲根萃取物、乳酸鈉、米糠大豆發酵液、發酵玻尿酸、雙重膠原蛋白

ReFa
エクスプレッション
ライジング ローション

ReFa 的美顏滾輪在華語圈相當搶手，但除了種類繁多的美容器材之外，ReFa 其實也有一個完整的保養產品。這瓶化妝水的主要保養訴求包含平衡肌膚水分、開啟肌膚補水通道以及提升肌膚彈力。簡單地說，就是透過提升肌膚含水量的方式，來打造透潤澤的膚質。若是本身有使用美容滾輪的話，試著搭配使用或許會有不錯的加乘效果。

廠商名稱●MTG
容量/價格●180ml/6,900 円
香味●無香
主要美容成分●蘋果細胞培養萃取物、摩洛哥堅果細胞培養萃取物、黑籽莉萃取物、杜松果萃取物、馬鬱蘭萃取物、野大豆胚芽萃取物

AMPLEUR
ラグジュアリー・デ・エイジ
リフティングローション V

AMPLEUR 抗齡系列的化妝水。成分組合的豪華程度堪稱是精華液等級，除高濃度的玻尿酸及滲透型膠原蛋白等抗齡保濕成分之外，還有提升 GF 生長因子反應的獨特成分，再搭配來自沙漠植物的幹細胞。就算只有上一層化妝水，滋潤程度也相當充分，偶爾拿來奢侈地溼敷一下，感覺是相當不錯的抗齡集中保養。

廠商名稱●ハイサイド・コーポレーション
容量/價格●120ml/6,000 円
香味●優雅花香
主要美容成分●植物幹細胞、自我修復胜肽、海藻糖、玻尿酸、滲透型膠原蛋白、胎盤素萃取物、麥角硫因、DMAE

INFINITY
ローション コンセントレート 14 I

針對輕熟齡肌初老抗齡保養需求所開發，採用能夠促進血液循環，藉此提升肌膚細胞活化度及延緩肌膚老化問題的抗齡化妝水。主打特色是能夠層層滲透進肌膚角質層，宛如蒸氣保養般地滋潤活化肌膚，因此使用起來的潤澤時間算是相當持久。

廠商名稱●コーセー
容量／價格● 160ml／6,000 円
香味●木調花香
主要美容成分●雪絨花萃取物、紅景天萃取物、川芎水

DHC
GE ローション モイスト

DHC 所有產品當中最為豪華的 GE 凍齡系列，一開始只開放給頂級會員購買，一段時間之後才對外開放一般銷售。上市不到一年，銷量就直衝 110 萬瓶。這瓶化妝水最主要的成分相當少見，是能提升肌膚原有活力的有機鍺，再搭配胺基酸、礦物質、膠原蛋白及彈力蛋白，保濕及彈力保養成分可說是相當完整，使用起來也很清爽無黏膩感。

廠商名稱● DHC
容量／價格● 120ml／5,500 円
香味●無香
主要美容成分●水溶性有機鍺

Obagi
アクティブサージ
プラチナイズドローション

包裝充滿科技感的銀白色 Obagi，在產品定位上兼具美白及抗齡。主成分當中的「WHITE 白金」，是由次世代白金、山桑子葉及白茶萃取物所組成的頂級抗氧化配方，同時再搭配可活化膠原蛋白循環的「膠原蛋白 XP」，對於想提升肌膚清透度與彈潤感的人來說，是蠻不錯的輕熟齡保養化妝水。

廠商名稱●ロート製藥
容量／價格● 150ml／5,000 円
香味●蓋氏虎尾草香
主要美容成分● WHITE 白金、膠原蛋白 XP

Bb LABORATORIES
エモリエントリ
フトローション

主打保養效果為保濕及彈潤的抗齡化妝水。除了常見的保濕彈潤成分之外，較為特別的是名為谷氨酰胺基乙基咪唑的抗齡成分。該成分能幫助調節增齡下容易失調的肌膚狀態，很適合缺乏彈性的乾燥肌用來做抗齡保養。

廠商名稱●ビービーラボラトリーズ
容量／價格● 160ml／5,000 円
香味●無香
主要美容成分●膠原蛋白、彈力蛋白、谷氨酰胺基乙基咪唑、柑橘果皮萃取物、海藻萃取物、玻尿酸

d program
バイタルアクト
ローション W

d program 紫色版本為抗齡系列，這瓶化妝水除了品牌共通的保濕與美白作用之外，還能針對乾燥引起之小細紋問題發揮作用。這幾年適合敏弱膚質的抗齡保養品逐漸變多，但這瓶化妝水可說是敏弱肌抗齡化妝水的先驅之一（医薬部外品）。

廠商名稱●資生堂
容量／價格● 125ml／4,500 円
香味●無香
主要美容成分●傳明酸、甘草酸鉀、野山楂萃取物、銀杏萃取物、十六夜薔薇萃取物

PHILNATURNT
IC.U W セラム

日本藥妝店醫美保養品牌 PHIL NATURNT 在 2017 年推出號稱能夠預約未來 10 年美肌的 IC.U 抗齡保養系列。這系列集結五種能夠從根本改善肌膚彈力與張力的美療成分，使用後能讓肌膚顯得更加潤澤。雖然說是化妝水，事實上是由精華液及乳液所構成，因此使用前必須先搖晃均勻。聽起來好像很濃密厚重，但使用起來卻有化妝水應有的輕透感。

廠商名稱●ドクターフィル コスメティクス
容量／價格● 150ml／4,500 円
香味●無香
主要美容成分●白藜蘆醇、脛脯胺酸、腺苷、水解膠原蛋白、組胺酸

PLIFT
PR ローション

市面上絕大部分的抗齡保養品，大多是利用植萃成分發揮抗齡效果，但這瓶 AINZ&TULPE 自有品牌化妝水則是採用許多罕見的修復抗齡美容成分。其中又以具備修復及免疫改善機能的「去蛋白牛血萃取物」最為少見。質地略帶稠度，使用感就像是精華液一般。

廠商名稱●アインファーマシーズ
容量／價格● 150ml／4,000 円
香味●清新佛手柑
主要美容成分●胎盤素萃取物、維生素 C 衍生物、去蛋白牛血萃取物、臍帶萃取物、蛋白聚醣

BENEFIQUE
IM ローション

碧麗妃專為 50 世代以上熟齡肌所開發的基礎保養系列。這瓶化妝水的主要保養概念鎖定在肌膚因增齡而降低的防禦機能，並喚醒肌膚原有的張力與清透感。化妝水質地有清爽型及帶有稠度的滋潤型等兩種可以選擇。

廠商名稱●資生堂
容量／價格● 200ml／4,000 円
香味●舒緩草本香
主要美容成分● CE 成熟保濕複合成分（CM 葡聚醣、蜂王漿發酵液、甘油）

do organic
エクストラクト ローション モイスト

do organic 是日本市面上相當少見的日本國產有機保養品牌，其主打特色就是採用糙米及黑豆調合出獨家的穀物彈力保濕成分。在香味方面則是採用香調優雅、來自保加利亞的有機大馬士革玫瑰香。化妝水本身沒有黏稠度，但卻能夠滲透肌膚發揮不錯的潤澤保濕效果。

廠商名稱 ● ドゥーオーガニック
容量/價格 ● 120ml/3,800 円
香味 ● 保加利亞有機大馬士革玫瑰香
主要美容成分 ● 穀物保濕成分（米糠萃取物、白米萃取物、豆乳發酵液）、白米神經醯胺、梅果萃取物

DHC
薬用 Q ローション

抗齡 Q 系列一直是 DHC 相當熱門的明星系列，而 Q 系列的化妝水自 2010 年上市以來，銷售量更是突破 2000 萬大關。這瓶化妝水的特色，就是添加高濃度（0.3％）的抗齡成分 Q10，再搭配水溶性胎盤素，可更加強化抗齡及淨白訴求。使用質地清爽，重覆塗抹也不會有黏膩感，也很適合搭配化妝棉局部濕敷於乾燥或出現小細紋的部位。（医薬部外品）

廠商名稱 ● DHC
容量/價格 ● 160 ml/3,334 円
香味 ● 無香
主要美容成分 ● 水溶性胎盤素、輔酶 Q10、膠原蛋白、玻尿酸

ORBIS=U
アンコールローション

ORBIS=U 酵素美肌家族中的抗重力保養化妝水。除了全品牌共通的酵素活化成分之外，最特別的地方就是名為「EVEN WATEROIL」的新技術。向來以無油保養著名的 ORBIS，這回利用獨家小分子化技術，打造出這非油也非水的新成分。這項新成分可同時滿足「濃郁潤澤」及「水嫩不黏膩」這兩種相互矛盾的使用感，非常適合不喜歡抗齡保養品厚重質地的人使用。

廠商名稱 ● オルビス
容量/價格 ● 180ml/3,300 円
香味 ● 無香
主要美容成分 ● HSP 酵素、D.N.A 扶桑花萃取物、EVEN WATEROIL

ASTABLANC
W リフト ローション

ASTABLANC 是高絲旗下的蝦青素抗齡保養品牌，主打訴求是肌膚彈力及亮白這兩大抗齡保養重點。除了眼周及唇周因乾燥引起的細紋之外，還能針對黑色素沉澱所引起的黑斑及雀斑發揮作用。光是化妝水就分為清爽型、滋潤型及超滋潤型等三種類型，可依照自身肌膚狀況進行挑選。（医薬部外品）

廠商名稱 ● コーセー
容量/價格 ● 140ml/3,200 円
香味 ● 草本花香
主要美容成分 ● 蝦青素、丁香萃取物、三重膠原蛋白、維生素 C 衍生物、香蜂草萃取物

PRIOR
マスクイン化粧水

PRIOR 是資生堂專為 50 世代熟齡肌所開發的中階保養品牌。因為主打保養效果為「注入保濕」與「密封潤澤」，使用後肌膚表面會散發出健康的光澤感與清透感，因此這瓶化妝水又被稱為面膜化妝水。化妝水質地有清爽型及帶有稠度的滋潤型等兩種可以選擇。

廠商名稱 ● 資生堂
容量/價格 ● 160 ml/3,000 円
香味 ● 精油花香
主要美容成分 ● 海藻醣、角鯊烷、甘油、玻尿酸、水解膠原蛋白

DHC
プラチナシルバー ディープ モイスチュア ローション

將保養重點鎖定在抗氧化能力，採用奈米白金及奈米銀為主要美容成分的抗齡化妝水。這瓶化妝水主要是利用奈米銀的負離子作用與奈米白金的電位機能，來提升肌膚的傳導性、保濕機能以及防禦能力。化妝水本身採用 α 膠體技術製成，所以能透過多重反射的特性，散發出宛如珠光一般的迷人光采，從成分到質地都充滿未來的科技感。

廠商名稱 ● DHC
容量/價格 ● 170ml/3,000 円
香味 ● 無香
主要美容成分 ● 奈米白金、奈米銀、薏仁萃取物、迷迭香萃取物

Plenergy
リフトローション

Plenergy 是 AINZ&TULPE 自有品牌。在深紅色瓶子裡所裝的抗齡化妝水，採用的許多抗齡成分都是目前並不常見的專利成分。包括俗稱 P3，一般僅用於頂級高效煥膚保養品的 Perfection Peptide，以及能促使細胞能量重生的 Neodermyl®。化妝水使用起來帶有一點稠度，適合喜歡嘗試創新抗齡技術的人。

廠商名稱 ● アインファーマシーズ
容量/價格 ● 150ml/2,800 円
香味 ● 無香
主要美容成分 ● 臘苷、Perfection Peptide、Neodermyl®

抗痘及毛孔照護型

毛孔調理型

DECORTÉ
AQ トーニングローション a

黛珂 AQ 在 2017 年秋季所推出的新系列當中，除了保濕化妝水之外，還同時推出這款保濕收斂化妝水。同樣採用禾雀花萃取物以及白樺水等系列共通的獨特保濕成分以及迷人的曇花香氛，就收斂化妝水而言算是相當講究成分的頂級逸品。

廠商名稱●コーセー
容量/價格● 200ml/9,000 円
香味●木調花香
主要美容成分●禾雀花萃取物、DPG

毛孔調理型

INFINITY
アストリンゼント N

INFINITY 針對增齡造成之毛孔鬆弛問題所開發的保濕收斂化妝水。質地相當清爽，使用起來也有一股舒服的清涼感，很適合在出門上妝前使用。只要在起床後適時地讓毛孔緊緻，不只能讓膚況看起來更加滑嫩，還可以調理皮脂分泌，進而改善出油引起的脫妝問題。

廠商名稱●コーセー
容量/價格● 160ml/7,000 円
香味●溫和花香
主要美容成分●高山火絨草萃取物、紅景天萃取物、川芎水、金縷梅萃取物

毛孔調理型

DECORTÉ
セルジェニー
トーニングローション

主打對抗重力，可打造出具有張力的緊緻肌黛珂 Cellgenie 系列當中，除了保濕化妝水之外也推出使用起來帶有怡人清爽感的收斂化妝水。主要美容成分包括系列共通的穿心蓮萃取物及甘油，可發揮蠻不錯的保濕潤澤力。使用時的清涼感相對蠻溫和許多，適合不喜歡過度涼感刺激的抗齡保養族使用。

廠商名稱●コーセー
容量/價格● 200ml/6,500 円
香味●草本柑橘香
主要美容成分●穿心蓮萃取物、甘油

毛孔調理型

DECORTÉ
フィトチューン
トーニングローション

主要美容成分為富里酸的收斂化妝水。富里酸是近年醫療美容界相當火紅卻取得不易的素材。由於富里酸當中含有數十種礦物質及微量元素，因此對肌膚的滋養及美容效果備受期待。市面上添加富里酸的收斂化妝水並不多，很適合想感受來自遠古植萃美肌之力的人使用。

廠商名稱●コーセー
容量/價格● 200ml/4,800 円
香味●草本花香
主要美容成分●富里酸萃取物、複方草本精萃（紫蘇葉萃取物、迷迭香萃取物、玫瑰果油）

抗痘型

AYURA
f サインディフェンス
バランシングプライマー アクネ

AYURA 是走東方美容風格的保養品牌，而粉紅色包裝則是針對狀態不穩定之「不調肌」所開發的敏感肌保養系列。這瓶化妝水的主打訴求，就是改善乾燥所引起的不穩感人痘肌膚，因此除了鎮靜抗炎成分之外，也搭配潤澤保濕成分來提升肌膚的滋潤度。（医薬部外品）

廠商名稱●アユーラ
容量/價格● 100ml/4,200 円
香味●無香
主要美容成分●傳明酸、甘草酸鉀

毛孔調理型

d program
バランスケア ローション W

資生堂敏感肌保養品牌 d program 的平衡型化妝水，可針對肌膚水油不平衡所引起的局部乾燥及局部泛油光問題發揮平衡作用。除了可調節肌膚防禦機能之外，也能夠用來調理膚紋細緻度。（医薬部外品）

廠商名稱●資生堂
容量/價格● 125ml/3,500 円
香味●無香
主要美容成分●傳明酸、甘草酸鉀、野山楂萃取物、銀杏葉萃取物

抗痘型

d program
アクネケア ローション W

資生堂 d program 針對反覆形成的痘痘肌問題所開發，強調不只是溫和不刺激，而且使用起來還明顯有感的痘痘肌調理化妝水。不只是乾燥引起的成人痘問題可用，膚質偏油的痘痘敏感肌也適用，甚至還能對付痘痘留下的痘印，讓肌膚看起來顯得滑嫩清透。（医薬部外品）

廠商名稱●資生堂
容量／價格●125ml／3,500 円
香味●無香
主要美容成分●傳明酸、甘草酸鉀、野山楂萃取物、銀杏萃取物

抗痘型

BENEFIQUE
マルチコンディショニング ローション

品牌下設有抗痘保養系列的碧麗妃，在 2017 年初夏推出適合 20 世代使用的抗痘型化妝水。除一般常見的抗炎與保濕成分之外，還加入具有抗炎及美白作用的傳明酸，因此在改善痘痘引起的發炎問題上，受到不少愛用者所肯定。清透瓶身搭配草本雕花圖樣，也是抗痘化妝水中少見的華麗風格。（医薬部外品）

廠商名稱●資生堂
容量／價格●145ml／3,500 円
香味●舒緩草本香
主要美容成分●傳明酸、甘草酸鉀、超級玻尿酸、有機洋甘菊萃取物、薏仁萃取物、甘油

毛孔調理型

PHILNATURNT
薬用ナリッシング フレッシュナー

醫美保養形象相當鮮明的 PHILNATURNT，是日本藥妝店中可見的中價位品牌。這瓶針對粗大毛孔問題所開發的保濕收斂化妝水，很適合皮脂分泌旺盛的外油內乾型肌膚使用。除了穩定肌膚狀態的甘草酸鉀之外，還搭配具有收斂作用的金縷梅萃取物。使用起來有一股舒服的清涼感，因此也很適合在夏季用來鎮靜日曬後不穩定的肌膚。

廠商名稱●ドクターフィル コスメティクス
容量／價格●150ml／3,500 円
香味●無香
主要美容成分●甘草酸鉀、金縷梅萃取物

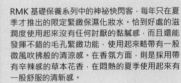

毛孔調理型

RMK
スキンチューナー クーリングジェル

RMK 基礎保養系列中的神祕快閃客，每年只在夏季才推出的限定緊緻保濕化妝水。恰到好處的滋潤度使用起來沒有任何討厭的黏膩感，而且還能發揮不錯的毛孔緊緻功能，使用起來略帶有一股微風吹拂般的清涼感。在香氛方面，則是採用帶有辛辣感的草本花香，在悶熱的夏季使用起來有一股舒服的清新感。

廠商名稱●エキップ
容量／價格●150ml／3,400 円
香味●彈耳佐辛辣玫瑰香
主要美容成分●神秘果萃取物、薏仁種子萃取物、酸橙果皮萃取物、山桑子葉萃取物

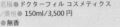

毛孔調理型

NOV
AC アクティブフェイスローション

NOV AC 面皰爽膚水不同於一般痘痘肌化妝水的地方，就是除了保濕與抗炎作用之外，這瓶化妝水也很重視修復及代謝成分，因此在痘痘肌治療後可發揮鎮靜與舒緩作用。除了一般痘痘肌保養之外，其實備受痘痘肌問題所困擾，但工作上又需要經常上妝的女性也很適合使用。

廠商名稱●常盤藥品工業
容量／價格●135ml／3,000 円
香味●無香
主要美容成分●水楊酸、尿囊素、第三型神經醯、甘醇酸、維生素 B6、維生素 E

抗痘型

薬用 純肌粋
化粧水

裝在草綠色玻璃瓶身裡的純肌粋化妝水，是市面上相對少見的和漢淨化化妝水。使用起來帶有微涼的鎮靜感，搭配和漢植萃成分的保濕力，很適合用來對付因為肌膚乾燥所引起的成人痘問題。除了成人痘之外，毛孔粗大以及肌膚粗糙等問題也很適合使用。

廠商名稱●コーセー
容量／價格●150ml／2,800 円
香味●草本清香
主要美容成分●甘草酸鉀、牡丹皮萃取物、芍藥萃取物、茴香萃取物、川芎水、木通莖萃取物

抗痘及毛孔照護型

草花木果 透肌化粧水・竹

毛孔型

市面上相當少見，以孟宗竹作為保濕成分的和風自然派化妝水。在角質調理成分方面，則是利用甜菜及棉花果實當中的天然去角質成分所調合而成。化妝水本身帶有緊緻毛孔的作用，適合用來改善乾燥或角質堆積過多所引起的粗大毛孔問題。

廠商名稱●キナリ
容量/價格●180ml/2,800円
香味●和風柚香
主要美容成分●孟宗竹萃取物、胺基酸TG、清潤環植萃成分（牡丹萃取物、紅花鹿蹄草萃取物，杏桃果汁）、關平溫泉水

草花木果 整肌化粧水・どくだみ

抗痘型

採用魚腥草作為鎮靜保濕成分的抗痘化妝水，搭配傳明酸與甘草酸所調合而成的AC抗痘成分，能改善毛孔阻塞，並打造不容易冒痘痘的膚質。化妝水使用起來有一股微的清涼感，使用後膚觸感覺清爽、不易過度分泌皮脂。（医薬部外品）

廠商名稱●キナリ
容量/價格●180ml/2,800円
香味●和風草本香
主要美容成分●魚腥草萃取物、AC抗痘成分（傳明酸、甘草酸）、清潤環植萃成分（牡丹萃取物、紅花鹿蹄草萃取物，杏桃果汁）、關平溫泉水

草花木果 化粧水・緑茶

抗痘型

採用綠茶收斂成分，主打去油光、抑制皮脂過度分泌的皮脂調節型化妝水。相對於重視保濕力的成人痘保養化妝水而言，這瓶專攻「去油膩」的化妝水較適合皮脂分泌旺盛，造成容易冒痘痘或脫妝的人使用。

廠商名稱●キナリ
容量/價格●180ml/2,800円
香味●清新果香
主要美容成分●綠茶萃取物、綠茶兒茶素、關平溫泉水

DHC オリーブ バランシングローション

毛孔調理型

用一瓶橄欖卸妝油打出一片天的DHC，在2016年以締造全新橄欖傳說為目標，推出「DHC 橄欖萬能保養」系列。這系列一口氣推出三瓶質地與保養目的不同的化妝水，這瓶質地最為清爽，添加高濃度橄欖葉萃取物、橄欖萃取物的平衡型化妝水，適合用來緊緻毛孔及調節皮脂分泌。

廠商名稱●DHC
容量/價格●150ml/2,600円
香味●無香
主要美容成分●橄欖葉萃取物、橄欖萃取物、膠原蛋白、玻尿酸、發酵熟成胎盤素

ELIXIR REFLET バランシング ウォーター

毛孔調理型

ELIXIR REFLET 是資生堂 ELIXIR 在2017年推出的最新系列。這瓶 ELIXIR REFLET 化妝水的主要客層設定在二十世代，而主要的保養訴求則是「保養今天的毛孔與未來的膚況」。簡單地說，就是將抗齡保養的前線拉到二十世代。透過平衡肌膚水油平衡的保養方式，讓毛孔變得不顯眼，如此一來就能讓肌膚瀲瀲地散發出水玉光。化妝水質地分為清爽型及濃密型，可依肌膚保養需要選擇。

廠商名稱●資生堂
容量/價格●168ml/2,500円
香味●新鮮花香
主要美容成分●水溶性膠原蛋白、黃芩根萃取物、迷迭香萃取物

Lunamer AC スキンコンディショナー

抗痘型

Lunamer AC 在日本是網友間呼聲相當高的成人痘保養系列。主要抗炎成分雖然是常見的甘草次酸，但因為搭配富士軟片最拿手的奈米化技術，所以能讓抗炎及保濕成分能更快深入滲透肌膚。化妝水分為一般型及滋潤型，一般來說成人痘大多是肌膚乾燥所引起，但乾燥程度不嚴重者或肌膚輕微乾燥者比較適合使用一般型，若是肌膚極為乾燥就適合滋潤型。

廠商名稱●富士フイルム
容量/價格●120ml/2,200円
香味●無香
主要美容成分●獨家「Acne shoter®」（奈米甘草次酸、維生素E）、潤澤草本複合成分（西洋梨汁發酵液、射干萃取物、山桑子葉萃取物、朝鮮薊葉萃取物）

Lunamer
ローション

毛孔調理型

富士軟片 Lunamer 最早推出的保養系列，是針對毛孔照護需求所開發。這瓶毛孔調理化妝水最大的特色，就是運用獨家技術，將具有高抗炎作用的活化型維生素 E 穩定細分至奈米化。同時間再搭配奈米化維生素 A，加強潤澤保養機能，很適合拿來維持毛孔潔淨與打造清透膚質。無論是哪一種膚質，都需要好好調理毛孔狀態，因此這瓶化妝水還分為質地水感，適合油性肌使用的 I 清爽型，以及乾燥肌與混合肌適用的 II 滋潤型。

廠商名稱●富士フィルム
容量/價格●145ml/2,200 円
香味●無香
主要美容成分●奈米維生素 E、奈米維生素 A

BENEFIQUE
AC アクネローション

毛孔調理型

碧麗妃 AC 是資生堂旗下少數的抗痘保養系列，而這瓶噴霧化妝水則是主打收斂保濕及抗炎保養的明星單品。因為是以噴霧形態使用的關係，所以特別適合在碰到痘痘時會疼痛的時候使用。小小一瓶很容易攜帶，而且上妝後也能使用，所以很適合放在包包或公司抽屜裡，在覺得肌膚需要補充時隨時使用。(医薬部外品)

廠商名稱●資生堂
容量/價格●75ml/1,200 円
香味●舒緩草本香
主要美容成分●水楊酸、甘草酸鉀

擦拭型

SK-II
ホワイトニング ソース
クリア ローション

這瓶來自 SK-II 晶緻煥白系列的去角質化妝水，質地為溫和滑順的凝露狀。在獨家角質護理及保濕複合成分作用之下，會因為角質層受到滋潤而使得老廢角質更容易被拭去。另一方面，可一邊護理日曬受損的肌膚，同時抑制黑色素過度生成。(医薬部外品)

廠商名稱● SK-II
容量/價格● 150ml/7,500 円
香味●無香
主要美容成分● PITERA ™

SK-II
フェイシャルトリートメント
クリア ローション

許多人都聽過或是用過 SK-II 化妝水，但可能沒注意過同系列中有一瓶去角質化妝水。這瓶擦拭化妝水奢華地添加美肌成分 PITERA ™。自 1994 年上市以來，在日本從未打過電視廣告，但因為和 SK-II 化妝水的保養相乘效果佳，所以擁有不少死忠的支持者，可說是隱藏版的長銷單品。

廠商名稱● SK-II
容量/價格● 160ml/7,000 円
香味●無香
主要美容成分● PITERA ™

SUQQU
フェイス リフレッシャー R

添加多種保濕成分的擦拭型化妝水，除了可以日常拿來去除臉部肌膚上的老廢角質之外，也能在使用按摩霜或精油按摩臉部之後拭去多餘的油分。SUQQU 品牌主打的獨家東洋蘭三世冠花香，更是能發揮不錯的心靈療癒效果。

廠商名稱●エキップ
容量/價格●150ml/5,000 円
香味●東洋蘭三世冠
主要美容成分●酵母萃取物、梔子花萃取物、綠茶萃取物、
間荊萃取物

IPSA
クリアアップローション 2

IPSA 在 2017 年初夏所推出的擦拭型化妝水其實又細分為兩種類型。品號 1 強化溶解皮脂的作用，所以適合油性肌使用。品號 2 添加葡萄籽油，可透過柔化並去除老廢角質的方式，讓肌膚顯得更為柔嫩，因此適合肌膚乾燥者使用。

廠商名稱●イプサ
容量/價格●150ml/3,500 円
香味●無香
主要美容成分●葡萄籽油

PART 06 開架化妝水

開架保濕

ettusais
薬用スキンバージョンアップ ローション

艾杜紗旗下的鎮店之寶，主打保養訴求為讓肌膚彈潤力UP！除了保濕成分之外，還加入潤澤柔膚成分，因此可提升保養品的滲透力。無論是質地或成分，整體而言算是單純且溫和，也很適合肌膚乾荒引起的成人痘肌膚使用。

廠商名稱●エテュセ
容量/價格●170ml/2,000円
香味●無香
主要美容成分●雙重玻尿酸、酵母萃取物、甘油

DHC
潤米ローション

這幾年日本吹起一股和風素材美容風，其中最為火熱的就是許多人天天都會吃的「米」。這瓶2017年新推出的化妝水，採用DHC獨家開發的米胜肽，再搭配米糠萃取物及白米萃取物，具有相當不錯的保濕效果。就DHC的化妝水而言，很少推出像這瓶單價2,000日圓以下的產品，因此算是CP值蠻高的一瓶化妝水。

廠商名稱●DHC
容量/價格●145ml/2,000円
香味●無香
主要美容成分●米胜肽

CARTÉ CLINITY
モイスト ローション I

CARTÉ是日本高絲在2017年所推出的敏弱肌保養品牌。除採用低刺激配方及不添加色素及防腐劑之外，還針對敏弱肌的不穩定狀態，將具有鎮靜與消炎作用的甘草酸鉀作為主成分，同時搭配獨家的美肌CHOLESTEROL CP，為敏弱肌打造潤澤防護層。在質地方面分為I滋潤型及II超滋潤型等兩種類型。(敏感肌適用)
(医薬部外品)

廠商名稱●コーセー
容量/價格●140ml/1,800円
香味●無香
主要美容成分●甘草酸鉀

HABA
G ローション

來自北海道的無添加主義保養品牌——HABA的長銷商品之一，也是全品牌化妝水當中的基本款，在價位方面也親民許多。主成分中富含來自山林及深海的礦物質，其主打保養訴求為保濕以及舒緩乾荒肌的不穩狀態，因此在日本有不少肌膚乾燥敏弱的長期愛用者。

廠商名稱●ハーバー研究所
容量/價格●180ml/1,800円
香味●無香
主要美容成分●錦竹水、褐藻萃取物、紫草根萃取物

Curél
潤浸保湿化粧水

提到乾燥敏弱肌保養，Curél珂潤可說是支持者眾多的品牌之一。上市已經超過30年的Curél，將保養重點鎖定在人體肌膚之中的鎖水成分—神經醯胺，利用獨家的「潤浸保濕Ceramide機能成分」，再搭配具有保濕效果的桉樹萃取物，提升肌膚內部原有的滋潤作用，進而提升肌膚的屏護效果。因為添加抗炎成分的關係，所以也能夠改善乾燥敏弱肌的不穩狀態。根據滋潤程度不同，有I清爽型、II輕潤型及III潤澤型等三種類型可選擇。

廠商名稱●花王
容量/價格●150ml/1,800円
香味●無香
主要美容成分●桉樹萃取物

AQUALABEL
バランスアップ ローション

保養重點鎖定在維持肌膚保水力，同時讓膚紋變得細緻，進而改善粗大毛孔問題的化妝水。除此之外，因為添加抗炎成分的關係，所以也適合用來對付肌膚過於乾燥所引起的成人痘問題。

廠商名稱●資生堂
容量/價格●200ml/1,600円
香味●淡雅玫瑰香
主要美容成分●BABY胺基酸、雙重玻尿酸GL、甘草酸鉀、二胜肽-15 GL

ELSIA
プラチナム
オールインワン ローション

ELSIA 是高絲專為成熟女性所開發的開架美妝保養品牌，因此在商品訴求方面自然是以保濕及彈潤為主。這瓶化妝水的主打特色是化妝水、精華液及乳液三效合一的多效化妝水，適合白天出門前忙碌而無法仔細保養的職業婦女。因為價格便宜，很適合搭配化妝棉濕敷或擦拭頸部等全身各個需要加強保養的部位。

廠商名稱●コーセー
容量/價格●300ml/1,500 円
香味●無香
主要美容成分●雙重膠原蛋白、玻尿酸、咖啡因

NATURE & CO
ボタニカル ローション

NATURE & CO 是高絲旗下的開架植萃保養品牌，在最近一次的改版，推出大容量植萃保濕化妝水。這瓶採用 6 種植萃成分所打造的化妝水，是可同時完成化妝水、精華液及乳液等三項保養程序的多效化妝水。因為容量大且價位不高，很適合拿來搭配壓縮面膜紙或化妝棉做濕敷保養。

廠商名稱●コーセーコスメニエンス
容量/價格●400ml/1,500 円
香味●舒緩草本香
主要美容成分●有機黃瓜萃取物、卡姆果萃取物、諾麗果萃取物、有機荷荷芭種子油、猴麵包樹種子油、初搾椰子油

ORBIS
アクアフォース
ローション

2000 年就上市的 AQUA FORCE 是 ORBIS 旗下人氣度相當高的保濕系列，這回在 2017 年推出第三代升級版本。這次改版的重點，在於採用新技術成分「源力磁鐵 AQ」，能讓水分及角質細胞緊緊吸附，如此一來就能提升肌膚維持水潤的持續力。另外再加上 NMF 天然保濕因子所組成的潤澤成分，能夠在肌膚表面形成一道保護膜。單純的保養程序及溫和的使用感，很適合肌膚極度乾燥及敏感的族群使用。

廠商名稱●オルビス
容量/價格●180ml/1,500 円
香味●無香
主要美容成分●源力磁鐵 AQ

毛穴撫子
お米の化粧水

針對乾燥引起的毛孔粗大問題，採用 4 種日本國產米萃取保濕潤澤成分所製成的毛穴撫子日本米化妝水。這幾年日本出現不少保養品是以「米」作為保濕素材。而這瓶化妝水則是在美妝店開架化妝水中具有代表性的產品。對於日本米植萃保養有興趣的人，可以將這瓶化妝水當成入門款。

廠商名稱●石澤研究所
容量/價格●200ml/1,500 円
香味●無香
主要美容成分●米發酵液、米糠油、米神經醯胺、米糠萃取物

すこやか素肌
尿素のしっとり
化粧水

日本開架保養品當中，少數以尿素做為主打保濕成分的化妝水。除了保濕效果高的尿素之外，還搭配玻尿酸以及近年來備受皮膚科醫師推崇的鎖水成分「神經醯胺」，從吸水到鎖水的保養機能相當完整。但使用起來卻是清爽如水，沒有任何厚重的黏膩感。

廠商名稱●石澤研究所
容量/價格●200ml/1,500 円
香味●無香
主要美容成分●尿素、玻尿酸、神經醯胺

MAMA BUTTER
フェイスローション

MAMA BUTTER 在日本是許多育兒媽媽喜愛的自然派保養品牌。除了十多種植萃保濕成分之外，這瓶化妝水最特別的地方，就是保濕潤澤效果相當高的乳油木果油添加比例高達 8%。因為搭配油保養成分的關係，所以產品特性也較為強調是化妝水加乳液的雙效型單品。由於還加入有機薰衣草，所以使用起來有一股相當舒服的淡香味。

廠商名稱●ビーバイ・イー
容量/價格●200ml/1,500 円
香味●有機薰衣草香
主要美容成分●乳油木果油

IROHADA
化粧水しっとり

IROHADA 是針對乾燥暗沉肌所開發，主要成分為高濃度角鯊烷的輕熟齡保養系列。一般來說，為維持高濃度角鯊烷的穩定性，通常要提高製劑的黏度，因此這種成分大多添加於乳液或乳霜當中。不過樂敦製藥在將角鯊烷奈米乳化之後，才開發出這瓶含有高濃度角鯊烷的化妝水。化妝水本身帶有非常少女心的粉紅色，其實這不是色素，而是具有保濕效果的維生素 B12 原色。

廠商名稱●ロート製藥
容量/價格●160ml/1,480 円
香味●自然花香
主要美容成分●維生素 B12、角鯊烷

medel natural
フェイスローション
カモミールブレンドアロマ

走自然系保養路線的 medel，其主打特色是採用萃取自日本國產米的高保濕成分——葡萄糖神經醯胺。除了保濕作用之外，最重要的機能就是利用多種抗炎植萃成分，來緩和各種肌膚乾荒問題，因此還蠻適合乾燥敏弱肌使用。化妝水本身帶有淡淡的洋甘菊精油香，所以放鬆身心的附加效果也蠻吸引人的。（ 医薬部外品 ）

廠商名稱●ビーバイ・イー
容量/價格●150ml/1,400 円
香味●洋甘菊精油香
主要美容成分●葡萄糖神經醯胺、甘草酸鉀

SQS
高浸透うるおい化粧液

不少人都有毛孔粗大的困擾，像這種常見的肌膚問題，很可能是過於乾燥或肌膚彈力不足所引起。因此只要改善肌膚的乾燥問題，通常都可讓毛孔更顯緊緻。這瓶專為毛孔問題所開發的化妝水，成分以保濕保水為主，因為容量不小，也很適合拿來濕敷毛孔粗大的部位。

廠商名稱●石澤研究所
容量/價格●300ml/1,350 円
香味●無香
主要美容成分●玻尿酸、膠原蛋白、維生素 C 衍生物

我的美麗日記
黑真珠化粧水

來自台灣的「我的美麗日記面膜」，在日本的人氣度其實也相當高。在 2017 年秋季，更是推出日本限定的化妝水系列。這瓶保濕型化妝水的主要成分是大溪地的黑蝶貝珍珠萃取物，目的在於對抗黑斑的形成。除此之外，還搭配三種具抗氧化及亮白作用的日本有機植萃成分，因此很適合拿來打造潤澤且透亮的膚感。

廠商名稱●統一超商
東京マーケティング
容量/價格●180ml/1,280 円
香味●淡雅花香
主要美容成分●黑蝶貝珍珠萃取物

NAMERAKA 本舗
ハリつや化粧水

SANA 豆乳美肌本舖中同樣也是主打保濕效果的粉紅色系列，和白色基礎系列最大的不同，在於除了保濕之外，因為額外添加 Q10 的關係，所以同時還能兼顧肌膚的彈潤與光澤度。對於覺得只有保濕還不夠的輕熟齡肌來說，算是價位相當親民的彈潤加強保養單品。

廠商名稱●常盤藥品工業
容量/價格●200ml/1,200 円
香味●無香
主要美容成分●豆乳發酵液、輔酶 Q10

Hada Labo
極潤オイルイン
化粧水

瓶身乍看之下有點像卸妝油，但其實這是一瓶含保養油成分、強化潤澤保濕力的化妝水。樂敦採用獨特技術將植物性角鯊烷奈米化，提升美容成分的肌膚滲透力，因此就算是含有油保養成分，化妝水的質地還是能維持清爽不黏膩。對於肌膚缺水又缺油、但又不太習慣使用美容油的人來說，是個還不錯的選擇。

廠商名稱●ロート製藥
容量/價格●220ml/1,000 円
香味●無香
主要美容成分●角鯊烷

專科
パーフェクトエッセンス
シルキーモイスチャー

基礎美容成分為天然蠶絲蛋白，主打保養重點鎖定在維持肌膚原有保水力，可幫助肌膚柔嫩滑順如絲綢般的保濕型化妝水。化妝水質地偏向濃密但沒有不舒服的黏膩感，可在肌膚表面形成一道潤澤層，因此可讓使用後的滋潤感長時間維持。

廠商名稱●資生堂
容量/價格●200ml/921 円
香味●無香
主要美容成分●天然蠶絲蛋白、雙重玻尿酸、膠原蛋白 GL

雪肌粹
藥用化粧水

雪肌精是華人圈知名度相當高的保養品牌，而雪肌粹則是日本 7-Eleven 及伊藤洋華堂專賣的獨家品牌。除了掃貨清單上必載的洗面乳之外，這瓶使用起來清爽度高的保濕亮白化妝水也是人氣度相當高的單品。雖然香味及成分與雪肌精略為不同，但打造清透滋潤膚質的使用感亦有不錯的表現。

廠商名稱●コーセー
容量/價格●60ml/920 円
香味●淡雅花香
主要美容成分●甘草酸鉀、薏仁萃取物、枇杷葉萃取物、艾草萃取物、黃山藥萃取液、甘油

Hada Labo
極潤
プレミアム ヒアルロン液

樂敦肌研旗下的金色極潤，是在 2015 年所推出的 PREMIUM 系列第一彈。這系列主打追求極致的使用感，因此保養訴求為保濕潤澤金色系列中添加 5 種分子大小及特性不同的玻尿酸。使用起來質地相當濃密，而且潤澤力表現也很不錯，若覺得白色極潤滋潤度不太夠的時候，建議可以換金色版本試看看。

廠商名稱●ロート製藥
容量/價格●170ml/900 円
香味●無香
主要美容成分●玻尿酸、超級玻尿酸、奈米玻尿酸、3D 玻尿酸、肌膚附著型玻尿酸

NAMERAKA 本舗
とってもしっとり化粧水

在日本大豆保養開架市場中，SANA 的豆乳美肌本舗是產品數量最多且最完整的品牌。主打保濕保養的白色基本款系列當中有三款化粧水，其中保濕成分最高的就是這瓶包裝上有個「とっても濃（超濃）」字的超滋潤型。比起同系列的其他化粧水，保濕成分豆乳發酵液的濃度提升 2.5 倍，而且質地也較為濃密，很適合秋冬或肌膚乾燥時使用。

廠商名稱●常盤藥品工業
容量／價格●200ml/900 円
香味●無香
主要美容成分●豆乳發酵液

黒糖精
うるおい化粧水

採用日本頂級國產黑糖「德之島22 號純黑糖」作為主成分，再搭配獨家酵母 KMT 萃取出黑糖發酵精華的黑糖精，是目前市面上唯一的黑糖素材保養系列。黑糖當中富含礦物質、維生素及胺基酸，對於肌膚而言可說是美肌營養價值相當高的素材。這瓶最早推出的白色瓶裝版本，除了可同時取代化粧水及精華液兩個保養步驟之外，還具有收斂毛孔的功能，因此還蠻適合年輕族群用來做日常保養。

廠商名稱●コーセーコスメポート
容量／價格●180ml/880 円
香味●無香
主要美容成分●黑糖發酵萃取物、雙重玻尿酸、LIPIDURE®

黒糖精
うるおい化粧水 しっとり

這瓶粉紅色瓶蓋版本的黑糖精化粧水，是白色瓶蓋版本上市兩年後才推出的保濕強化版本。在美肌成分方面，基本上與白色瓶蓋版本相同，但這個版本多加了保濕柔膚效果高的豆乳發酵萃取物，因此比較適合在肌膚較為乾燥時使用。

廠商名稱●コーセーコスメポート
容量／價格●180ml/880 円
香味●無香
主要美容成分●黑糖發酵萃取物、雙重玻尿酸、LIPIDURE®、豆乳發酵萃取物

肌美精
ターニングケア保湿 しっとり化粧水

肌美精在華人圈是知名度相當高的面膜品牌，但肌美精除了面膜之外，在開架保養品上也推出不少產品。例如 Terning Care 就是專為輕熟齡之後狀態容易不穩定的肌膚所開發，採用多項和漢植萃成分的肌膚平衡保養系列。簡單地說，就是適合用來改善水油失衡等肌膚基礎失衡的問題。

廠商名稱●クラシエホームプロダクツ
容量／價格●200ml/800 円
香味●無香
主要美容成分●和漢花神經醯胺、和漢花整肌精華

uno
スキンケアタンク しっとり

資生堂 uno 多效保濕化粧水的滋潤型版本。基礎成分和無香型使用相同的抗炎成分，可以鎮靜乾燥或刮鬍後肌膚狀態。因為多添加雙重玻尿酸的關係，所以保濕效果更加提升一些，但在恰到好處的清涼感調和之下，使用起來並不會覺得黏膩厚重。

廠商名稱●資生堂
容量／價格●160ml/761 円
香味●清新柑橘香
主要美容成分●甘草酸鉀、雙重玻尿酸、三重胺基酸

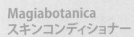

Magiabotanica
スキンコンディショナー

這幾年日本開架保養市場上出現不少大容量化粧水，而絕大部分的人都是拿來搭配化妝棉或面膜紙做全臉濕敷保養。這瓶採用 7 種植萃成分的大容量化粧水，使用起來相對偏向清爽，加上含有能讓肌膚更顯清透的薏苡仁萃取物，所以相當適合在夏季使用。

廠商名稱●ウテナ
容量／價格●500ml/750 円
香味●舒緩草本香
主要美容成分●薏苡仁萃取物、洋甘菊萃取物、羅馬洋甘菊萃取物、寶萬金絲桃萃取物、矢車菊萃取物、金盞花萃取物、小蘗根萃取物

uno
スキンケアタンク マイルド

許多男性保養品都帶有柑橘類的香味，但資生堂 uno 這瓶專為敏感膚質所開發的多效化妝水則是無香型，很適合不喜歡保養後臉上殘留香味的男性朋友。因為無香料且無酒精配方，再加上質地帶點稠度，使用起來保濕效果不錯，所以不只能夠拿來對付肌膚乾燥引起的成人痘，也可以當成鬍後乳使用。

廠商名稱●資生堂
容量／價格●160ml/761 円
香味●無香
主要美容成分●甘草酸鉀

菊正宗 日本酒の化粧水 高保湿

日本清酒百年老店——菊正宗所推出的第二瓶化粧水。相對於白色包裝版本，粉紅色版本額外添加鎖水成分神經醯胺，因此在保濕效果上會比較好一些。有些人可能會害怕日本酒裡面的酒精成分會對肌膚造成刺激，不過這瓶日本酒化粧水在製作過程中已經將酒精蒸散掉，因此並不需要擔心會因酒精所帶來的刺激問題。

廠商名稱●菊正宗酒造
容量／價格●500ml／740 円
香味●日本酒香
主要美容成分●日本酒、胺基酸、神經醯胺、胎盤素萃取物、熊果素

MOISTAGE エッセンスローション（さっぱり）

MOISTAGE 是 Kracie 旗下的長銷品牌，第一代誕生於 1993 年，而最近一次的改版是在 2015 年。這一瓶 MOISTAGE 清爽型化粧水的特色之一，就是化粧水及精華液合一的雙效保養單品。這瓶化粧水的主訴求是提升乾燥肌清透感，使用起來保濕度算是還不錯，很適合拿來做局部濕敷保養。

廠商名稱●クラシエホームプロダクツ
容量／價格●210ml／665 円
香味●無香
主要美容成分●集合胎盤素、膠原蛋白 EX

MEN's Bioré 浸透化粧水 ローションタイプ（左） 濃厚ジェルタイプ（右）

for MEN

MEN'S Bioré 是花王旗下專為男性開發的保養品牌，從潔顏、保養到沐浴，產品類別算是相當完整。在保濕型化粧水方面主要有兩瓶，水藍色版本為使用感相對清爽的化粧水型，寶藍色版本則是使用感相當濃密的凝露型。無論是哪一種類型，都強調能夠快速滲透皮脂分泌多的男性肌膚。其實男性臉部肌膚皮脂分泌多，會造成保養品成分被隔絕在外而不易吸收，因此外表看起來雖然泛油光，但內部卻是乾燥到不行。所以男性保養要格外重視潔淨，同時選擇滲透力佳的保養品。

廠商名稱●花王
容量／價格●180ml／665 円
香味●清爽柑橘香
主要美容成分●玻尿酸

MOISTAGE エッセンスローション（しっとり）

MOISTAGE 雙效化粧水的滋潤型版本。相對於清爽型版本，這一瓶較重視肌膚的彈潤感，因此主要美容成分選擇的是玻尿酸＋植物性胎盤素所調合而成的獨家玻尿酸——集合玻尿酸。若是在秋冬或乾燥季節使用清爽型之後覺得滋潤度不夠的話，可以切換使用滋潤型來提升肌膚的保水力。

廠商名稱●クラシエホームプロダクツ
容量／價格●210ml／665 円
香味●無香
主要美容成分●集合玻尿酸、膠原蛋白 EX

hadasui 肌水

品牌誕生於 1995 年，廣受日本海內外愛用者的支持，累積銷售數量早就突破 8000 萬瓶的肌水，是華人圈當中知名度相當高的保濕化粧水。由於是採用天然富士山礦泉所製成，所以又被稱為「給肌膚喝的礦泉水」。除了臉部保養之外，也可以拿來當定妝噴霧或鬚後水使用，甚至頭髮亂翹時也可以拿來噴一下。

廠商名稱●資生堂
容量／價格●240ml／650 円
香味●無香
主要美容成分●富士山天然水、迷迭香水

hadashi クリーム肌水

資生堂肌水的保濕加強版本。相對於水藍色包裝的肌水而言，粉紅色肌水的質地略帶稠度。最基礎的成分同樣是富士山天然水，但保濕成分則是採用保養品中較為少見的木糖醇。雖然質地帶有稠度，但使用起來好吸收，不會讓整個臉摸起來感覺黏黏的。

廠商名稱●資生堂
容量／價格●240ml／650 円
香味●無香
主要美容成分●富士山天然水、黑莓萃取物、木糖醇

CHIFURE 化粧水 しっとりタイプ

從包裝設計到保養成分，整體來說是非常質樸的保濕化粧水，就連價位也非常親民。化粧水本身略帶點稠度，但因為沒有多餘的添加物，所以偏敏弱的膚質也適用。除了基本款的滋潤型之外，還有清爽型及超滋潤型等類型可以選擇。若是膚質過於敏弱，也可以選擇無酒精的溫和版本。

廠商名稱●ちふれ化粧品
容量／價格●180ml／550 円
香味●無香
主要美容成分●玻尿酸、海藻糖

開架美白

Curél
美白化粧水

乾燥敏弱肌品牌——Curél 珂潤的美白版本。針對肌膚乾燥敏弱問題的保濕保養成分不變，同樣也有穩定肌膚狀態的抗炎成分。不只是乾燥敏弱肌，其實覺得美白保養品滋潤度不足，或是想找美白保養使用感溫和的人也很適合使用。根據滋潤程度不同，有 I 清爽型、II 輕潤型及 III 潤澤型等三種類型可選擇。（医薬部外品）

廠商名稱●花王
容量／價格●140ml／2,300 円
香味●無香
主要美容成分●安定型維生素 C 衍生物、桉樹萃取物

medel natural
フェイスローション
ワイルドローズアロマ

主打採用日本國產米萃取保濕成分，再搭配抗炎成分的乾燥敏弱肌保養品牌——medel。同系列除洋甘菊香保濕版本之外，還有這款針對黑斑問題所開發的野生玫瑰香美白版本。成分當中有不少可以穩定肌膚狀態的植萃成分，因此也很適合在夏季日曬後拿來濕敷。（医薬部外品）

廠商名稱●ビーバイ・イー
容量／價格●150ml／1,800 円
香味●野生玫瑰精油香
主要美容成分●傳明酸、甘草酸鉀

AQUQLABEL
ホワイトアップ ローション

水之印寶藍色版本是著重保水滋潤作用的美白系列。這瓶化妝水的主要美白成分，是資生堂自家美白產品中常見的 m- 傳明酸。除了 m- 傳明酸的黑色素活性抑制作用之外，其實這瓶化妝水的另一個重點，就是透過保濕效果來改善乾燥引起的肌膚暗沉問題，因此很適合肌膚乾燥而顯得沒有淨透光澤感的膚質使用。

廠商名稱●資生堂
容量／價格●200ml／1,400 円
香味●淡雅玫瑰香
主要美容成分●BABY 胺基酸、m- 傳明酸、雙重玻尿酸 GL、高山火絨草 GL

透明白肌
ホワイトローション

透明白肌是美妝店開架美白保養品中，人氣度算是非常高的系列。最早從美白泥膜及碳酸泡洗顏起家，後來推出的面膜也炙手可熱。2016 年則是接著推出大容量的美白化妝水。相對於一般維生素 C，主要美白成分速效型維生素 C 衍生物不需再經由酵素轉換就能發揮效果，因此在亮白表現上的期待值也蠻高的。

廠商名稱●石澤研究所
容量／價格●400ml／1,200 円
香味●無香
主要美容成分●速效型維生素 C 衍生物

Melano CC
薬用しみ対策美白化粧水

Melano CC 是樂敦旗下的維生素 C 美白系列。主要的美白成分為高滲透維生素 C 衍生物。另一方面，這瓶化妝水還搭配抗炎成分以及能夠促進血液循環，加速肌膚代謝的維生素 E，因此也很適合拿來對付泛紅的痘印。化妝水本身帶有微微的涼感，夏季時拿來濕敷也很舒服。

廠商名稱●ロート製薬
容量／價格●170ml／1,100 円
香味●清爽柑橘香
主要美容成分●高滲透維生素 C 衍生物、甘草酸鉀

CHIFURE
美白化粧水 W
しっとりタイプ

CHIFURE 美白化妝水有兩個版本，這瓶紅色瓶妝的版本，是同時添加熊果素與安定型維生素 C 衍生物的複方美白加強版。質地比藍色版本感覺較為滋潤，所以相對適合在秋冬季使用。除滋潤版本之外，還有質地較為清爽的一般型。

廠商名稱●ちふれ化粧品
容量／價格●180ml／1,150 円
香味●無香
主要美容成分●熊果素、安定型維生素 C 衍生物、玻尿酸、海藻糖

GRACE ONE
ディープホワイト
ローション（しっとり）

GRACE ONE 是專為 50 歲以上熟齡肌所開發的抗齡保養品牌。這瓶白色包裝的化妝水，是針對斑點問題所開發，主要美白成分為高純度維生素 C 衍生物的抗齡美白化妝水。除了主打的紅色抗氧化成分之外，還添加三重膠原蛋白、三重玻尿酸，就開架美白保養品來說，算是保濕成分組合相當豪華的單品。

廠商名稱●コーセーコスメポート
容量/價格● 180ml/1,100 円
香味●高雅玫瑰花香
主要美容成分●高純度維生素 C 衍生物、三重膠原蛋白、三重玻尿酸 GL

NAMERAKA 本舗
薬用美白しっとり化粧水

SANA 豆乳美肌本舖的美白版本。同時採用九州及北海道兩種國產大豆所精萃的豆乳發酵液作為保濕成分，而美白成分則是高純度熊果素。瓶身上有個「濃」字的滋潤型使用起來保濕度較高，若是夏季使用時覺得太過滋潤，還有同系列的清爽型可以選擇。

廠商名稱●常盤藥品工業
容量/價格● 200ml/1,000 円
香味●無香
主要美容成分●豆乳發酵液、熊果素

専科
パーフェクトエッセンス
シルキーホワイト

資生堂開架品牌「専科」在 2016 年推出基礎保養化妝水時，除保濕化妝水之外，還同時推出這瓶美白化妝水。美白成分仍然是資生堂主打的 m- 傳明酸，再搭配品牌共通的保濕成分——天然蠶絲蛋白，就連夏季使用起來也不會太黏膩。

廠商名稱●資生堂
容量/價格● 200ml/921 円
香味●無香
主要美容成分●天然蠶絲蛋白、m- 傳明酸、雙重玻尿酸

Hada Labo
白潤プレミアム
薬用浸透美白化粧水

繼金色版本之後，樂敦肌研 PREMIUM 系列在 2017 年推出第二彈，也就是包裝為寶藍色美白版本。相對於水藍色包裝的白潤而言，這個版本的保濕成分多了奈米化玻尿酸、維生素 C 衍生物及維生素 E。在最重要的美白成分方面，則是首度採用的 WHITE 傳明酸。

廠商名稱●ロート製藥
容量/價格● 170ml/900 円
香味●無香
主要美容成分●玻尿酸、奈米玻尿酸、WHITE 傳明酸

肌美精
ターニングケア美白
薬用美白化粧水

輕熟齡肌膚平衡系保養品牌—— Terning Care 在推出紅色包裝的保濕版本之後，接著推出兼顧保濕及美白兩大保養需求的美白版本。保濕成分大致相同，而美白成分是採用傳明酸。就質地來說算是偏清爽且溫和、肌膚滲透力的表現也算不錯。（医薬部外品）

廠商名稱●クラシエホームプロダクツ
容量/價格● 200ml/900 円
香味●無香
主要美容成分●和漢花神經醯胺、和漢花整肌精華、傳明酸

CHIFURE
美白化粧水 VC

CHIFURE 美白化妝水有兩個版本。這瓶美白成分為安定型維生素 C 衍生物的藍色版本為基本款。除了美白成分之外，在保濕成分上則是沿用保濕化妝水的主成分，因此很適合習慣使用 CHIFURE 保濕化妝水的人拿來做美白加強保養。因為成分中有甘草酸二鉀的關係，所以也適合在肌膚狀態不穩定的時候使用。

廠商名稱●ちふれ化粧品
容量/價格● 180ml/800 円
香味●無香
主要美容成分●安定型維生素 C 衍生物、甘草酸二鉀、玻尿酸、海藻糖、油溶性甘草萃取物

Curél
エイジングケア 化粧水

乾燥敏弱肌品牌——Curél 珂潤繼保濕、美白及皮脂照護等系列之後，在 2017 年推出全新的紫色抗齡系列。除品牌共通的保濕潤澤成分之外，新加入的羅漢柏枝萃取物以及生薑萃取物，都屬於抗齡保濕成分。質地偏向濃密，且能服貼於眼周嘴角等容易因乾燥出現紋路的部位而不會快速蒸發。

廠商名稱●花王
容量/價格● 140ml/2,300 円
香味●無香
主要美容成分●潤浸保濕 Ceramide 機能成分、
　　　　　　　桉樹萃取物、羅漢柏枝萃取物、
　　　　　　　生薑萃取物

AQUQLABEL
バウンシング ローション

在水之印三大系列當中，金色版本主打的特色是提升肌膚滋潤度及彈潤感。其實金色版本是在 2010 年時由紫色版本改版而來，比較適合在肌膚容易呈現乾燥狀態的秋冬季使用。主要美容成分中有三項名稱後面都標示著 GL，其實 GL 指的是用來提升肌膚潤澤保水機能的甘油。化粧水質地分為清爽型、滋潤型及超滋潤型三種，可依照喜好選擇。

廠商名稱●資生堂
容量/價格● 200ml/1,600 円
香味●淡雅玫瑰香
主要美容成分●雙重玻尿酸 GL、雙重膠原蛋白 GL、
　　　　　　　雙重蜂王漿 GL、BABY 胺基酸

凜恋
レメディアル フェイス&ボディ ミスト ローズ

使用起來相當方便的玫瑰噴霧化粧水。這瓶化粧水所採用的主要原料，是日本長野農家以無農藥所栽培。就大馬士革玫瑰的相關產品來說，是少數採用日本國產原料的產品。因為是做成噴壓罐的關係，除了臉部之外，也可以拿來用於全身或頭髮。

廠商名稱●ビーバイ・イー
容量/價格● 120ml/1,800 円
香味●大馬士革玫瑰香
主要美容成分●大馬士革玫瑰水、
　　　　　　　迷迭香萃取

我的美麗日記
官ツバメの巣化粧水

我的美麗日記在 2017 年秋季同時推出兩瓶日本限定的化粧水，其中一瓶就是在日本擁有高人氣的官燕窩版本。官燕窩萃取物最主要的作用，就是將玻尿酸與膠原蛋白引導至肌膚需要的部位。化粧水本身的質地濃稠，在保濕力上的表現也很不錯。

廠商名稱●統一超商東京マーケティング
容量/價格● 180ml/1,580 円
香味●清新花香
主要美容成分●官燕窩萃取物

命の母
化粧水

「命之母」是華人圈知名度非常高的婦女保健藥品牌。在 2016 年推出專為更年期世代女性專用的抗齡保養系列。延襲「命之母」的製劑概念，採用八種中藥材萃取成分作為保濕成分，再搭配發酵玻尿酸來提升肌膚的保水力。較為特別的地方，就是加入蛋黃萃取物來補充更年期肌膚常有的油分缺乏問題，如此一來就能讓肌膚顯得更有光澤感。

廠商名稱●小林製藥
容量/價格● 180ml/1,480 円
香味●溫和草本香
主要美容成分●發酵玻尿酸、
　　　　　　　蛋黃萃取物

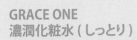

GRACE ONE
濃潤化粧水 (しっとり)

GRACE ONE 是專為 50 歲以上熟齡肌所開發的抗齡保養品牌。這瓶紅色包裝的化粧水在最近一次改版當中，還特別加入可改善肌膚張力不足的彈力蛋白。因為還添加抗氧化成分蝦青素的關係，化粧水本身帶有淡橘色。化粧水質地帶有一點點稠度，除滋潤版本之外，還有質地更加濃密的超滋潤版本可以選擇。

廠商名稱●コーセーコスメポート
容量/價格● 180ml/1,100 円
香味●高雅玫瑰花香
主要美容成分●膠原蛋白、蝦青素、彈力蛋白 GL

Hada Labo
極潤α ハリ化粧水

紅色極潤α 的主打保養需求為抗齡保養，很適合 30 世代開始用來當成輕熟齡保養的入門系列。在最近一次的改版當中，除了採用 3D 玻尿酸及小分子膠原蛋白之外，還與樂敦旗下醫美品牌「Obagi」技術共享，特別加入能夠強化肌膚彈力與張力的小分子彈力蛋白。從開架保養品的角度來看，其技術與成分一點也不馬虎。

廠商名稱●ロート製藥
容量/價格● 170ml/1,000 円
香味●無香
主要美容成分●玻尿酸、膠原蛋白、彈力蛋白

NAMERAKA 本舗
リンクル化粧水

SANA 豆乳美肌本舖最主要的四大系列當中，金黃色包裝是最後才推出的抗齡版本。針對乾燥所引起的小細紋，以及肌膚彈力不足等問題。添加三種保濕拉提成分，就開架抗齡化妝水來說，成分組合算是還不錯的一款。

● 廠商名稱●常盤藥品工業
● 容量／價格●200ml/1,000 円
● 香味●無香
● 主要美容成分●豆乳發酵液、維生素A衍生物、神經醯胺

CHIFURE
濃厚 化粧水

在 CHIFURE 所有的化妝水當中，這瓶粉紅色的抗齡化妝水是最新加入的新產品，同時也是 CHIFURE 眾多保養品項當中，少數採用和漢植萃抗齡保濕成分的單品。質地帶有稠度，保濕力表現算不錯，主要是用來改善因乾燥所引起的小細紋。

● 廠商名稱●ちふれ化粧品
● 容量／價格●180ml/800 円
● 香味●無香
● 主要美容成分●芍藥根萃取物、玻尿酸

MOISTAGE
リンクルエッセンス ローション（超しっとり）

MOISTAGE 雙效化妝水的超滋潤型抗齡版本。這瓶化妝水的主要保養訴求，就是改善乾燥所引起的小細紋問題，同時搭配多種彈力潤澤保養成分，可以加強各種齡期所帶來的肌膚保養需求，在質地上是整個系列最為濃密的一款。

● 廠商名稱●クラシエホームプロダクツ
● 容量／價格●210ml/665 円
● 香味●無香
● 主要美容成分●集合維生素 A、膠原蛋白、角鯊烷、蜂王漿

ettusais HOMME
薬用アクネウォーター

for MEN

專為男性膚質所設計的保濕抗痘化妝水。由於男性肌膚往往有角質過厚，造成毛孔容易阻塞而引發成人痘的問題，因此這瓶化妝水主要是利用水楊酸去角質的原理來柔化膚質。除了一般保養用之外，也很適合拿來當鬍後水使用。

● 廠商名稱●エテュセ
● 容量／價格●100ml/1,800 円
● 香味●無香
● 主要美容成分●水楊酸、甘草酸二鉀

Curél
皮脂トラブルケア化粧水

乾燥敏弱肌品牌—— Curél 珂潤的皮脂照護版本。針對外油內乾的問題肌膚，利用系列共通的保濕潤澤成分，搭配獨家開發的肌膚控油因子 Hydroxyundecanoic Acid。其實許多男性都有這種外油內乾的問題，因此就算沒有痘痘肌的困擾，也蠻推薦男性朋友用來調節水油平衡。（医薬部外品）

● 廠商名稱●花王
● 容量／價格●150ml/1,800 円
● 香味●無香
● 主要美容成分● 10-HD、氧化鋅、桉樹萃取物

ACNE BARRIER
薬用プロテクト ローション

這瓶由石澤研究所推出的抗痘型化妝水，在日本一賣就超過 15 年。主要成分是具有抗炎作用的甘草酸二鉀以及能夠抑菌的茶樹萃取物。除了這兩大成分外，其實加了十多種保濕植萃成分，因此還蠻適合肌膚乾燥引起的成人痘問題使用。

● 廠商名稱●石澤研究所
● 容量／價格●140ml/1,500 円
● 香味●清新草本香
● 主要美容成分●甘草酸二鉀、茶樹萃取物

ORBIS
薬用クリアローション

針對生理期之前等週期性反覆出現的成人痘問題，ORBIS 深入研究成人痘在生理期之前容易惡化的機制，採用能夠產生抗菌胜肽的紫草根萃取物作為主成分，推出這瓶專為生理期成人痘問題所開發的抗痘化妝水。化妝水本身能夠與皮脂融合在一起，因此讓美肌抗痘成分的肌膚滲透力提升不少。（医薬部外品）

● 廠商名稱●オルビス
● 容量／價格●180ml/1,500 円
● 香味●無香
● 主要美容成分●紫草根萃取物、甘草酸鉀、薏苡仁萃取物、滲透型膠原蛋白

開架抗痘

肌美精
大人のニキビ対策
薬用美白化粧水

肌美精成人痘保養系列算是相當長銷，自從第一代在 2003 年上市以來，一賣就超過 15 年。除了一般成人痘保養常見的抑菌及抗炎成分之外，這瓶化妝水還加入高純度維生素 C，對於粗大毛孔及色素沉澱所引起的痘印問題，都有不錯的保養效果。（医薬部外品）

廠商名稱●クラシエホームプロダクツ
容量/價格● 200ml/1,150 円
香味●清淡花香
主要美容成分●氨基己酸、甘草酸二鉀、高純度維生素 C

EAUDE MUGE
オードムーゲ 薬用ローション（左）
メンズオードムーゲ 薬用ローション（右）

EAUDE MUGE 在日本的抗痘保養品當中，算是非常長壽的品牌。這瓶化妝水自 1961 年上市以來，一賣就是超過 50 年，是許多日本人心目中的抗痘化妝水首選。除了一般輕壓於臉部之外，平日保養上也很建議搭配化妝棉，以擦拭的方式去除臉部多餘的皮脂與髒污，也可以針對痘痘部位進行濕敷保養。（註：左邊為經典版，右邊為 2016 年推出的男性版。基本上兩者的配方及香味都相同）

廠商名稱●小林製薬
容量/價格● 160ml/970 円
香味●淡雅花香
主要美容成分●氨基己酸、甘草酸二鉀

Hada Labo
薬用極潤
スキンコンディショナー

樂敦肌研系列中的綠色極潤，是針對乾荒肌所開發，主要用來穩定肌膚狀態的類型，因此很適合拿來改善肌膚過於乾燥所引起的成人痘問題。除了整個品牌共通的保濕成分玻尿酸以及薏苡仁萃取物之外，最重要的成分就是甘草酸鉀及氨基己酸這兩種抗炎成分。在額頭或下巴等部位冒出成人痘時，也可以搭配化妝棉做局部濕敷。

廠商名稱●ロート製薬
容量/價格● 170ml/838 円
香味●無香
主要美容成分●甘草酸鉀、氨基己酸、玻尿酸、角鯊烷

uno
スキンケアタンク さっぱり

資生堂 uno 多效保濕化妝水的清爽型版本。除了抗炎及保濕成分之外，化妝水當中還含有可以吸附多餘皮脂的粉末，所以能有效改善男性特有的油光問題。使用起來有明顯的清涼感，所以夏季使用時也可塗抹在頸部，在提神醒腦的同時還可保養頸部肌膚。

廠商名稱●資生堂
容量/價格● 160ml/761 円
香味●清新柑橘香
主要美容成分●甘草酸鉀、三重胺基酸

MEN's Bioré
薬用アクネケア

MEN's Bioré 針對男性膚質特性所開發的痘痘肌保養化妝水。許多男性保養品都會添加提升清涼感的薄荷成分或酒精，但這瓶抗痘痘保養化妝水則不含這兩項成分，所以就算是刮鬍之後使用也不會有刺痛感。化妝水質地帶有黏稠性，因為容易推展的關係，所以不會拉扯肌膚造成不穩定的痘痘肌感到疼痛。（医薬部外品）

廠商名稱●花王
容量/價格● 180ml/665 円
香味●清爽柑橘香
主要美容成分●玻尿酸、甘草酸鉀

開架收斂

MOISTAGE
エッセンスローション（収れん）

MOISTAGE 雙效化妝水的收斂化妝水版本。採用效果備受青睞，許多收斂型保養品都可見的緊緻成分—金縷梅，再搭配膠原蛋白強化保濕作用，很適合在夏季化妝前使用。

廠商名稱●クラシエホームプロダクツ
容量/價格● 210ml/665 円
香味●無香
主要美容成分●膠原蛋白、金縷梅精華水

CHAPTER 7

2017-18
日本藥粧年鑑

採用眾神故鄉出雲的藥湯湧泉！
簡單快速並堅持溫和、舒適及維持美肌的洗卸品

江原道SPA溫泉美肌系列

打造美肌的第一步，就是將臉上的防曬、底妝、彩妝，甚至是空氣中的髒汙全部卸除乾淨。然而，潔淨力與溫和性難以兩全的問題，總是成為大家挑選卸妝產品時的最大困擾。

除了一般民眾之外，電視及電影演員所面臨的卸妝需求其實更為嚴苛。許多在拍攝現場的彩妝師，總是苦惱於沒有合適的卸妝品可用。例如拍攝古裝劇時，演員總是需要戴假髮且頂濃妝，但為了不傷害到所費不貲的假髮，彩妝師們必須使用不含油的卸妝品。然而，不含油卸妝品的表現卻總是差強人意。

另一方面，許多外景拍攝地都位於沒有自來水的荒郊野外，因此演員經常面臨無水可潔淨臉部彩妝的窘境。

為滿足無油、溫和、不用水也能清潔臉部等攝影現場需求，江原道的創意總監不斷思索。最後選擇肌膚親和性高的「出雲湯村溫泉水」與素有生命水美稱的「白樺樹液」作為基底，再搭配薰衣草、紫蘇葉、鼠尾草、迷迭香、艾草以及生薑具有保濕與鎮靜作用的六種草本萃取物。就在費時 4 年，經過無數次實驗之下，總算成功開發出紅遍日本海內外的江原道 SPA 卸妝水。

Koh Gen Do
クレンジングウォーター

容量/價格● 300ml/2,800 円

自 2007 年上市以來，從日本到美國及亞洲各國，已經熱賣超過 100 萬瓶的江原道 SPA 卸妝水。不含油且無酒精的卸妝水，搭配化妝棉輕輕一擦，再難卸的防水型眼妝也能神奇地瞬間卸除，猶如洗過臉一般。搭配多種植萃保濕整肌成分，可在卸妝的同時滋潤肌膚。

Koh Gen Do
クレンジングウォーター
10 周年記念ボトル

容量/價格● 380ml/3,200 円

江原道明星商品 SPA 卸妝水為慶祝上市滿 10 週年，特別推出噴口朝上的按壓瓶版本。只要將化妝棉置於壓頭上輕壓兩下，就算是單手也能輕鬆讓化妝棉吸飽卸妝水，讓使用便利性更加分！(限定品)

Koh Gen Do
オーガニックコットン

容量/價格● 80 片/686 円

採用有機栽種棉花所製成，觸感極為細緻柔軟不刺激肌膚的化妝棉。8 cm ×6 cm 的大片裁切，非常適合用於卸妝。

Koh Gen Do
フォーミング
フェイシャルウォッシュ

容量/價格● 150ml/2,600 円

融合 SPA 卸妝水與胺基酸系潔顏成分，再搭配多樣保濕、去角質及緊緻收斂成分的潔顏泡。不同於一般雙層起泡網結構，江原道 SPA 潔顏泡的壓頭採用三層起泡網設計，因此可以擠出更細緻、更持久且更有彈性的潔顏泡。

上／雙層起泡網泡沫瓶的泡泡。
下／三層起泡網泡沫瓶的泡泡，明顯細緻許多。

臉部 臉部清潔

百貨專門店通路

Prédia
スパ・エ・メール ファンゴ W クレンズ

廠商名稱●コーセー
容量/價格●300g/4,500 円

`卸妝`

來自主打海洋系保養品牌「Prédia」的卸妝泥。採用天然礦物泥作為基底，可吸附並卸除臉部彩妝與氧化皮脂，同時也能夠潔淨毛孔髒汙。質地滑順且帶有微微沁涼感的卸妝泥帶有清新草本香，除卸妝以外也能當泥膜敷個幾分鐘。敷完後稍微按摩全臉，可發揮不錯的毛孔調理作用哦！

SUQQU
シルキィ スムース クレンジング オイル

廠商名稱●エキップ
容量/價格●150ml/3,800 円

`卸妝`

SUQQU 在 2018 年夏季所推出的卸妝油，有個既美又動人的目標，那就是要讓卸完妝之後的肌膚仍然保有滋潤度，就像是充滿清透感而惹人憐愛的花瓣一般。搭配獨自的 3D 立體貼膚構造技術，讓具有彈力的卸妝油可在保護肌膚不受過度拉扯的同時，轉化成舒服的肌膚觸感，因此滋潤感、滑順感及清透感，便是這瓶卸妝油最重要的主打特色。

SHISEIDO WASO
クイックジェントルクレンザー

廠商名稱●資生堂
容量/價格●150ml/3,200 円

`洗 + 卸`

WASO 是資生堂以「肌膚和食主義」為主題，利用草本防禦技術推出給肌膚享用的全新美食保養系列。這瓶看似蜂蜜罐的商品，其實就是融合蜂蜜、蜂王漿及甜菜鹼，可改變肌膚健康度的臉部洗卸蜜。質地宛如蜂蜜般的洗卸蜜使用時不加水，在按摩過程中就會自然轉變成白色的綿密泡泡，而濃密不含水的彈力泡則能在保留肌膚滋潤度的狀態下，徹底掃除臉部殘妝與髒汙。

SHISEIDO WASO
ソフトアンドクッシー ポリッシャー

廠商名稱●資生堂
容量/價格●79g/3,800 円

`角質`

資生堂「肌膚和食主義」保養品牌 WASO 旗下的豆腐去角質泥。採用大豆卵磷脂及甜菜鹼等美肌成分，發揮柔化肌膚與改變肌膚健康狀態。在去角質微粒方面，WASO 罕見地同時採用纖維狀微粒、不規則狀微粒與球狀微粒等三種不同型態的柔軟去角質成分，可多方位但溫和地去除臉部老廢角質。

@cosme nippon
北山麓の雪どけハーブ水 クレンジングウォーター

廠商名稱●アイメイカーズ
容量/價格●250ml/2,200 円

`卸妝`

日本口碑網站 @cosme 採用日本各地國產素材，以 @cosme nippon 之名推出一系列的地方素材美妝保養品。這瓶卸妝水屬於北海道系列，基底採用北海道羊蹄山的純淨雪溶水，再搭配甜菜鹼、有機蘆薈汁、薄荷、艾草、紫蘇、山白竹以及洋甘菊萃取物等北海道植萃成分，打造出這瓶在擦拭多餘皮脂與毛孔髒汙的同時，可發揮滋潤肌膚與細緻膚紋的作用的卸妝水。香味則是採用北海道草本素材，調合出令人一聞就想直飛北海道的暢快香氛。

PERFECT COVER
オイルクレンジング

廠商名稱●資生堂
容量/價格●180ml/2,000 円

`卸妝`

PERFECT COVER 在整個資生堂體系中，算是相當特別且較少人知道的品牌。因為這是一個專為肌膚因疾病或受傷而留下疤痕的人所開發的品牌，所以銷售地點除了部分百貨專櫃及地區型藥、美妝店之外，在一些醫療院所也找得到。在這樣的特殊客層需求下，資生堂才會開發出這瓶兼具溫和質地與出色潔淨力的卸妝油。

資生堂 Skincare
リフレッシング クレンジングウォーター

廠商名稱●資生堂
容量/價格●180ml/2,100 円

`卸妝`

來自資生堂東京櫃 REFRESHING 的卸妝液。無酒精及無油的清爽配方，搭配化妝棉輕輕一擦，就能在保留肌膚所需滋潤度的同時，將臉部髒汙及彩妝拭去。由於清潔時只去除多餘的物質，同時調節肌膚的潔淨狀態，因此也能讓肌膚不易出現成人痘等因乾燥所引起的肌膚問題。

資生堂 FUTURE SOLUTION LX
エクストラ リッチ クレンジングフォーム e

廠商名稱●資生堂
容量/價格●134g/5,400 円

`潔顏`

資生堂東京櫃「晶鑽時空奢寵」系列的潔顏乳。潔顏是所有保養的第一步，就像是奢華饗宴的餐前酒一般，這支來自頂級保養品牌的潔顏乳雖然價值不菲，但無論是泡泡的細緻滑順度、潔淨與滋潤感保留程度，甚至是使用時所感受到的香氛表現，都是高水準的演出。

KANEBO
リフレッシング パウダー ウォッシュ スキンケア

廠商名稱 ●カネボウインターナショナル Div.
容量/價格 ● 0.4g×32 個/3,000 円

KANEBO 運用累積多年的研發技術，搭配重點品牌的品牌力，開發出這個堪稱史上最夢幻的洗顏粉。為什麼會說它夢幻呢？因為 KANEBO 洗顏粉特別採用兩種不同的粉末，打造出這個獨特的粉紅色洗顏粉。改良過的洗顏粉，只需少量的水就可搓出濃密的泡沫，確實清潔毛孔髒汙、多餘皮脂與老廢角質。

潔顏

LISSAGE
ミネラルソープ

潔顏

廠商名稱 ●カネボウ化粧品
容量/價格 ● 125g/2,300 円

LISSAGE 在 2018 年春季所推出的潔顏乳。不同於同系列最早推出的潔顏乳，這一條的主打重點不在於保濕，而是確實清潔臉部多餘皮脂與毛孔髒汙，因此採用摩洛哥產天然白泥，搭配易搓出濃密泡沫的配方，很適合出油量大的人使用。除了一般潔顏之外，也適合直接敷在出油量大且毛孔容易粗大的 T 字部做加強潔淨。只要靜置約 30 秒左右，就可加水起泡並照一般方式潔顏。

LISSAGE MEN
オイルコントロールソープ

潔顏　for MEN

廠商名稱 ●カネボウ化粧品
容量/價格 ● 120g/2,000 円

LISSAGE MEN 針對男性出油量較大的狀況，開發出這款搭配天然白泥，可吸附臉部多餘皮脂與毛孔髒汙的控油型潔顏乳。不只是洗淨皮脂的黏膩感，還搭配膠原蛋白呵護保濕成分，洗完之後不會有洗得太乾淨的緊繃感。獨特的草本精油香氛，很適合不喜歡香味太甜或太過於偏花香調的男性使用。

DHC
ビューティ パウダー ウォッシュ

潔顏

廠商名稱 ● DHC
容量/價格 ● 0.4g×30 個/1,750 円

市面上絕大部分的洗顏粉，都是利用酵素來強化毛孔潔淨力的類型，不過這款來自 DHC 的 BEAUTY POWDER WASH 則是採用富含美肌成分的高壓萃取胎盤素為主成分，再搭配潤澤美肌成分，很適合肌膚乾燥者透過潔顏來讓肌膚變得更細緻且有清透感，而且潔顏後也比較不會覺得緊繃。

DHC
ブライトニングホイップウォッシュ

潔顏

廠商名稱 ● DHC
容量/價格 ● 120g/1,560 円

泡泡質地濃密且有彈力的碳酸潔顏泡。潔淨成分採用無患子等三種植物潔淨成分，所以對肌膚的負擔相對較小一些。在美肌成分方面，則是採用發酵玫瑰蜜、玫瑰萃取物以及來自鮭魚鼻軟骨的蛋白聚糖，可改善洗顏後的乾燥緊繃感。使用這種碳酸泡潔顏時，不妨輕輕按摩全臉約 1 分鐘左右。尤其是肌膚乾荒、暗沉及黑眼圈等部位，可利用碳酸泡按摩、促進循環的效果來獲得不錯的美肌變化。

DHC
マイルドフォーミングウォッシュ

潔顏

廠商名稱 ● DHC
容量/價格 ● 100g/1,400 円

添加橄欖油與蜂蜜等美肌成分，兼備高潔淨力與滋潤保護力的純欖精純皂，是 DHC 長年以來的熱銷商品。雖潔淨力高，但並不會過度洗去肌膚所需的油分及水分。考量到保存性及使用方便性等問題，DHC 在 2018 年推出純欖精純皂的潔顏乳，對於不習慣肥皂狀潔顏品的人來說是不錯的新選擇。

@cosme nippon
美肌の貯蔵庫
根菜の濃縮洗顔 宇陀金ごぼう

潔顏

廠商名稱 ●アイメイカーズ
容量/價格 ● 100g/1,200 円

@cosme nippon 有個以日本國產根菜為美肌成分的面膜保養系列，而這個系列就稱為「美肌儲藏庫」。這個系列在 2018 年初夏推出第一支潔顏品，而主角就是來自奈良縣的「宇陀金牛蒡」。由於牛蒡富含多酚、菊醣以及礦物質，在清潔毛孔上具有不錯的效果，因此 @cosme nippon 搭配速起泡、易沖洗的潔顏乳技術，推出這支風格相當強烈的毛孔潔淨型潔顏乳。

DHC
藥用 アクネコントロール
モイスチュア フォーミングウォッシュ

潔顏

廠商名稱 ● DHC
容量/價格 ● 130g/1,000 円

DHC 的痘痘保養系列分為青春痘專用及成人痘專用兩種類型。這條天藍色包裝潔顏乳來自 DHC 的成人痘保養系列，相對於青春痘保養系列，最大的不同之處在於成人痘專用潔顏乳除了清潔毛孔及老廢角質之外，較為注重保留肌膚油分及滋潤度，因此添加不少保濕潤澤成分。同時，為改善痘痘不穩肌問題，還採用甘草酸鉀來對付肌膚髒汙。少見的洋甘菊精油香，聞起來感覺挺舒服的呢！

DECORTÉ AQ

嚴商名稱 ● コーセー

黛珂頂級 AQ 系列在 2017 年秋季推出全新抗齡系列，接著在 2018 年冬季推出新美白系列，而這組卸妝乳與潔顏乳則是兩個系列的共通品項。主成分之一是系列共通，著重在於提升肌感度的禾雀花萃取物。搭配獨特優雅的曇花，調合出沉穩的木調花香。卸妝乳本身質地濃密但好推展，輕輕按摩臉部就能去除臉部彩妝和氧化的皮脂。另一方面，潔顏乳那細緻有彈力的泡沫可在潔淨肌膚的同時，調節肌膚的皮脂平衡狀態，讓偏乾肌膚也能維持滋潤有彈性。

クレンジング クリーム
／卸妝乳
容量／價格 ● 116g／6,000 円

ウォッシング クリーム
／潔顏乳
容量／價格 ● 129g／5,000 円

EXCIA AL

嚴商名稱 ● アルビオン

來自 ALBION 的「妃思雅晶燦恆白系列」，是主打重啟肌齡光燦與彈力，打造永恆白皙美肌的頂級保養系列。卸妝霜可直接用水沖淨，也能先用化妝棉擦拭之後再洗臉。ALBION 認為在增齡影響之下，肌膚深層會形成老廢物質，一旦這些老廢物質過度堆積，就會造成肌膚顯得暗沉且美白成分無法順利發揮作用。因此，帶有純淨東方花香調的妃思雅晶燦恆白系列利用乳霜包覆溶解、洗顏膠吸附潔淨的方式，確實清潔這些惱人的老廢物質。

CELL CLARITY
ウォータリィ クレンジングクリーム
／卸妝霜
容量／價格 ● 150g／6,000 円

CELL CLARITY
エッセンスフォーム
／洗顏膠
容量／價格 ● 150ml／5,500 円

LISSAGE

嚴商名稱 ● カネボウ化粧品

包裝設計講求簡樸卻不失時尚，來自 Kanebo 旗下膠原蛋白保養品牌 LISSAGE 的基礎系列洗卸品。兩款卸妝品相當注重滑順觸感與保留肌膚潤澤度，因此都添加美容油來防止洗淨後出現肌膚緊繃的問題。無論是哪一個品項，都添加具有放鬆身心作用的草本精油香，可以在按摩潔淨臉部彩妝與髒汙的同時，透過精油香氛來放鬆身心。

クレンジングオイル a
／卸妝油
容量／價格 ● 175ml／4,000 円

クレンジングクリーム a
／卸妝乳
容量／價格 ● 125ml／4,000 円

クリーミィソープ a
／潔顏乳
容量／價格 ● 125ml／3,500 円

クレンジングオイル／卸妝油

容量/價格 ● 175ml/2,500 円

クレンジングクリーム／卸妝乳

容量/價格 ● 125ml/2,500 円

クリーミィソープ／潔顏乳

容量/價格 ● 125ml/2,300 円

クレンジングソープ／洗卸潔顏泡

容量/價格 ● 150ml/2,500 円

LISSAGE i

嚴選名稱 ● カネボウ化粧品

LISSAGE 是 Kanebo 旗下集結膠原蛋白研究結果的美妝保養品牌。包裝採用粉紅色的 i 系列，是專為改善肌膚乾燥且無彈力等問題，於 2015 年誕生的保濕抗齡系列。為提升後續保養的滲透力，在 2018 年推出溫和但卻能確實去除毛孔髒汙及老廢角質的洗卸系列。整個系列格外講究滑順觸感與溫和潔淨，並在維持肌膚水潤度的情況下，讓洗淨後的肌膚看起來顯得透亮。由於講究溫和的潔淨感，在成分方面也力求簡單無負擔，因此是沒有添加香氛成分的無香類型。

Awake

嚴選名稱 ● コーセー

許多人都不知道，創立於 1995 年的植萃保養品牌「Awake」是日本高絲旗下的百貨通路品牌。原本 Awake 走的是傳統沉穩的植萃保養風，但在 2018 年春季品牌大改裝時，由美籍設計師以日本折紙為概念，大玩時尚普普設計風，讓包裝形象徹底翻轉。不僅如此，就連美肌成分與香味也都完全更新。新生 Awake 的四項洗卸品，均由 90% 以上的天然成分所組成，並且採用由米胚芽油、玉米胚芽油、有機橄欖油、有機荷荷芭油等成分所組成的獨家潤澤複合成分「Liquid Life Vitalizing ComplexTM」，藉此維持洗淨臉部之後的肌膚滋潤感。

ザ ミルキーデイ クレンジングミルク／卸妝乳

容量/價格 ● 150ml/3,000 円

質地相當滑順好延展，因為添加數種植萃油的關係，很適合拿來邊卸妝邊讓肌膚顯得柔嫩絲滑。

アライズ＆シャイン フェイシャルバー／潔顏皂

容量/價格 ● 100g/2,500 円

添加植萃油與檸檬酸，能夠軟化角質並使肌膚顯得更滑嫩。

ハロークリーン ダブルクレンジング ジェリー／卸妝凝露

容量/價格 ● 150g/3,000 円

搭配皮脂吸收成分的溫感卸妝凝露，可用來卸除日常淡妝與潔淨毛孔髒汙。

テイクイットオール クレンジングオイル／卸妝油

容量/價格 ● 150ml/3,000 円

質地濃密且帶有包覆感，適合用來卸除防水重點彩妝。

藥妝美妝通路

FORMULE
クレンジング リキッド AC
卸妝

廠商名稱 ● ドクターフィル コスメティクス
容量/價格 ● 150ml/2,500 円

創立於 2005 年的 FORMULE 是日本藥妝店中可見的醫美保養品牌。這瓶專為成人痘問題所開發的卸妝液除了有軟化角質的水楊酸之外，還添加多種保濕成分。卸妝液本身質地滑順，使用起來不會造成肌膚過度拉扯，即便是面對濃妝或是氧化的皮脂，這瓶卸妝液的卸除力表現不俗，而且沖洗起來更是一點也不費事。對於每天需要上妝，卻又受成人痘問題所擾的人來說，算是蠻能夠放心使用的卸妝品。

Curél
オイルメイク落とし
卸妝

廠商名稱 ● 花王
容量/價格 ● 150ml/1,500 円

敏弱肌保養品牌講究溫和不刺激肌膚，因此敏弱肌品牌所推出的卸妝品，大多無法強力卸除防水睫毛膏或唇膏等局部彩妝。為同時滿足溫和使用感及強效卸妝力，花王珂潤開發全新的卸妝油成分。這種新的卸妝油，只需輕輕滑過，不需過多摩擦就可簡單卸除局部彩妝，而且乳化速度快，比傳統卸妝油更容易溶於水中，因此稍微用水沖就可沖得乾淨。最重要的是沖淨之後，沒有卸妝油特有的滑膩感，而是保留肌膚需要的滋潤感。

medel natural
クレンジングジェル
ローズマリーブレンドアロマ
卸妝

廠商名稱 ● ビーバイ・イー
容量/價格 ● 130ml/1,300 円

採用椰子油與胺基酸洗淨成分所打造而成，可透過濃密泡的溫和角質清潔作用，將肌膚表面的彩妝與髒汙卸除。雖然是卸妝凝露，但卻能夠搓出泡泡，加上潔淨表現也不錯，所以用水沖淨後不需二次洗臉也 OK。搭配萃取自白米的神經醯胺與甘草酸鉀，洗後不僅可保留肌膚需要的滋潤度，還能安撫不穩的肌膚狀態。香味是以胡椒薄荷為基底，搭配迷迭香與薰衣草等精油所調合而成，略帶有清涼感的清爽香氛。

專科
卸妝

廠商名稱 ● 資生堂

洗顏專科的卸妝品今年推出卸妝油與卸妝泡這兩個重點品項，除了能夠卸除臉部彩妝與殘妝之外，還添加能夠針對黑頭粉刺及氧化皮脂的米糠油，因此強調能夠預防臉部顯得暗沉。在保濕成分方面，則是採用專科品牌最核心的水解蠶絲萃取物及雙重玻尿酸。無論是哪一個類型，手濕臉濕都可以使用，但在卸除防水眼妝時，卸妝油的效果還是比較好。

オールクリアオイル
/卸妝油
容量/價格 ● 230ml/990 円

オールクリアオイルホイップ
/卸妝泡
容量/價格 ● 230ml/990 円

softymo
ラチェスカ
するりんジェルクレンジング
卸妝

廠商名稱 ● コーセーコスメポート
容量/價格 ● 170g/980 円

包裝設計走可愛點點風格的 LACHESCA，在 2018 年春季也推出一系列的新品，其中一項就是這條質地相當軟且滑順的卸妝凝露。保濕成分比例高達 67%，就算是植睫毛也能用來卸除防水眼妝。由於質地相當輕易好沖洗，所以卸完妝後不需要特別再洗一次臉也可以。

naive BOTANICAL
卸妝

廠商名稱 ● クラシエホームプロダクツ

近年來日本美妝界吹起一股植萃保養風，從最早的洗潤髮產品到潔顏保養，都可見主打植萃成分的新產品。naive 發現最受注目且和卸妝產品最為契合的成分是「橄欖」，因此特別採用日本國產的小豆島橄欖葉萃取物，再搭配來自全球各地的橄欖油，打造出這個全新的植萃卸妝系列。全系列採用天然精油調合出充滿森林浴般的草本香氛，讓使用者能在忙碌一天之後，利用卸妝這段時間好好地深呼吸。

クレンジングオイル
/卸妝油
容量/價格 ● 230ml/900 円

● 適合卸除防水彩妝！

クレンジングリキッド
/卸妝液
容量/價格 ● 230ml/900 円

● 適合卸除一般淡妝！

Olive
CLEANSING LIQUID

クレンジングジェル
/卸妝凝露
容量/價格 ● 170g/800 円

● 適合卸除老廢角質！

ホットクレンジングバーム
/溫感卸妝膏
容量/價格 ● 170g/900 円

● 適合清除毛孔髒汙！

softymo
ラチェスカ
アイメイクアップリムーバー

卸妝

廠商名稱●コーセーコスメポート
容量/價格●180ml/880 円

LACHESCA 在 2018 年春季所推出的局部彩妝專用卸妝水。只要搭配化妝棉一起使用，就可簡單卸除眼彩與唇彩等部位的局部彩妝。針對眼周及嘴周等皮膚較薄的部位，添加玻尿酸加強滋潤作用，同時也加入維生素 B、維生素 E 衍生物及荷荷芭油等潤澤成分，在卸除眼妝的同時為脆弱的睫毛發揮保護及潤澤的效果。

Bioré
ふくだけコットン
うるおいリッチ

卸妝

廠商名稱●花王
容量/價格●44 張/750 円 (盒裝)
10 張/300 円 (隨身包)

うるっとモイスト
／滋潤型

すべすべクリア
／清爽型

吸滿卸妝成分的天然棉，即使是面對難卸的耐水眼妝，只要先輕輕按壓 5 秒，就可簡單卸除乾淨。很適合回到家之後，坐在沙發上看電視時，或是躺在床上時隨手抽一張來卸妝，解放被底妝及彩妝蓋住一整天的臉部肌膚。粉紅色滋潤型含有精華保養成分，使用後的肌膚滋潤度較高；粉藍色清爽型則是添加皮脂潔淨成分，使用後可去除討厭的黏膩皮脂感，可以依照自己喜歡哪種卸妝感而選擇適合的類型。

softymo
ナチュサボン セレクト
クレンジングフォーム

洗卸合一

廠商名稱●コーセーコスメポート
容量/價格●200ml/780 円

採用植萃保濕成分，再依照各自潔顏需求，加入不同美肌成分的洗卸潔顏泡。淨白型添加黃瓜萃取物，可深入清潔毛孔，改變肌膚暗沉的視覺印象；滋潤型則是添加麥蘆卡蜂蜜，可透過滋潤作用讓肌膚顯得柔軟細緻。

ホワイト／淨白型
洋甘菊＋洋梨香

モイスト／滋潤型
蘋果＋茉莉花香

専科
メイクも落とせる洗顔料

洗卸合一

廠商名稱●資生堂
容量/價格●120g/560 円

為了沒有太多時間逐一卸妝及洗臉，而且只上淡妝的忙碌族群，洗顏專科推出這款洗卸合一的潔顏品。利用濃密細緻的泡泡，搭配卸妝成分，可將臉上髒汙及底妝一次清潔乾淨。在這次的改版當中，將原本寶藍色的包裝更改為較為明亮一些。

ALBLANC
ウォッシングソープ

潔顏

廠商名稱●花王
容量/價格●90g/2,000 円 專用盒套組2,500 円

追求潤白美肌的 ALBLANC，是集結 Sofina 技術結晶的美白保養品牌。這塊帶有淡淡優雅花香的潔顏皂，有 1/4 是由滋潤美肌成分所組成，不只可以搓出細緻的潔顏泡，用水沖淨泡沫之後，臉部肌膚還能保有不錯的滋潤度，摸起來也顯得滑嫩許多。設計質感相當高的皂盒，讓鑲紅色的潔顏皂看起來宛如一顆發亮的紅寶石一般迷人。

ELIXIR REFLET
バランシングバブル

潔顏

廠商名稱●資生堂
容量/價格●165g/1,800 円

ELIXIR REFLET 是資生堂膠原蛋白抗齡品牌「ELIXIR」系列，專為 20 世代年輕族群所開發的前抗齡保養系列。主張不讓今天的毛孔問題，成為明天的增齡訊號，這系列著重在調節肌膚的水油平衡，藉此預防毛孔顯得粗大。這瓶潔顏泡擠出來時是呈現透明凝膠狀，但隨著在凝膠在臉上搓開來時，會瞬間化為濃密且有彈力的泡泡。除了潔顏之外，也可以拿來清潔底妝及淡妝。

MAMA BUTTER
フェイスウォッシュ ラベンダ

廠商名稱 ● ビーバイ・イー
容量/價格 ● 150ml/1,500 円

日本美妝店中廣受育兒媽媽及自然派保養品愛好者所推崇的 MAMA BUTTER 所推出的潔顏泡。承襲一貫的品牌特色，即便是潔顏泡也添加潤澤保濕效果極佳的乳油木果油。除此之外，還有 10 種有機植萃保濕成分，所以非常適合肌膚乾燥者或是乾燥季節使用。來自天然非合成香料的薰衣草香，能在洗淨臉部髒汙的同時使人感到放鬆。

LOUIS PAULA
フェイスウォッシュ

廠商名稱 ● ナチュラリーアークス
容量/價格 ● 180g/4,500 円

專為打造柔嫩肌所開發的無泡潔顏乳。潔顏乳當中含有鹽粒，但又和一般含鹽潔顏商品不太一樣。這條潔顏乳當中的鹽粒採用製藥公司的製劑技術，不僅將所有鹽粒大小做得相近，而且還把鹽粒周圍不規則的突角給磨平，所以使用起來不會造成臉部肌膚受到過度刺激。使用起來感覺相當舒服，堪稱是沙龍級的使用感。因為添加許多美肌成分與維生素，所以除了潔顏之外，也能當成泥膜先敷在臉上使用。在滲透壓作用之下，潔顏乳可在不過度去除油分的狀態下確實清除毛孔髒汙，因此可保留肌膚原有的滋潤感。

ORBIS
ミスター フェイシャルクレンザー

廠商名稱 ● オルビス
容量/價格 ● 110g/1,300 円

來自 ORBIS 的男性保養系列，包裝設計簡約有的潔顏乳。採用潔淨碳粉與摩洛哥溶岩礦泥這兩種能夠確實吸附髒汙的成分，就算是保養初學者，也能搓出濃密的泡泡。搭配抑炎成分甘草酸鉀，可以穩定男性因刮鬍而受到刺激的肌膚。使用起來帶有一股微微的薄荷清涼感，自然的淡薄荷香聞起來也很舒服。

UL·OS
フェイスウォッシュ

廠商名稱 ● 大塚製藥
容量/價格 ● 100g/1,000 円

來自大塚製藥的男性保養品牌 UL·OS 終於推出潔顏商品了！只要輕輕一擠，就可以擠出密度或彈力都媲美刮鬍泡的潔顏泡泡，所以洗完後也可以順便刮個鬍子。針對男性皮脂分泌旺盛但內部又缺水的肌膚特性，潔顏泡本身的去油力雖強，但洗後的滋潤維持表現還不錯。別看他小小一瓶，其實早晚各洗一次臉的話，大概可使用 1～1.5 個月。

Melano CC
酵素ムース泡洗顔

廠商名稱 ● ロート製藥
容量/價格 ● 150g/900 円

來自倫敦製藥熱門的維生素 C 亮白保養品牌的酵素潔顏泡。這幾年，能夠深層潔淨毛孔且分解髒汙，讓肌膚洗後更顯透明的酵素潔顏品大受喜愛。因為酵素溶於水中之後，效果會隨著時間經過而變弱，所以市面上絕大部分的酵素潔顏品都是粉末狀。然而，酵素潔顏粉起泡表現卻總是差強人意。樂敦製藥在克服這兩大問題之後，開發出這款可保留酵素潔淨力，而且輕輕一按就可擠出彈力濃密泡沫的維生素 C 酵素潔顏泡。

WaFoodMade
とうふ洗顔

廠商名稱 ● pdc
容量/價格 ● 170g/1,000 円

和食保養系列「WaFoodMade」在 2018 年初所推出的新品，這回採用廣島豆腐名店「椿家」的日本國產豆乳，搭配高知縣室戶產鹽滷，以重現豆腐觸感所開發的潔顏霜。質地宛如乳霜一般，使用時並不會產生泡沫，所以適合以按摩的方式慢慢地潔淨全臉。由於豆乳中富含大豆異黃酮，因此滋潤肌膚的表現也很值得期待。

LIFTARNA
ディープクリアウォッシュ フィジーパウダー

廠商名稱 ● pdc
容量/價格 ● 1g×14 包/900 円

酵素洗顏粉的毛孔潔淨力表現佳，因此成為這幾年潔顏市場上的新寵兒。這款洗顏粉的主要潔淨成分和許多同質商品一樣，包括可分解蛋白質的木瓜酵素及可分解皮脂的脂肪酶。不過最大的不同之處，在於它搭配碳酸泡粉末，就算不使用起泡網，只要加水輕搓就能搓出滿滿的濃密泡，可說是改良潔顏粉泡沫偏少這項缺點的創意商品。

mesiru
アイスキンケアシャンプー

廠商名稱 ● ロート製薬
容量/價格 ● 150mll/900 円

潔顔

專為睫毛健康及眼部周圍肌膚所設計，
集結樂敦製藥研究技術所開發，號稱是
用洗的睫毛美容液。帶有稠度，不易造
成眼周肌膚受到過度拉扯的泡沫可確實
清潔睫毛根部的殘垢，同時透過精華液
成分滋養眼部周圍肌膚。只要確實潔淨
眼周，促使眼部周圍的肌膚狀態變健
康，那麼眼妝造成的眼周色素沉澱、植
睫毛可維持時間不長，以及睫毛變得脆
弱易掉等問題都可迎刃而解。

Bioré
おうち de エステ
肌をなめらかにする
マッサージ洗顔ジェル

廠商名稱 ● 花王
容量/價格 ● 150g/635 円

潔顔

Bioré 無泡泡潔顏按摩凝膠推出新版本
了！相對於另一款著重在柔膚效果，
這條將重點鎖定在溫和潔淨毛孔，讓
肌膚變得滑嫩而不顯眼。在浴室這樣
溫暖的環境中毛孔會張開，因此洗澡
時使用效果會更好。上妝前用來清潔
臉部，也讓臉部肌膚更吃妝。

専科
パーフェクトホイップ u

廠商名稱 ● 資生堂
容量/價格 ● 120g/480 円

洗顏專科潔顏乳系列中
的基本款，主打利用濃
密泡溫和洗出滑嫩又不
失滋潤感的素顏肌。這
次的改版重點，在於採
用全新的專科獨家潤澤
導入技術，提升核心保
濕成分水解薏絲萃取物
及雙重玻尿酸的滋潤體
感。香味是溫和帶有水
潤感的花香。

潔顔

専科
パーフェクトホイップ
コラーゲン in

廠商名稱 ● 資生堂
容量/價格 ● 120g/560 円

洗顏專科潔顏乳系列當
中，粉紅色包裝為全新
加入的彈潤潔顏版本。
除了系列共通的保濕成
分水解薏絲萃取物及雙
重玻尿酸之外，還添加
60％內含膠原蛋白的
精華成分，很適合洗完
臉總是覺得乾燥緊繃的
人試試。香味是溫和但
不失華麗感的花香。

潔顔

専科
パーフェクトホワイトクレイ

廠商名稱 ● 資生堂
容量/價格 ● 120g/560 円

洗顏專科潔顏乳系列當
中，白色包裝為透白潔
淨版本。主要利用天然
白泥搭配洗顏專科的濃
密細緻泡，將毛孔內的
髒汙連同老廢角質一同
洗淨，讓洗後的臉部肌
膚看起來顯得更為明
亮。同樣採用系列共通
的保濕成分水解薏絲萃
取物及雙重玻尿酸，不
怕洗得太乾淨而感到緊
繃。

潔顔

専科
スピーディーパーフェクト
ホイップモイストタッチ

廠商名稱 ● 資生堂
容量/價格 ● 150mll/600 円

洗顏專科的潔顏泡也在這一波品
牌革新中進行改版。最主要的革
新重點，在於採用「潤澤導入技
術」，讓系列共通的保濕成分水
解薏絲萃取物及雙重玻尿酸能更
有效率地發揮機能，改善洗完臉
後肌膚的乾燥緊繃感。對於沒有
太多耐心搓起泡泡的人而言，這種
一壓就能擠出綿密泡的幕斯瓶產
品真的很方便。

潔顔

softymo
ラチェスカ
クレイウォッシュ

廠商名稱 ● コーセーコスメポート
容量/價格 ● 130g/580 円

高絲開架品牌 LACHESCA 針對
毛孔潔淨與調理問題，開發出兩
款泥潔顏乳。水藍色淨透型採用
「炭＋白泥」配方，可徹底潔淨
毛孔髒汙及暗沉，洗淨力在兩款
當中相對較強。另一方面，粉紅
色滋潤型則是採用「雙重白泥」，
相對於水藍款而言，洗淨力較溫
和且著重在守住肌膚的滋潤度。

潔顔

クリア／淨透型　　　　モイスト／滋潤型

NIVEA
クリームケア
洗顔料

廠商名稱 ● ニベア花王
容量/價格 ● 130g/480 円

しっとり
／滋潤型
奢華白花香

とてもしっとり
／超滋潤型
奢華甜花香

ブライトアップ
／透亮型
奢華草本花香

リフレッシュ
／清爽型
奢華草本清香

妮維雅護膚乳潔顏乳目前共有四個類型，無論是哪個類型都採用妮維雅花王所開發的獨特技術，可同時滿足細緻濃泡及保濕力這兩項難以兩全的條件。既然商品名稱中有「護膚乳」這三個字，就代表裡頭添加著在日本素有「萬用保濕霜」之稱的妮維雅護膚霜。在用水沖淨泡泡之後，肌膚上並不會殘留黏膩感，但肌膚表面卻會形成一道宛如剛擦過護膚霜一般的潤澤膜層，讓肌膚顯得柔嫩有光澤。基本上四個類型都是全年通用，但滋潤型與超滋潤型較適合在乾燥季節使用。若想強化清潔毛孔髒汙，可選擇添加義大利白泥的透亮型；如果偏好清爽的膚觸感，則是適合選擇清爽型。

NIVEA MEN
フェイスウォッシュ

潔顏　for MEN

廠商名稱 ● ニベア花王
容量/價格 ● 100g/450 円

專為男性皮脂分泌旺盛的肌膚所設計，添加皮脂吸收粉末，可隨著濃密泡將臉上油光一掃而空的妮維雅男性潔顏乳。獨特的皮脂吸附成分可讓臉部表面的皮脂浮起，如此一來就能更加容易被沖淨乾淨，非常適合一年四季臉部老是泛著油光的男性使用。

モイスト
／無薄荷滑嫩型

フレッシュ
／薄荷清爽型

MEN's Bioré
ミクロスクラブ
洗顔

潔顏　for MEN

廠商名稱 ● 花王
容量/價格 ● 130g/379 円

MEN's Bioré 細微柔珠型潔顏乳。每次建議使用量的 1g 當中含有 1 萬個細微柔珠，這些細微柔珠會在潔顏過程中崩解成更細微的粒粉，並深入潔淨毛孔，適合一般肌與混合肌用來強化清潔毛孔髒汙。使用起來帶有清涼感與溫和柑橘清香。

MEN's Bioré
ダブルスクラブ
洗顔

潔顏　for MEN

廠商名稱 ● 花王
容量/價格 ● 130g/379 円

MEN's Bioré 雙重柔珠型潔顏乳。同時採用可吸附毛孔髒汙的黑色柔珠及能夠洗淨黏膩皮脂的白色柔珠。黑白雙色柔珠為可崩解設計，會在洗臉過程當中分解成更細的柔珠，因此不會對肌膚造成過度摩擦，也能更加深入清潔毛孔。適合油性肌膚用來同時潔淨毛孔與洗淨多餘皮脂，使用起來帶有清涼感與清爽草本柑橘香。

MEN's Bioré
オイルクリア洗顔

潔顏　for MEN

廠商名稱 ● 花王
容量/價格 ● 130g/379 円

MEN's Bioré 去油清爽型潔顏乳。泡泡本身濃密且帶有黏度，所以能夠確實吸附皮脂及毛孔髒汙。除潔淨成分之外，特別加入皮脂吸收粉末及溶解皮脂的油性成分，是全系列當中去油效果最為顯著的類型。適合油性肌膚用來同洗淨臉部多餘皮脂，使用起來帶有清涼感與清爽水感薄荷香。

MEN's Bioré
薬用アクネケア
洗顔

潔顏　for MEN

廠商名稱 ● 花王
容量/價格 ● 130g/379 円

MEN's Bioré 抗痘型潔顏乳。針對痘痘肌發炎不穩定的特殊肌膚狀態，添加抗炎成分及抑菌成分。泡泡細緻且有帶有彈力，洗臉時不會對肌膚造成過度拉扯而引發疼痛不舒服。適合痘痘肌用來穩定肌膚狀態，使用起來帶有清涼感與草本柑橘香。

MEN's Bioré
ディープモイスト
洗顔

潔顏　for MEN

廠商名稱 ● 花王
容量/價格 ● 130g/379 円

MEN's Bioré 滋潤型潔顏乳。在日常刮鬍等刺激之下，男性臉頰及嘴巴周圍的肌膚容易顯得乾燥。這款潔顏乳當中特別加入玻尿酸，提升肌膚在洗臉之後的滋潤程度，讓偏乾肌膚洗完臉後也不會覺得緊繃。適合乾性肌膚族群，使用起來沒有清涼感，但帶有一股溫和的柑橘花香。

MEN's Bioré
泡タイプ洗顔

嚴商名稱 ● 花王
容量/價格 ● 150ml/427 円

MEN's Bioré 潔顏系列除了
細分為五種類型的潔顏乳之
外，還針對一般、混合肌、
油性肌與痘痘肌三種膚質，
開發只要輕輕一壓，就可擠
出濃密彈力泡的潔顏泡。在
最新一次的改版當中，花王
採用新的持久泡設計，讓潔
顏泡不會在洗臉過程當中就
消失，如此一來就能更加提
升泡泡的潔淨力。由於泡泡
本身帶有彈力感，所以也能
當成刮鬍泡使用。

泡タイプ洗顔
／一般・混合肌用潔顏泡

泡タイプ
オイルクリア洗顔
／油性肌用潔顏泡

泡タイプ
薬用アクネケア洗顔
／痘痘肌用潔顏泡

Botanischöl

嚴商名稱 ● ピーバイ・イー

從包裝設計或許看不
太出來，但品牌名稱
相當特別的 öl，其
實是主打玫瑰緩齡保
養的品牌。這組來自
öl 的洗卸品都添加
玫瑰花油與玫瑰果
油，可在潔淨臉部髒
汙的同時，讓肌膚維
持潤澤且膚觸變得滑
順。香氛成分來自有
機大馬士革玫瑰，這
股奢華的香味不僅能
使人放鬆，更能讓人
感到置身於幸福的世
界當中。

エール
クレンジング
ミルク
／卸妝乳
140 g/1,900 円

エール
フェイスウォッシュ
／潔顏乳
120g/1,600 円

OXY
3 グルーミング

嚴商名稱 ● ロート製薬
容量/價格 ● 150g/550 円

OXY 是日本樂敦製藥旗下的
男性開架保養品牌，而
2017 年所推出的「OXY 3
GROOMING」，是專為懶
得保養的年輕男性所開發，
主打特色為一次完成『潔顏
＋刮鬍＋保濕』三步驟的新
習慣系列。質地為添加凡士
林的高服貼性凝膠，可發揮
保護肌膚不在刮鬍時受傷。
對於希望擁有美肌又懶得保
養的年輕男性而言，是相當
方便的三合一潔顏保養品。

クリアクレンズ＆
シェーブジェル
／清透潔淨型

ホットクレンズ＆
シェーブジェル
／溫感毛孔潔淨型

モイストクレンズ＆
シェーブジェル
／滋潤強化型

肌極

嚴商名稱 ● コーセー

肌極是高絲旗下以白米
萃取成分為品牌主要美
肌訴求的保濕品牌，即便
是洗卸品也都採用保濕
效果高的米保養成分。美
容液成分高達 40% 的卸
妝油，採用「水油交疊構
造」，無論是油性彩妝或
是水性彩妝，濃密帶有彈
力的卸妝油都能確實包
覆，並透過細微乳化作用
輕鬆卸除。另一方面，潔
顏乳當中含有水溶性滋
潤纖維，所以能搓出濃密
且持久的彈力泡，並深入
毛孔潔淨髒汙。對於乾燥
肌而言，這種同時強化潔
淨力與保濕力的洗卸產
品其實非常重要。

クレンジング
オイル
／卸妝油
150ml/1,800 円

柔らか
うるおい
洗顔料
／潔顏乳
120g/1,600 円

DEW

嚴商名稱 ● カネボウ化粧品

包裝設計簡樸但散發出溫和
感的 DEW，是來自 Kanebo
的玻尿酸保濕抗齡品牌。身
為集結 Kanebo 玻尿酸多年
的研究成果品牌，就算是洗
卸系列也非常講究保濕效
果。洗卸三品全部採用
Kanebo 獨家的玻尿酸輔助
成分，潔淨肌膚後仍能維持
水潤感。在香味方面，則是
聞起來相當舒服且令人感到
放鬆的草本花香。

クレンジングクリーム
／卸妝乳
125g/2,500 円

クレンジングオイル
／卸妝油
150ml/2,500 円

クリームソープ
／潔顏乳
125g/2,500 円

CARTÉ CLINITY

嚴商名稱 ● コーセー

專為季節與環境變化所帶
來的肌膚問題所開發，醫美
保養風格相當強烈的
CARTÉ CLINITY，是高絲旗
下算是相當罕見的敏弱肌
保養品牌。包括洗卸品在
內，整個系列最重視的就是
能夠維持肌膚防禦機能的
細胞間脂質。即便能夠確實
潔淨臉部肌膚上的老廢角
質與髒汙，但 CARTÉ
CLINITY 的卸妝凝膠與保濕
潔顏泡使用起來感覺還是
相當溫和不刺激，而且能發
揮保護細胞間脂質不受破
壞的關係，潔淨臉部之後還
是會覺得滋潤度相當足夠。

モイスト
ウォッシュ
／保濕潔顏泡
165ml/1,500 円

クレンジング
ジェル
／卸妝凝膠
130g/1,500 円

EVITA
ボタニバイタル

廠商名稱●カネボウ化粧品

EVITA 植萃源生力系列所推出的洗卸品。這系列本身是抗齡保養，所以在洗卸品的設計上就格外重視洗淨過程中不讓水分過度流失。正因為如此，在成分上就特別講究保濕成分，除系列共通的大馬士革玫瑰花水之外，還有小黃瓜萃取物、桃葉萃取物、桃果萃取汁、水溶性膠原蛋白與玻尿酸鈉。在香味方面，則是採用兩種玫瑰精油調合出有層次的果調玫瑰花香。

クリームソープ／潔顏乳

容量/價格●130g/600 円

潔顏&卸妝

クレンジングクリーム／卸妝乳

容量/價格●120g/800 円

DOVE
ボタニカルセレクション
ポアビューティー

廠商名稱●ユニリーバ

多芬在日本所推出的毛孔調理型植萃潔顏系列。基底採用摩洛哥堅果油、荷荷芭油、酪梨油以及杏桃油等四種高潤澤成分，再搭配葡萄籽油強化潔淨毛孔機能。卸妝油質地濃密且能服貼肌膚，確實包覆臉部彩妝及毛孔髒汙。香味是偏向清新的水感果香調。

潔顏&卸妝

泡洗顏料／潔顏泡

容量/價格●145 ml/700 円

オイルクレンジング／卸妝油

容量/價格●165 ml/1,058 円

DOVE
ボタニカルセレクション
ナチュラルディアンス

廠商名稱●ユニリーバ

多芬在日本所推出的角質調理型植萃潔顏系列。基底採用摩洛哥堅果油、荷荷芭油、酪梨油以及杏桃油等四種高潤澤成分，再搭配能夠提升肌膚清透感的米糠萃取物。質地滑順的卸妝凝露可以溫和包覆並去除造成臉部顯暗沉的老廢角質，洗淨之後肌膚仍能夠保有不錯的滋潤感。香味是略帶甜蜜感的芍藥花香調。

潔顏&卸妝

ジェルクレンジング／卸妝凝露

容量/價格●165 ml/1,058 円

泡洗顏料／潔顏泡

容量/價格●145 ml/700 円

Koh Gen Do
ソフト ゴマージュ ジェル

廠商名稱●江原道
容量/價格●75g/3,500 円

來自江原道 SPA 系列的去角質凝露。包括品牌核心精神成分——溫泉水在內，還添加軟化角質、保濕、收斂、緊緻以及透亮成分。質地清透好延展的去角質凝膠能在軟化老廢角質的同時，將其吸附並包覆，再隨著清水被沖離肌膚表面，因此使用後不只是膚觸會變得柔嫩，看起來還會相對透亮許多。低摩擦設計的聚合物凝膠使用起來，相對於植物種子外殼或鹽粒來說更沒有刺激感，所以很適合敏弱肌用來定期去除老廢角質。

去角質

WaFoodMade
あずきスクラブ

去角質

廠商名稱●pdc
容量/價格●170g/1,200 円

和食保養系列「WaFoodMade」第二彈所推出的創意商品，是利用北海道產紅豆外皮所調和出來的臉部摩砂膏。紅豆外皮本身質地不會太硬，而且研磨得相當細緻並搭配蒟蒻粉，所以使用起來並不會過度刺激臉部肌膚。使用時可聞到宛如日式甜點的紅豆餡微甜香味，感覺相當有趣。

Slinky Touch
フェイスピーリングジェル

去角質

廠商名稱●リベルタ
容量/價格●180g/1,200 円

針對臉部肌膚粗糙乾硬以及暗沉等問題，可溫和去除老廢角質的去角質凝露。不同於一般去角質凝露，這瓶添加保養臉部細毛及保濕成分，不僅可以發揮不錯的保濕機能，去角質後的肌膚上起妝來更自然服貼。就算是人在浴室裡裡手濕臉濕也能夠使用。使用起來帶有微甜的蘋果香。

毛穴撫子
しっとりピーリング

去角質

廠商名稱●石澤研究所
容量/價格●200ml/1,600 円

毛孔清潔保養品牌「毛穴撫子」這幾年人氣持續攀搖直上，產品品項也越來越齊全。這罐去角質凝露主要是用來對付草莓鼻與臉部肌膚上造成視覺暗沉的老廢角質，只要在臉上輕輕一搓，品牌核心成分「小蘇打」就會發揮軟化角質的機能，而凝露本身在包覆老廢角質之後，就會形成一團團的屑屑。搭配撫子花萃取物及玻尿酸，可發揮緊緻毛孔與保濕作用。適合每週 2 至 3 次，於洗臉前或卸妝完將擦乾水滴之後，為全臉做個老廢角質大掃除！

百貨專門店通路

IPSA
ターゲットエフェクト S・G

廠商名稱●IPSA
容量/價格●各 30g/9,000 円

設計簡約且帶有近未來感的 IPSA，這幾年在華人圈人氣相當高。IPSA 深受喜愛的祕密之一，就是透過專用檢測儀可搭配出最適合自己的客製化保養風格。例如化妝液依質地與保養需求，種類就多達 12 種。在最新的抗齡乳霜方面，IPSA 認為增齡帶來的肌膚變化，可依據酵素 SOD 的活性狀態區分為「易顯鬆弛型」（S 型）及「易顯細紋型」（G 型）等兩種類型。透過 IPSA 專櫃少的專用儀器，就可檢測出自己屬於哪一種增齡類型。找到問題根源再選擇適合的保養單品，這就是 IPSA 所堅持的保養概念。

S 型：鬆弛增齡肌適用
採用三種抗氧化植萃成分，透過消除高攻擊性自由基的方式，改變肌膚的張力狀態。

G 型：細紋增齡肌適用
採用委陵菜萃取物，透過抑制膠原蛋白酶過度活化的方式，改變皺紋明顯的視覺感。

資生堂 MEN
トータルリバイタライザー

for MEN

廠商名稱●資生堂
容量/價格●50g/7,000 円

資生堂在研究男性特有的肌膚生理之後，針對維持男性角質層防禦機能，開發出資生堂男士系列。男性臉上總是泛著油光，因此不少男性都自認為自己是油性肌，但其實絕大部分男性的出油問題，都是來自於深層缺水。這罐強調提升男性肌膚健康度的乳霜，主要是透過持續保濕作用來維持肌膚的潤澤度與彈力，藉此幫助男性的臉部視覺感顯得更緊緻且有活力。

資生堂
Essential Energy

廠商名稱●資生堂

モイスチャライジング
クリーム
／滋潤乳霜

50g/6,500 円

資生堂發現許多 30 世代女性，都會面臨到保養效果似乎越來越不明顯的問題，因此針對肌膚感覺化，採用明日葉莖葉萃取物搭配咖啡因與甘油，調合出能讓肌膚感到舒服且更顯健康的「肌感度」提升成分。這系列一口氣推出兩款質地不同的乳霜，一瓶是帶有絲滑柔順感的滋潤乳霜，另一瓶則是帶有輕透水感的凝露乳霜，可依照季節或喜好選擇適當的質地。在香氛方面，資生堂同樣拿出調香絕活，採用玫瑰、茉莉花、洋梨、南高梅及柑橘等素材，打造優雅清高的誘人香味。在容器方面，更是採用日本傳統茶碗的意象，開發出視覺與觸覺皆獨樹一格的設計。

モイスチャライジング
ジェルクリーム
／凝露乳霜

50g/6,500 円

LISSAGE
スキンメインテナイザー <M>

廠商名稱●カネボウ化粧品
容量/價格●180ml/5,800 円

LISSAGE 化粧液共有 14 種不同類型與質地，號稱任何人都能找到最適合的保養類型。白色抗齡保濕系列從 M I 到 M IV，共有四種不同的質地。採用特殊的噴頭設計，單手就能簡單擠出化妝液，簡單完成基礎的保養步驟。M 系列採用能夠放鬆身心的天然精油香氛，注重香氛表現同時想簡化保養的人很值得一試。（医薬部外品）

LISSAGE MEN
スキンメインテナイザー ゼロ

 for MEN

廠商名稱●カネボウ化粧品
容量/價格●130ml/3,000 円

設計簡約時尚的 LISSAGE MEN 化妝液，是 Kanebo 專為男性所開發的膠原蛋白保養單品。所謂化妝液，就是把化妝水與乳液合而為一的特殊型態。保濕效果表現好且帶有洗練精油香的 LISSAGE MEN 化妝液原本就有強化保濕效果的 I 及 II 兩種類型，考量到有些男性偏好保養完後肌膚呈現為乾爽滑嫩的膚觸感，所以在 2018 年春季推出質地更為輕透的「0 水潤乾爽型」，清爽質地格外適合在悶熱濕黏的夏季使用。

ORBIS
**オルビスユー ホワイト エキストラ
クリーミーモイスチャー**

廠商名稱●オルビス
容量/價格●30g/3,500 円

ORBIS＝U WHITE 美白系列所推出的美白保濕霜。美白成分採用的是近年來效果備受肯定的傳明酸，再搭配滲透型膠原蛋白與菩提樹萃取物等保濕成分。質地濃密且密封效果佳，像是敷面膜一樣，很適合在睡前保養的最後一道程序使用。只要塗上薄薄的一層，保濕潤澤感可持續一整晚。

資生堂
FUTURE SOLUTION LX

廠商名稱 ● 資生堂

資生堂東京櫃頂級抗齡保養品牌「晶鑽時空奢寵」的基礎保養成員目前有保濕液、日霜及夜霜等三個品項。無論是哪個品項，都添加資生堂獨家開發，以珍稀延命草萃取物為中心所調合而成的專利成分「肌膚安定延命因子」（SkingenecellEnmei）。質地滑順好推展的保濕液，感覺就像是結合化妝水及乳液一般滋潤，因為還添加4MSK的關係，所以還兼具美白保養。日霜帶有基本防曬機能，使用起來相對清爽，而晚霜當中則是全系列當中肌膚安定延命因子含量最高的品項，因此可在睡眠過程當中，提供肌膚滿滿的再生肌力。運用玫瑰、梅花及櫻花等纖細的和風花香，調合出充滿洗練感及未來感的白花香調，是一種聞過一次就畢生難忘的高雅香氛。

コンセントレイティッド バランシングソフナー e
／保濕液（医薬部外品）
170ml／12,000 円

トータル プロテクティブ
クリーム e
SPF20・PA++++
／日用乳霜
51g／27,000 円

トータル R クリーム e
／夜用乳霜
50g／32,000 円

EXCIA EMBEAGE
エクシア アンベアージュ

廠商名稱 ● アルビオン

ALBION「晶湛凝采」是個將保養需求鎖定在喚醒肌膚永恆之美的抗齡保養系列。充滿洗練感的方正瓶身線條，搭配沉穩深湛的藍色，再點綴金色元素映襯，演繹出不凡且迷人的氣勢。ALBION 基礎保養的特色之一，就是先乳後水的獨特步驟，也就是先柔軟肌膚，再供給肌膚大量的美肌元素。晶湛凝采系列在抗齡保養上，把重點放在運用獨家喚齡美容成分，並搭配眾多抗齡及保濕成分，訴求目標肌膚「超活性永恆光彩肌」，讓鬆弛、下垂及乾燥無活力等增齡困擾都能找到令人滿意的解答。

ディオネクター
特殊保養精華霜
30g／25,000 円

ミルク
／乳液
200g／18,000 円

ローション
／化妝水
200ml／18,000 円

DECORTÉ
AQ

廠商名稱 ● コーセー

誕生於 1990 年，象徵高絲先進皮膚科學研發力的黛珂頂級系列「DECORTÉ AQ」在 2017 年秋季進行品牌革新，將「身心調和轉化為美肌力」視為主軸概念，推出全新的 AQ 抗齡保養系列。黛珂團隊在研究過程中，發現「身心放鬆狀態」與「肌膚自己變美的力量」之間存在著相當密切的關係，因此將研發重點鎖定在「肌膚感度」上。為了讓肌膚持續處於放鬆狀態，藉此散發自然的美感，除保養效果之外，黛珂格外重視膚觸與香氛表現。因此，在全新的 DECORTÉ AQ 系列中，採用獨家開發的「禾雀花萃取物」作為提升肌膚感度的根基成分，並融合素有生命之水美名，一年當中採收期僅有四星期的白樺水。在使用感方面，濃密及滑順的膚觸表現相當優秀，再搭配優雅神祕的曇花調和出沉穩的木調花香，徹底滿足觸覺與嗅覺的感官刺激。

エマルジョン
／乳液
200ml／10,000 円

ローション
／化妝水
200ml／10,000 円

クリーム
／乳霜
25g／20,000 円

DECORTÉ
AQ ホワイトニング

廠商名稱 ●コーセー

在 2017 年秋季推出全新抗齡保養系列之後，DECORTÉ AQ 緊接著在隔年春季推出新抗齡美白系列「DECORTÉ AQ WHITENING」。針對紫外線及乾燥等外在壓力因子所引起的色斑及肌膚暗沉問題，黛珂採用高絲最拿手的麴酸做為美白成分。在抗齡成分方面，同樣採用 DECORTÉ AQ 共通的禾雀花萃取物，同時加入木蘭萃取物作為保濕成分。在香氛方面，同樣沿襲整個品牌的「肌膚感度」概念，採用以曇花為基底的沉穩木調花香。（医薬部外品）

エマルジョン ／乳液	ローション ／化粧水	クリーム ／乳霜
200ml/10,000 円	200ml/10,000 円	25g/20,000 円

IPSA
プレミアライン

廠商名稱 ●IPSA

IPSA 的品牌主色調為白色，旗下絕大部分的商品包裝也都以白色或透明等充滿潔淨感的色調為主。不過 IPSA 的頂級抗齡保養系列，則是採用紮實黑色容器搭配銀色瓶蓋設計，高質感且充滿未來感的視覺感令人印象相當深刻。整個基礎保養系列由精華化妝水與乳霜所組成，其共通成分是胺基酸高保濕成分「Amino A5GENE」。這瓶精華化妝水其實相當有特色，略帶稠度的質地除保濕保養之外，還能搭配化妝棉擦拭去除臉部肌膚上的老廢角質。另一方面，乳霜則是採用維生素 A 等抗齡成分，應對肌膚在增齡下所面對的彈力、清透感與乾燥等問題。

プレミアライン
クリームe (医薬部外品)
／乳霜

50g/20,000 円

プレミアライン
ローションセラム
／精華化粧水

180ml/9,000 円

KANEBO

廠商名稱 ●カネボウインターナショナル Div.

Kanebo 在 2016 年時，為慶祝創業滿 80 年，推出全新的同名全球品牌「KANEBO」。以「時間美容」為核心概念，主張女性透過每天適當的保養，就可散發出屬於自身的美。所謂適當的保養，是指依照白天與夜間、四季變化以及膚況表現等條件，給予肌膚不同的保養。在第一波保濕系列順利開拓新市場之後，KANEBO 在 2017 年秋季以溫暖雅的粉紫色為主題色，推出全新的抗齡保養系列。針對增齡所帶來的乾燥、鬆弛與細紋等問題，KANEBO 推出含有細緻美容油成分的潤澤化妝水，搭配質地濃密可發揮密封美容效果，改變肌膚張力狀態的乳液及乳霜。在香氛方面，則是以少見的白茶香作為基底，再各自搭配不同的花香打造出獨特的迷人香氛。

フルフィリング
エマルジョン
／乳液

100ml/12,000 円

スキンタイトニング
クリーム
／乳霜

40ml/20,000 円

グレイスフル フロウ
ローション
／化粧水

180ml/10,000 円

est

廠商名稱 ● 花王

向來素有花王貴婦品牌之稱，在日本屬於百貨品牌的 est 在 2017 年進行品牌改革，同時也對旗下的基礎保養系列進行升級改版。尤其是在化妝水方面，採用來自嗜鹽性微生物，能夠對抗極端惡劣環境且利用高滲透壓技術發揮保水效果的「Ectoine（四氫嘧啶）」作為主要保濕成分，再搭配花王獨家的月下香培養精華等保濕成分。其主打特色為「提升肌膚儲水力，即便肌膚處於極度乾燥的環境也不會顯得乾燥」，堪稱是 est 品牌自 2000 年誕生至今最令人驚豔的一瓶化妝水。在乳液方面，則是成功將 Ceramide 功能成分液晶化，藉此提升乳液的深層滲透力。est 基礎保養系列的乳液類型其實分得相當細，雖然化妝水只有一款，但乳液類型卻多達 6 種。整體而言，est 基礎保養系列的乳液大致可分為保濕成分和化妝水相同的保濕型，以及額外加入花王獨家成分 ET 洋甘菊的美白型。無論是哪一個類型，都能依照肌膚狀況或季節，從 I、II、III 等三種類型中選擇適合的滋潤度。

エスト
ザ ローション
／化妝水

140ml／6,000 円

エスト
ザ エマルジョン
（I～III）
／保濕型乳液

80ml／6,000 円

エスト
ザ エマルジョン
（WI～WIII）
／美白型乳液

80ml／6,500 円

RICE FORCE

廠商名稱 ● アイム

RICE FORCE 是日本網購圈當中回購率相當高的保濕保養品牌。RICE FORCE 的主要保濕成分，是日本美妝圈這幾年備受注目的「Rice Power® Extract No.11」。這項成分之所以會受到關注，是因為它通過日本主管機關所認定，是具備「改善肌膚保水力效果」的優秀保濕成分。簡單來說，採用「Rice Power® Extract No.11」作為主成分的 RICE FORCE 不只是給予肌膚水分，而是能夠孕育肌膚自身的滋潤能力。許多像是細紋或彈力不足等增齡問題，都可能是肌膚缺乏水分所引起，因此 RICE FORCE 在分類上屬於保濕抗齡型產品，非常適合想要從根本改變肌膚保水能力的人使用。

ディープモイスチュア
ローション
／深層滋潤化妝水

120ml／8,000 円

ディープモイスチュアクリーム
／深層滋潤乳霜

30g／8,000 円

SHISEIDO WASO

廠商名稱 ● 資生堂

資生堂 WASO 是一個講求化繁為簡，美肌素材全來自日本傳統飲食材料的肌膚和食主義品牌。每一項保養單品都選用一項和食素材做為主角，並將該食材的美肌效果發揮到淋漓盡致。同時間，再搭配各種草本防禦技術，讓肌膚在享用和食之後能更為健康。從保養需求特性來看，WASO 的基礎保養系列偏重於保濕、毛孔粗大、粉刺及痘印等年輕膚質常見的關鍵字。從素材到包裝設計、配色、風格都相當強烈，加上同系列不同品項卻擁有不同香味表現這種不按牌理出牌的特色，WASO 堪稱是資生堂 140 多年來最難以捉摸的時尚文青型保養品牌。

フレッシュ ジェリー ローション
／銀耳保濕凝露

150ml／3,500 円

含有高保濕性銀耳萃取物，凝露質地在推開後會瞬間化為清爽滑順的保濕水。優雅花香

クイック マット
モイスチャライザー オイルフリー
／枇杷保濕控油凝乳

75ml／4,500 円

添加枇杷葉萃取物。不含油分的保濕控油凝乳。搭配可改善毛孔粗大及改善粉刺與痘印問題的成分。
木質調麝香

クリア
メガハイドレーティング クリーム
／胡蘿蔔保濕凝凍

53g／4,500 円

採用黃金比例搭配胡蘿蔔萃取物，打造水感滲透力表現佳的保濕凝凍，讓肌膚能夠像喝飽水般水潤彈。繽紛果香調

藥妝美妝通路

DHC
ミネラル シルク
モイスチュアライザー

廠商名稱●DHC
容量/價格●100ml/2,500 円

DHC 主打保濕力、美肌力與肌膚防禦力的礦物蠶絲保濕液。略帶稠度的保濕液當中，除了許多保濕美肌成分之外，最重要的系列兩大主打成分，分別是近年來備受注目，能提升肌膚整體健康狀態、清透感、彈潤力與保水力的礦物成分「矽」；另一個成分則是富含胺基酸的雙重蠶絲萃取物。對於想提升肌膚健康度與抗齡保濕保養的人而言，是一個素材話題性相當高的新品。

ASTALIFT WHITE
クリーム

廠商名稱●富士フイルム
容量/價格●30g/5,000 円

ASTALIFT WHITE 在 2018 年推出的美白乳霜。除了 ASTALIFT WHITE 系列共通主要用於改善肌膚暗沉的奈米 AMA+之外，這罐乳霜新增熊果素作為主要美白成分。除此之外，還搭配許多保濕成分與抗氧化成分，可說是一瓶兼顧保濕與抗齡的美白乳霜。橘紅色且帶玫瑰香味的乳霜保濕性雖高，但在富士軟片的奈米製劑技術之下，滲透力表現非常好，使用起來並不太會感到厚重黏膩感，屬於全年適用的美白乳霜。

botanischöl
エール フェイスクリーム

廠商名稱●ビーバイ・イー
容量/價格●45g/2,700 円

同時採用玫瑰胎盤素、大馬士格玫瑰花油、玫瑰果等三種玫瑰素材的抗齡保濕乳霜。乳霜本身的質地相當濃密，搭配玫瑰果油可發揮不錯的密封保養效果。香氛原料是來自保加利亞的有機玫瑰，因此使用乳霜時會覺得整個人被優雅且自然溫和的香味所包圍，非常推薦給喜歡玫瑰香氛的人使用。

透明白肌
薬用ホワイトジェル
クリーム

廠商名稱●石澤研究所
容量/價格●50g/2,000 円

主要成分為傳明酸的美白乳霜，搭配抗乾荒的甘草酸鉀，很適合在經常不小心曬到太陽而使膚況不穩的夏季使用。乳霜本身質地也為清爽易延展的凝露狀，即便是夏天使用也不會覺得厚重黏膩。（医薬部外品）

Wafood Made
酒粕クリーム

廠商名稱●pdc
容量/價格●55g/1,400 円

和風食材保養品牌「Wafood Made」當中人氣最高的酒粕保養系列，同樣採用熊本縣河津酒造的酒粕，推出主打保濕機能的乳霜。獨特的輕軟質地擁有相當舒服的膚觸感，可在包覆肌膚的同時，利用酒粕及米發酵液來持續滋潤肌膚。

資生堂
エリクシール ルフレ

廠商名稱●資生堂

バランシングミルク
／乳液
130ml/2,750 円

バランシングウォーター
／化妝水
168ml/2,500 円

集結資生堂膠原蛋白研究精華的 ELIXIR，原本是專為 30 世代以上所設計的輕熟齡至熟齡肌彈力抗齡保養品牌。在 2017 年夏季時，則是為了 20 世代開發出質地較為清爽，同時能滿足保濕、調理皮脂平衡及細緻毛孔等保養需求的全新前抗齡保養系列「ELIXIR REFLET」。同樣訴求能夠打造出 ELIXIR 最軸心概念的水玉光，但卻能強化改善水油不平衡所造成的毛孔粗大問題。整個保養系列品項也較為簡單，除潔顏之外就是化妝水及乳液兩項。

DEW

嚴商名稱 ● カネボウ化粧品

DEW 是運用 Kanebo 研究玻尿酸近 40 年成果，追求滿足視覺、觸覺、嗅覺等知覺感受的美滴保養系列。恰到好處的稠度，可在保養時讓雙手及臉部肌膚遍向體驗美好的膚觸感。同時間，再搭配清爽且能讓人放鬆身心的草本花香，讓日常的抗齡保養不再是無趣的例行公事，而是一種值得期待的幸福時光。DEW 系列的基本保養成分，是 Kanebo 獨創，由玻尿酸鈉、乙醯葡萄糖胺、甲基絲氨酸以及海藻萃取物所調合而成的保濕複合美肌成分「玻尿酸輔助美肌成分 α」。

エマルジョン
／乳液
100ml/3,800 円

ローション
／化妝水
150ml/3,500 円

クリーム
／乳霜
30g/5,000 円

DEW SUPERIOR

嚴商名稱 ● カネボウ化粧品

相對於強調保濕的 DEW 保養系列而言，DEW SUPERIOR 除保濕複合美肌成分「玻尿酸輔助美肌成分 α」之外，還多了由月桃葉萃取物及甘油所調合而成的彈潤保濕複合成分，在質地上也更加濃潤，因此適合用來打造有彈力及緊緻的膚質。香味是華麗中帶有溫暖感受的優雅草本花香，聞起來自然且舒服。即便 DEW SUPERIOR 的質地濃密許多，但使用起來滲透力佳，並沒有沉重的黏膩感。

ローションコンセントレート
／化妝水
150ml/7,000 円

エマルジョン
コンセントレート／乳液
100ml/8,000 円

リフト
コンセントレート
クリーム／乳霜
30g/10,000 円

ASTALIFT

嚴商名稱 ● 富士フイルム

ASTALIFT 是富士軟片跨界推出的抗齡保養系列，在 2017 年秋季一口氣推出乳液及兩罐乳霜。包括先前就已經推出、市場反應相當不錯的化妝水在內，整個基礎保養系列的共通成分是擁有高抗氧化能力的奈米蝦青素與奈米茄紅素，再加能夠提升整體抗氧化力的月見草種子萃取物，並且搭配三種分子量不同的膠原蛋白，可同時滿足抗齡與保濕等兩大保養需求。由於採用大量的紅色抗齡素材，所以乳液及乳霜本身都帶有自然的橘紅色。除了一般乳霜之外，這波新品中還有一瓶開發重點鎖定在熟睡美肌力的晚安乳霜，添加高濃度的鼠尾草萃取物，藉此改變肌膚產生膠原蛋白的活力度。

エマルジョン
／乳液
100ml/4,200 円

クリーム
／乳霜
30g/5,000 円

ナイトチャージ
クリーム
／晚安乳霜
30g/7,000 円

ETVOS
モイスチャライジング

嚴商名稱 ● エトヴォス

ETVOS 是日本近來人氣扶搖直上的國產礦物底妝品牌，雖然是以礦物蜜粉等底妝發跡，但旗下的保養系列表現也很亮眼。例如針對乾燥且敏弱的保濕系列，就是運用鎖水性佳的人型神經醯胺搭配植萃成分。即便使用感溫和，但效果表現卻很優秀。在香氛方面，採用能夠使人身心獲得撫慰的薰衣草精油香。最令人感到特別的地方，就是乳霜採用壓嘴軟管造型，使用起來方便又衛生。

ローション
／化妝水
150ml/3,200 円

クリーム
／乳霜
30g/3,800 円

Curél
エイジングケア

廠商名稱 ● 花王

日本乾燥敏感肌保養品牌「珂潤」繼潤浸保濕型、潤浸美白型以及深層控油型之後，在 2017 年秋季推出全新紫色包裝的緊緻抗齡型。沿襲整個系列最根基的概念，採用「潤浸保濕 Ceramide 功能成分」發揮乾燥敏弱肌最需要的保濕作用。除此之外，採用深層抗齡修護技術，將生薑萃取物及甘油等彈潤成分導入肌底，可讓眼周及嘴周這些容易出現增齡警訊的部位顯得更有張力感。整個系列的品項構成很簡單，在使用帶有稠度的化妝水之後，可依照季節或個人喜好，選擇略為清爽但保濕性高的水凝乳霜，或是質地更為濃密的滋潤乳霜。

ジェルクリーム
／水凝乳霜
40g/2,800 円

化粧水
／化妝水
140ml/2,300 円

クリーム
／滋潤乳霜
40g/2,800 円

SOFINA
ソフィーナ ジェンヌ

廠商名稱 ● 花王

來自花王的 SOFINA 在日本是屬於藥妝店的壁櫃品牌，基礎保養共有三大系列，其中 jenne 是專為 20 世代所設計的輕齡保養系列。在 2018 年春季時，jenne 進行品牌大革新，而她全新的品牌路線，主軸為「混合肌專用的高保濕保養」。SOFINA 注意到許多 20 世代女性的肌膚問題，都來自於乾燥與出油部位同時存在的混合肌。考量到年輕世代容易因為出油過多而引發青春痘問題，因此 jenne 採用無油配方，只用植萃保濕成分提升保濕作用，使用起來也相對清爽不黏膩，而且帶有清新的花果香。在品項方面，無論是保濕型或美白型，都是由採用角層保水配方的化妝水，以及採用持續型神經醯胺保護理念成分的水凝乳液所構成。另外，美白型則是使用花王獨家美白成分「ET 洋甘菊」。

保濕型
混合肌のための高保湿化粧水
／混合肌用高保濕化妝水
140ml/1,900 円

混合肌のためのジェル乳液
／混合肌用水凝乳
50g/2,200 円

美白型
混合肌のための高保湿化粧水＜美白＞
／混合肌用高保濕美白化妝水
140ml/2,100 円

混合肌のためのジェル乳液＜美白＞
／混合肌用美白水凝乳
50g/2,400 円

CARTÉ CLINITY

廠商名稱 ● 高絲

CARTÉ CLINITY 是日本高絲旗下風格相當特別，也是唯一主打敏感肌保養的新品牌。針對突然出現的肌膚敏感問題，高絲將保養重點鎖定在肌膚粗糙與乾荒這些換季或生活型態出現變化時所容易顯現的「感覺刺激」。化妝水及乳液採用獨家黃金比例，調和出由膽固醇、神經醯胺、棕櫚酸以及亞麻油酸等多重脂質所組成的「美肌膽固醇 CP」，而該成分可輔助肌膚提升防禦能力，並且逐步恢復健康狀態。由於是專為敏感肌所開發，所以添加成分也力求單純，因此並沒有添加香氛成分及其他刺激成分，很適合在肌膚突然出狀況時拿出來當急救保養使用。

モイスト
ローション（I・II）
／滋潤化妝水
140ml/1,800 円

モイスト
エマルジョン
／滋潤乳液
100ml/1,800 円

黑糖精
黑糖精 PREMIUM

廠商名稱 ● 高絲 COSMEPORT

黑糖精是採用沖繩黑糖發酵萃取物作為主要美肌成分的保濕保養品牌，繼針對 20 世代輕齡肌所開發的粉紅色版本之後，黑糖精在 2018 年春季針對輕熟齡肌推出強化潤澤保濕作用的深棕豪華版。透過濃密保濕及毛孔調理成分，可以讓乾燥引起的粗大毛孔看起來變得不明顯，且肌膚也會顯得柔軟滑嫩許多。為提升肌膚的潤澤作用，黑糖精 PREMIUM 豪華版採用 5 種植萃油，可在肌膚表面形成一道潤澤膜，發揮優秀的密封作用。

パーフェクト
ローション
／高保濕化妝水
180ml/1,500 円

パーフェクト
エマルジョン
／高保濕乳液
130ml/1,500 円

EVITA
ボタニバイタル

廠商名稱 ● カネボウ化粧品

Kanebo 在 2000 年推出的 EVITA，是主打 50 歲以上熟齡肌保養的開架品牌，前幾年引爆話題的玫瑰洗顏泡泡也是出自 EVITA 的熱門單品。隨著保養市場的主流走向及保養需求的變化，EVITA 在 2018 年推出全新的植萃源生力保養系列「BOTANIC VITAL」。除了主打保養訴求鎖定在時下流行的植萃保養之外，主客層也從原本的 50 世代改為注意抗齡保養的所有世代。根據保養需求的不同，整個系列還細分為「紅玫瑰潤澤」與「黑玫瑰緊緻」等兩個類型。在香氛方面，則是沿襲 EVITA 的品牌風格，採用大馬士革玫瑰花水，調出女性接受度相當高的玫瑰花香。

紅玫瑰潤澤

針對增齡所帶來的乾燥肌問題，除共通的保濕成分「多胺 α」之外，採用小黃瓜、西印度櫻桃、蘋果以及樹莓等植萃成分，搭配米發酵液、水溶性膠原蛋白與玻尿酸鈉等多重保濕成分，幫助肌膚顯得水潤有彈力。

黑玫瑰緊緻

針對肌膚無彈力與無光澤的問題，除共通的保濕成分「多胺 α」之外，採用小黃瓜、酪梨、以及高麗人參等植萃成分，搭配黑棗分解液、水溶性膠原蛋白、玻尿酸鈉，以及澳洲堅果油酸酯及澳洲堅果油等多重保濕與潤澤成分，改善肌膚本身的水油平衡狀態，進而展現緊緻有彈力。

ディープモイスチャー
ローション II / III
／潤澤化粧水
180ml/1,450 円

ディープモイスチャー
ミルク II / III
／潤澤乳液
130ml/1,450 円

ディープモイスチャー
クリーム
／潤澤乳霜
35g/2,000 円

艶リフト
ローション II / III
／緊緻化粧水
180ml/1,8000 円

艶リフト
ミルク II / III
／緊緻乳液
130ml/1,800 円

艶リフト クリーム
／緊緻乳霜
35g/2,200 円

---

cutura
キュチュラ

廠商名稱 ● pdc

乳酸菌被認為對身體健康有幫助，所以這幾年市面上出現不少相關的健康食品。目前已知的乳酸菌種類超過 350 種，除了對腸道或身體健康有益之外，其實有些類型在保養上也有不錯的表現。例如這個市面上仍屬少見的乳酸菌基礎保養系列，就是採用具有保濕效果的「KE-99 乳酸菌」，可幫助乾燥而無彈力的肌膚能夠顯得水嫩。化妝水及乳液採用雙重真空擠壓瓶設計，不只能讓內容物維持鮮度，單手就能打開瓶蓋使用的設計也很方便。

N 化粧水
化妝水
200ml/1,200 円

N 乳液
乳液
200ml/1,200 円

N クリーム
乳霜
45g/1,200 円

---

recipist
レシピスト

廠商名稱 ● 資生堂

全系列瓶身上都有可愛的小插畫，其實這些插畫代表的是該品項所含的美肌成分。

主客層鎖定在 2000 年後出生的千禧年世代，包裝設計簡約可愛，價位也相當平民化，非常適合學生族群提前投資自己的「recipist」。由於是專為年輕族群所開發，所以保養重點鎖定在水油平衡這個維持美肌的基礎力之上。全系列以具備保濕作用的玫瑰萃取物為基礎共通成分，再根據不同品項及保養需求融合最適當的美肌成分。考量到年輕世代的經濟能力，基礎保養的品項也非常簡單，沒有乳液也沒有乳霜，就只有化妝水。雖然基礎保養只有化妝水，但依照保養需求及質地，將化妝水細分成 4 種類型。

平衡調理型

適合需要保濕但又不喜歡黏膩感的人，用來調節膚質的水油平衡問題。美肌植萃成分包括玫瑰、樹莓及薏仁。

滋潤強化型

質地較為濃密，適合膚質偏乾者用來提升肌膚的彈潤感。美肌植萃成分包括玫瑰、杏桃、玻尿酸。

ライト／リッチ
清爽型化妝水／滋潤型化妝水
220ml/547 円

リッチ／モアリッチ
滋潤型化妝水／超滋潤型化妝水
220ml/547 円

臉部基礎保養
全效凝露
ALL IN ONE SKIN CARE

化妝水、精華液、乳液、乳霜……對於一般人而言，這是習以為常的保養順序。不過大約在十多年前，保養品業界出現一種號稱只要一瓶就能抵多瓶的新型態全效保養品，而這種後來被統稱為 ALL IN ONE 的保養品，絕大部分都是容易推展的凝露狀。由於經濟負擔小、保養時間短且不用花費太多心思在保養工作上，因此立即受到現代忙碌女性廣大的喜愛。直到現在，ALL IN ONE 儼然成為保養品中相當重要的分類之一，也陸續成為各大品牌必推的產品類型。

Bb LABORATORIES
ホワイトニング プラジェリー

廠商名稱●ビービーラボラトリーズ
容量／價格● 200ml／3,700 円

胎盤素原液大廠 Bb LABORATORIES 在 2018 年初夏所推出的第一瓶 ALL IN ONE 全效凝露。既然是胎盤素原液大廠所推出的產品，美肌成分自然少不了抗齡聖物胎盤素。除此之外，美肌成分還包括玻尿酸鈉、超級玻尿酸以及甘草酸鉀，是一瓶可同時滿足保濕、美白、抗齡及夏日鎮靜等保養需求的全效凝露。採用天竺葵與茶樹精油所調和而成的草本香氛，聞起來感覺相當清新舒暢。在質地方面，清透如水好推展，在滲透肌膚之後不會留下討厭的黏膩感，所以也很適合怕保養品濃密質地感的男性使用。
（医薬部外品）

Bb LABORATORIES
水溶性プラセンタエキス原液

容量／價格● 30ml／9,000 円

說到 Bb LABORATORIES，就不能不提到在日本熱賣超過 20 年，堪稱是日本胎盤素原液先驅的「水溶性胎盤素萃取原液」。由於純度高且品質備受肯定，因此在日本擁有不少愛用者，也能拿來做抗痘保養，而近年來更是成為華人採購抗齡保養品的新寵。

臉部 臉部基礎保養

Koh Gen Do
オールインワン モイスチャー ジェル

廠商名稱 ● 江原道
容量/價格 ● 100g/4,200 円

來自江原道的高人氣 SPA 溫泉水保養系列，採用出雲溫泉水作為基底，再融合三種玻尿酸與 5 種潤澤油性成分打造而成的全效凝露。剛擠出瓶身的濃密質地凝露，在用手推開的瞬間會像水一般地開來，猶如快速滲透到肌膚當中。雖然使用後感覺不黏膩，但保濕潤澤力卻能持續相當長的時間，就算經過一整晚，起床後也不會覺得乾燥。

Koh Gen Do
オールインワン リフレッシュ ジェル

廠商名稱 ● 江原道
容量/價格 ● 90g/3,800 円

江原道 SPA 系列全效凝露的夏季限定版本，上市期間僅在每年 6 月到 9 月之間。除溫泉水之外，還添加兩種蘆薈萃取物及海藻萃取物。相較於全年通用的紅色保濕版而言，綠色夏季清爽版質地更加清透，但對於日曬後的外油內乾問題，卻有不錯的保濕鎮靜效果，再加上帶有舒服的清涼感，因此也很適合男性使用。由茶樹與佛手柑等植萃精油所調和而成的清新精油香，格外適合在悶熱惱人的夏天用來安撫浮躁的情緒。

ORBIS
ミスター スキン ジェルローション

for MEN

廠商名稱 ● オルビス
容量/價格 ● 150ml/1,600 円

Mr. 系列是 ORBIS 旗下唯一的男性保養系列。考量到男性不喜歡繁複的保養程序，所以整個系列臉部基礎保養項目就只有這一瓶保濕液。質地清透使用起來相當清爽，而且帶有些微舒服的清涼感。由於成分當中含有能夠鎮靜不穩肌膚狀態的甘草酸鉀，所以在刮鬍之後也可以直接使用這瓶替代鬍後水。

AQUALABEL
スペシャルジェルクリーム（モイスト）

廠商名稱 ● 資生堂
容量/價格 ● 90g/1,800 円

資生堂開架品牌 AQUALABEL 的高保濕全效凝露。主要保濕成分為資生堂首度研究發現美肌效果的 BABY 胺基酸，再搭配雙重玻尿酸、羥脯胺酸與甘油。採用獨家技術，提升清爽凝露在快速滲透肌膚角質層之後的保水防禦機能，使保濕效果能夠持續發揮。

AQUALABEL
スペシャルジェルクリーム（オイルイン）

廠商名稱 ● 資生堂
容量/價格 ● 90g/1,980 円

資生堂開架品牌 AQUALABEL 的高潤澤全效凝露。基本的保濕成分與紅色罐裝的高保濕型相同，但為提升肌膚彈潤感與光澤感，資生堂在凝露當中加入許多美容油膠囊。在無數的美容油膠囊當中，包覆著是結構與人體皮脂相近且較易吸收的有機荷荷芭油、有機芝麻油與角鯊烷。

AQUALABEL
ホワイトニングゼリー エッセンス EX

廠商名稱 ● 資生堂
容量/價格 ● 200ml/1,700 円

資生堂開架品牌 AQUALABEL 的美白全效凝露。散發出強烈沁涼視覺感水藍色的透明包裝，一看就知道是專為夏季所開發。除了系列共通的保濕成分 BABY 胺基酸與雙重玻尿酸之外，還加入資生堂最拿手的美白成分 m- 傳明酸。質地 Q 彈的凝露在接觸肌膚後會快速化為清爽的水狀，搭配清涼的使用感，可發揮收斂毛孔的效果。(医薬部外品)

黑糖精 PREMIUM
パーフェクト ジェルクリーム

廠商名稱 ● コーセーコスメポート
容量/價格 ● 100g/1,800 円

採用黑糖發酵萃取物，再搭配五種植萃油成分所打造而成的超濃密全效凝露。凝露當中含有許多包覆美肌成分的小膠囊，在按摩臉部的過程中，這些小膠囊會破裂並將美肌成分釋放至肌膚當中。搭配濃密的植萃油成分，不僅可達到密封保濕作用，還可發揮柔膚效果。使用起來帶有淡淡的自然花香。

EVITA
ボタニバイタル
ディープモイスチャー ジェル

嚴商名稱 ● カネボウ化粧品
容量/價格 ● 90g/1,600 円

Kanebo 植萃源生力系列中的紅
玫瑰潤澤全效凝露。質地清爽 Q
彈且延展性佳，在快速滲透肌膚
角質的同時，會在肌膚表面形成
一道鎖水膜，感覺就像是在敷晚
安凍膜一樣，可以保護肌膚水分
不會持續向外流失。獨特且具有
層次感的自然玫瑰花香，也是這
瓶全效凝露吸引人的重點之一。

EVITA
ボタニバイタル
艶リフト ジェル

嚴商名稱 ● カネボウ化粧品
容量/價格 ● 90g/2,000 円

Kanebo 植萃源生力系列中的黑
玫瑰緊緻全效凝露。為強化調節
肌膚的水油平衡，特別採用澳洲
堅果油酸酯及澳洲堅果油等類似
皮脂的美肌成分，而這些成分還
能在肌膚表面發揮密封效果，並
透過折射光線的方式增加肌膚的
光澤感。質地雖然較為濃密，但
在水溶性保濕成分的調節之下，
並沒有太明顯的黏膩感。

Hada Labo
極潤パーフェクトゲル

嚴商名稱 ● ロート製藥
容量/價格 ● 100g/1,370 円

樂敦肌研的濃極潤全效凝露在
2017 年秋季推出升級版本，最大
的改版在於添加吸附型玻尿酸，
明顯提升保濕感。濃極潤全效凝
露的成分組合其實相當豪華，除
了主打的四種玻尿酸之外，還有
角鯊烷、神經醯胺以及水前寺藍
藻。凝露本身質地極為濃郁，可
發揮不錯的密封效果，很適合在
肌膚乾燥時做加強保養。

Hada Labo
極潤美白パーフェクトゲル

嚴商名稱 ● ロート製藥
容量/價格 ● 100g/1,370 円

樂敦肌研的濃極潤美白全效凝露
在 2018 年推出新版本。除了奈
米玻尿酸之外，還加入維生素 C
衍生物及維生素 E 等成分強化保
濕力。在美白成分方面，則是採
用傳明酸。樂敦採用奈米乳化技
術，將潤澤成分中的油性成分體
積變小，藉此提升肌膚滲透力，
因此就算是在夏天使用，也沒有
討人厭的厚重黏膩感。

uno
UV パーフェクションジェル

for MEN

嚴商名稱 ● 資生堂
容量/價格 ● 80g/1,000 円

資生堂男性開架保養品牌 uno
所推出的日用全效凝露。早上洗
完臉及刮鬍後，只要一罐就能完
成所有的保養工作。除了保濕成
分之外，還搭配美白、控油及防
曬成分，可同時滿足男性在日間
的多項保養需求。清爽的草本柑
橘淡香，聞起來還蠻令人感到神
清氣爽的呢！（SPF30·PA+++）
（医薬部外品）

medel natural
オールインワンジェル
ローズマリーブレンドアロマ

嚴商名稱 ● ビーバイ・イー
容量/價格 ● 50g/1,300 円

主打 96％成分來自天然素材，
市面上少數主打成人痘問題肌膚
專用的 medel 薬用全效凝露。
針對成人痘特有的乾燥與乾荒問
題，這瓶全效凝露除草本保濕成
分之外，還添加抗炎鎮靜成分。
質地清爽好延展，在塗抹時不會
因為拉扯肌膚造成敏弱的肌膚受
到刺激而疼痛。添加充滿草本感
的迷迭香精油，聞起來頗具療癒
感。（医薬部外品）

百貨專門店通路

Clé de Peau Beauté
セラムラフェルミサン S

抗齡

- 廠商名稱　資生堂
- 容量/價格　40g/30,000 円
- 主要美容成分　光采明亮複合物 EX（水解蠶絲蛋白液、水解貝殼硬蛋白、茶氨酸、玻尿酸、海藻糖濃甘油、聚季銨鹽 -51）

中文名稱為「塑顏逆引菁萃」的精華液，是肌膚之鑰在 2018 年所推出的最新抗齡精華液。資生堂針對 4D 輪廓科學理論，針對眼下、法令紋、嘴周細紋及臉部輪廓鬆弛等問題，開發出這瓶能夠改善肌膚緊緻度、細緻度及膚色不均勻等問題的頂級抗齡單品。質地清爽但滋潤度充足，且服貼性與肌膚滲透力表現也相當突出。再搭配玫瑰與蘭花的高雅香氛，可同時滿足身心上的保養需求。

Clé de Peau Beauté
ル・セラム n

保濕

- 廠商名稱　資生堂
- 容量/價格　40ml/25,000 円
- 主要美容成分　尿囊素、甘草酸鉀、水解貝殼硬蛋白、水解蠶絲蛋白、茶氨酸、酵母萃取物、柴胡萃取物、玻尿酸

肌膚之鑰的精質激活菁萃在 2017 年秋季推出革新版本。這瓶將保養重點放在喚醒肌膚潛能的核心精華液，是屬於保養第一個步驟使用的導入型精華。透過這種找到開啟潛能開關的方式，提升肌膚吸收美肌成分的滲透力。無論是從耀眼吸睛的容器設計，或徹底講究的成分配方、極緻質地和優雅香氛，都把肌膚之鑰的品牌價值演繹得完美無缺。

資生堂 FUTURE SOLUTION LX
インテンシブ ファーミング コントア セラム

抗齡

- 廠商名稱　資生堂
- 容量/價格　50ml/27,000 円
- 主要美容成分　SkingenecellEnmei（肌膚安定延命因子）

來自資生堂東京櫃頂級抗齡保養品牌「晶鑽時空奢寵」當中的臉部、頸部用抗齡精華。添加資生堂獨家開發，以珍稀延命草萃取物為中心所調合而成的專利成分 SkingenecellEnmei（肌膚安定延命因子）可透過高層次的修護效果，促進美麗因子增生。搭配獨特的和風高級白花系調香，可在享受香氛的同時，透過柔和的按摩手法打造柔滑美肌，使臉型輪廓更顯立體。

EXCIA EMBEAGE
ル セラム

抗齡

- 廠商名稱　アルビオン
- 容量/價格　40ml/38,000 円
- 主要美容成分　積雪草葉萃取物、硬骨凌霄華葉萃取物、薑花萃取物、天然極地雪藻萃取物、五環多肽、蘆筍莖萃取物

ALBION 頂級抗齡「晶湛凝采」系列的活顏緊緻精華液。這是一瓶質地濃密且膚觸柔順的精華液，主要的抗齡重點鎖定在搭配簡單的按摩來強化肌內活性，藉此讓整個臉部輪廓變得更有張力與緊緻。除此之外，再搭配獨特的天然極地雪藻，讓肌膚由內向外充滿滋潤感而顯得更加細緻。整體而言，很適合用來保養因增齡所帶來的無立體鬆弛顏感。

POLA リンクルショット
メディカル セラム

抗齡

- 廠商名稱　ポーラ
- 容量/價格　20g/13,500 円
- 主要美容成分　NEI–L1®

說到這兩年最熱賣的抗齡精華，就不能不提到 POLA 的 Wrinkle Shot。POLA 耗費 15 年的時間，研究 5400 種素材之後，才成功開發出日本史上第一支由國家主管機關所認可，證實能改善細紋問題的藥用精華液。即便所費不貲，但使用感及效果表現等口碑，不斷地在日本國內擴散開來，並且奪下日本各大美容雜誌或網站的排行冠軍。Wrinkle Shot 的核心成分，是由 4 種胺基酸衍生物所組成的「NEI–L1®」。該成分能透過抑制真皮被分解的方式，達到改善細紋的效果。在使用順序方面，建議在平時使用的精華液與乳液之間使用。

ASTALIFT
イン・フォーカス
セルアクティブセラム

抗齡

- 原商名稱　富士フィルム
- 容量/價格　30ml/12,000 円
- 主要美容成分　奈米蝦青素、奈米乳酸香脂、蘋果幹細胞萃取物、維生素 E

富士軟片跨界發展的人氣抗齡保養品牌 ASTALIFT，這回將最拿手的奈米化技術結合再生醫療與皮膚科學，開發出這瓶保養重點鎖定在活化幹細胞與細胞老化問題的抗齡精華液。簡單地說，就是喚醒肌膚自己變美的能力，讓肌膚自己散發出光采。精華液本身採用獨家技術，將含有美肌成分的油脂細微化，原本呈現成分的精華液在接觸肌膚之後，就會迅速化為液態並且像是與肌膚融為一體般地向下滲透。玫瑰調合木調、麝香與琥珀等香氛，散發出來的香氣極為沉穩且優雅。

ALBION
エクラフチュール

修復

- 廠商名稱　アルビオン
- 容量/價格　40ml/10,000 円　60ml/14,000 円
- 主要美容成分　沖繩山葡萄菜萃取物、大花可可樹籽脂、乙醯谷氨酸、精氨酸、瓜氨酸、組氨酸、維生素 E、維生素 C

主打保養訴求為修復機能的 ALBION 奇肌修復露。這回 ALBION 與奈米化生物科技公司 Nanocarrier 攜手合作，開發出獨創包囊技術「超微傳送奈米膠束 BL」，將具備修復力的美肌成分深入並集中肌膚受損部分發揮機能。在使用順序方面，這瓶修復精華較偏向導入型產品，所以是在洗臉後的第一個保養步驟使用。

IPSA ホワイトプロセス
エッセンス OP

美白

- 廠商名稱　IPSA
- 容量/價格　20ml/6,000 円　50ml/12,000 円
- 主要美容成分　m- 傳明酸、4MSK、DM 複合精華（艾草、蜂王漿、濃甘油）、JM 複合精華 III（薑黃、橄欖葉、西洋山楂子、紅茶、甘油）

IPSA 認為角質清透度、黑色素量、黑色素分布均勻度、血液顏色以及真皮蛋白質原色是決定肌膚清透感程度的五大關鍵。除原有的美白成分 m- 傳明酸、4MSK 之外，IPSA 這瓶美白精華液在 2018 年的革新重點，在於採用全新技術成分 DM 複合精華來調節黑色素的分布均勻度，同時利用 JM 複合精華 III 來抑制角質白濁化，讓肌膚整體顯得更加清透。質地清爽猶如化妝水，就連男性使用起來也不會有厚重的負荷感。（医薬部外品）

Koh Gen Do
マクロヴィンテージ ホワイトニング C エッセンス

美白

廠商名稱 ● 江原道
容量／價格 ● 30ml／13,500 円
主要美容成分 ● 維生素 C 醣苷、甘草酸二鉀、比菲德氏菌萃取部、第二型神經醯胺、第三型神經醯胺、第六 II 型神經醯胺

來自江原道沙龍活顏概念與技術，對於熟齡肌也有抗齡保養作用的美白精華。在江原道的美白保養中，肌膚濁度是最大的問題改善點，因此除了針對色斑這些「點」的問題之外，更注重肌膚整體全「面」的明亮度。質地雖然偏向濃密，但肌膚吸收表現不錯，在塗抹之後就能明顯感到膚紋變得緊緻整齊，而且視覺上的張力感也提升許多。（医薬部外品）

DECORTÉ
iP.Shot アドバンスト

抗齡

廠商名稱 ● 高絲
容量／價格 ● 20g／10,000 円
主要美容成分 ● iP-Solution AD（菸鹼醯胺、米胚芽油、拳蔘根萃取物、又珊瑚藻萃取物、水解黑豆萃取物、濃甘油）

「iP.Shot」是黛珂在 2016 年所推出的高機能抗齡保養精華。無論是在日本或台灣，都獲得不少愛用者的支持。就在 2018 年 9 月，iP.Shot 推出進化升級版，除了核心成分 iP-Solution AD 複合精華之外，這次還新增通過日本官方認證的細紋改善有效成分「菸鹼醯胺」，使用後能讓容易顯現增齡警訊的局部位置更加緊緻。iP.Shot 本身的質地雖然偏向清爽的精華液，但在塗抹於肌膚之後就會瞬間化為高服貼性的膏狀，因此可透過密封方式，促使美肌成分滲透至角質深處。

BENEFIQUE
ハイドロジーニアス

保濕

廠商名稱 ● 資生堂
容量／價格 ● 45ml／10,000 円
主要美容成分 ● 桂皮萃取物、柴胡萃取物、長命草萃取物、海藻糖、甘油

碧麗妃在 2016 年推出專為 30 世代女性疲憊肌開發的全新系列「GENIUS」，打前鋒的第一個品項，是沿襲碧麗妃獨特的環境美容概念，再搭配資生堂研究多年，甚至還開發成美容健康飲品的保濕成分「長命草萃取物」。這瓶講究溫度 C 保養的保濕精華，建議搭配掌心溫熱輕壓全臉，同時按壓太陽穴及耳垂後方的穴道，藉此促進臉部血液循環，在提升美肌成分吸收力的同時，打造更健康的好氣色。

BENEFIQUE
ホワイトジーニアス

美白

廠商名稱 ● 資生堂
容量／價格 ● 45ml／10,000 円
主要美容成分 ● 4MSK、傳明酸、桂皮萃取物、柴胡萃取物、甘油

誕生於 2016 年，專為 30 世代女性疲憊肌所開發碧麗妃 GENIUS 系列，在 2018 年一次推出三項新品，其中一項就是這瓶著重肌膚代謝週期，透過保濕、豐潤及透白等美肌成分，讓肌膚顯得更加明亮有精神。沿襲碧麗妃一貫的低調華麗風格，宛如晶鑽雕刻般的瓶身設計，搭配清新優雅的香味，再加上那清透滑順的質地，使用起來會使人倍感愉悅。

RICE FORCE
ディープモイスチュアエッセンス

保濕

廠商名稱 ● アイム
容量／價格 ● 30ml／10,000 円
主要美容成分 ● Rice Power® Extract No.11、玻尿酸鈉、甘草酸二鉀

近年來，和風素材保養品在日本都擁有相當高的人氣度。其中又以添加 Rice Power® Extract No.11 的米保養最受注目。這支精華液當中所添加的 Rice Power® Extract No.11，是日本主管機關所認可，證實可改善肌膚保水力的米萃取成分，不只是單純的保濕而已，對於因乾燥引起的細紋或肌膚鬆弛問題，也都有不錯的保養表現。在產品定位上，算是兼具保濕及抗齡作用的精華液。（医薬部外品）

episteme
ホワイトフォトショット

美白

廠商名稱 ● ロート製藥
容量／價格 ● 30ml／9,000 円　50ml／13,000 円
主要美容成分 ● 麴酸、營實萃取物、洋薊萃取物

episteme 是樂敦製藥運用製藥公司研發技術所推出的百貨通路頂級品牌，而這瓶集結敦教技術力的美白精華液一推出，在日本立即獲得相當高的評價。依成分來說，這瓶美白精華液還兼具保濕、潤澤及緊緻等多樣機能，因此格外適合 30 世代之後的輕熟齡與熟齡肌拿來做抗齡美白保養。使用起來不只是膚觸滑順舒服，香氛方面的表現也不俗。（医薬部外品）

IPSA
クリアアップ ホワイトムース

美白

廠商名稱 ● IPSA
容量／價格 ● 110g／5,000 円
主要美容成分 ● 4MSK、阿仙藥萃取物、甘草酸鉀、濃甘油

針對紫外線照射及氣溫熱能，造成肌膚內部發炎與黑色素形成的美白保養問題，IPSA 推出目前市面上目前唯一的冷卻泡淨白精華液。沁涼冷卻泡搭配化妝棉使用的話，可在拭去臉部肌膚多餘老廢角質的同時，讓淨白成分與鎮靜成分滲透肌膚角質。雖然分類上屬於洗臉後，但建議在洗臉後的第一個步驟使用，感覺就像用導入精華液一樣。（医薬部外品）

EXAGE WHITE
ホワイトニング レスポンス

美白

廠商名稱 ● 艾爾碧昂
容量／價格 ● 40ml／5,000 円
主要美容成分 ● 傳明酸、麥冬萃取物、美白還原膠囊（黑醋栗果萃取物、豔山薑葉萃取物、維生素 C 衍生物、天然維生素 E）、黃金蠶絲萃取物

ALBION 的 EXAGE WHITE 系列向來在夏天相當受到喜愛，「活潤透白淨光精華液」質地濃密但滑順好推展，滲透力表現也很不錯。這款美白精華液的美白重點在於緩解「加速黑化蛋白質」的問題，進而改根本有效預防肌膚暗沉問題，使用後能明顯感覺到將潤澤盈滿角質層，肌膚飽滿澎湃，重新帶出肌膚原有的彈嫩透亮感。因此，平時除了做好防曬之外，活用這樣的預防型美白保養單品，也是很重要的美白課題。

KANEBO
スムージング セラム

●廠商名稱●カネボウインターナショナル Div.
●容量/價格●100ml/6,000 円
●主要美容成分●金雀花萃取物、甘油

來自 KANEBO 的擦拭型精華液。在洗臉之後，搭配化妝棉輕拭，就可去除粗糙的老廢角質與多餘皮脂。質地濃密且帶有彈力，在拭去老廢角質的同時，會透過滋潤效果來維持肌膚的水油平衡。搭配以白茶香為基調，略帶點甜味的花香，保養的第一步也可如此優雅。

擦拭

Awake
リテクスチュアライジング セラム

●廠商名稱●コーセー
●容量/價格●120ml/5,000 円
●主要美容成分●米胚芽油、薰衣草萃精油、白芒花籽油、野薔薇萃取物、鼠尾草精油

添加多種植萃精油成分，90%成分為天然成分的 Awake 去角質精華液。精華液當中含有植萃角質調理微粉，可透過擦拭的動作去除臉部日常堆積的老廢角質，讓臉部肌膚散發出原有的清透滑嫩感。來自植萃成分的溫和香氛，加上時尚可愛的包裝設計與配色，這些都讓保養第一步變得更舒服有趣。

擦拭

美容油

DECORTÉ AQ
オイル インフュージョン

●廠商名稱●コーセー
●容量/價格●40ml/10,000 円
●主要美容成分●禾雀花萃取物、白樺水、丹波黑豆萃取物、蛋白聚糖、甘油

新生黛珂 AQ 系列中的美容油。這瓶美容油的保養重點鎖定在美肌律動，因此添加高濃度的核心美肌成分「禾雀花萃取物」，藉此將肌膚調節至最健康的狀態。對於易顯乾燥的肌膚，只要在保養的最後一道程序使用，就可讓肌膚散發出充滿活力的光澤感。雖然這是一瓶美容油，但在高絲利用獨家的技術打造，使用後沒有油膜感及黏膩感，使用後的膚觸極為清爽，是相當有趣的無膩感美容油。

保濕

DECORTÉ AQ
ボタニカル ピュアオイル

●廠商名稱●コーセー
●容量/價格●40ml/15,000 円
●主要美容成分●有機橄欖萃取油、有機荷荷芭萃取油、有機紅花萃取油、有機核桃萃取油、植物性角鯊烷

採用 5 種植萃成分，100%來自植萃成分的美容油。嚴選的 5 種植萃油富含人體所無法自行產生的必需脂肪酸及類皮脂成分，因此不只是親膚性高，更能提升肌膚的緊緻度與光澤感。除了單獨按摩臉部使用外，也能混合乳液一起使用。輕塗一層在全臉之後，感覺就像是敷乳液面膜一般，讓肌膚一整晚都能維持潤澤。

保濕

Koh Gen Do
マクロヴィンテージ T3 プレミアムオイル

●廠商名稱●江原道
●容量/價格●30ml/8,000 円
●主要美容成分●荷荷芭油、橄欖角鯊烷、乳油木果油、大麻籽油、胡桃油、紫蘇籽油

除了臉部之外，身體及頭髮都可用的美容油。美容油基底採用江原道沙龍獨家配方，由荷荷芭油、橄欖角鯊烷、乳油木果油所調和而成的 T3 植萃油，再融合三種高親膚性及高機能性的植萃油成分。只要在保養的最後一道程序，用 1～2 滴塗抹全臉，就可明顯感到潤澤度與光澤感明顯不同。在用化妝水濕敷全臉之前，先用一滴塗抹全臉的話，也能發揮相當不錯的導入作用。

保濕

KANEBO
スキングロス オイル ウォーター

●廠商名稱●カネボウインターナショナル Div.
●容量/價格●50ml/5,000 円
●主要美容成分●月見草萃取物、甘油

這瓶底層帶有迷人粉紅色調的精華液，是來自 KANEBO 的水油雙相精華。搖勻後滴個 4～5 滴在掌心，再緩緩地在肌膚上推展開來，就可讓肌膚變得滋潤且有光澤感。基底為沉穩的白茶，再加上鈴蘭與玫瑰，搭配出絕妙優雅且又帶點微甜的香味。除了臉部肌膚之外，也能用來提升頭髮或身體肌膚的光澤感。

保濕

Awake
スキンアウェイキング ショット

●廠商名稱●コーセー
●主要美容成分●米胚芽油、玉米胚芽油、有機橄欖油、有機荷荷芭油

2018 年春季蛻變新生的 Awake 充滿玩心，不只是保養品項選擇多樣，在搭配上也相當自由多變，例如 Awake 稱為「shot」的精華油種類就多達 4 種。這些精華油可以當成一般精華液使用，也能在保養第一步當作導入液使用。另外，你可以依照肌膚需求選擇其中一瓶使用，也可以貪心一點混合兩種，甚至是更多種類的 shot，調配出獨一無二、專屬自己的精華油。

掰掰！油光、黑頭粉刺

バランスショット
コンセントレイトオイル
／清爽潤澤柔膚精華油
20ml/3,000 円
50ml/5,000 円

掰掰！乾燥、粗大毛孔

ハイドラショット
コンセントレイトオイル
／瞬時滑嫩柔膚精華油
20ml/3,000 円
50ml/5,000 円

掰掰！乾燥、肌膚暗沉

ラディアンスショット
コンセントレイトオイル
／保水清透精華油
20ml/3,600 円
50ml/6,000 円

掰掰！乾燥、惱人細紋

ファーマショット
コンセントレイトオイル
／濃密活力精華油
20ml/3,600 円
50ml/6,000 円

藥妝美妝通路

HAKU
メラノフォーカス V

美白

- 廠商名稱●資生堂
- 容量/價格●45g/10,000 円
- 主要美容成分●4MSK、m-傳明酸、V Cut 阻黑複合物（洋委陵菜萃取物、紅花鹿蹄草萃取物、甘油）

堪稱是資生堂美白精華液鎮店之寶，在美白精華液市場上連續13 年奪冠的驅黑淨白露，在2018 年春季推出第七代。這次的主題是「揮別記憶型黑斑」，除了主打的 4MSK 與 m-傳明酸雙重美白成分之外，還新增兼備潤澤機能與保護機能的 V Cut 阻黑複合物。驅黑淨白露最大的特色之一，就是那帶有密封感的濃密質地，對於日曬後顯乾荒的肌膚來說，具有相當不錯的潤澤作用，在眾多美白精華液當中，是相當少見的使用感。

ONE BY KOSÉ
メラノショット ホワイト

美白

- 廠商名稱●コーセー
- 容量/價格●40ml/5,300 円
- 主要美容成分●麴酸、桑黃萃取物、乙醯羥脯胺酸、植物肝醣、牡丹萃取物、百合萃取物、玻尿酸、月見草萃取物、濃甘油

高絲旗下由美國載譽歸國的 ONE BY KOSÉ 纖保濕美容液之後，接著在 2018 年春季推出美白精華液。這支美白精華液運用高絲研究並採用多年的麴酸，再搭配多種保濕成分所打造而成。針對色斑與雀斑等問題，這支美白精華的作用機制是深入黑斑形成根源，透過抑制黑色素體成熟的方式，阻礙黑色素形成。質地濃密但易推展，可在肌膚表面形成一道輕透的保濕層，再搭配清新花香，算是全年通用的美白精華。

DEW SUPERIOR
クリアコンセントレート

導入

- 廠商名稱●カネボウ化粧品
- 容量/價格●100ml/5,000 円
- 主要美容成分●玻尿酸輔助美肌成分 α（玻尿酸鈉、乙醯葡糖胺、甲殼丝氨酸、海藻萃取物）、彈潤保濕複合成分（月桃萃取物、甘油）

Kanebo 抗齡保養 DEW SUPERIOR 系列當中的「美滴柔軟精華液」。這瓶精華液的名稱當中之所以會有「柔軟」兩字，是因為它是在保養的第一個步驟搭配化妝棉一起使用。透過擦拭肌膚表面老廢角質和多餘皮脂的方式，讓肌膚狀態變得柔軟，幫助後續保養的美容成分能夠更容易滲透至肌膚角質層當中。

Obagi
ダーマパワー X
ステムリフト セラム

抗齡

- 廠商名稱●ロート製藥
- 容量/價格●30ml/5,000 円　50ml/7,000 円
- 主要美容成分●水解大豆蛋白、刺海門冬莖取物、四胜肽、薩冚昆布萃取物、水解彈力蛋白

樂敦製藥運用再生醫療的研究力與開發力，在 2017 年秋季推出這瓶由主打改善肌膚緊緻力的抗齡精華液。這支精華液的主打特色之一，就是採用先進的 STEM LIFT 複合成分，可以迅速將美肌成分送到角質深層，在肌膚滲透力表現上明顯優秀許多。在美肌成分方面，則是鎖定在膠原蛋白與彈力蛋白等能夠提升肌膚保水度與彈力的成分上，因此特別適合用來對付眼部與嘴部周圍的細紋或肌膚鬆弛等齡齡警訊。

SOFINA
リフトプロフェッショナル
ハリ美容液 EX

抗齡

- 廠商名稱●花王
- 容量/價格●40g/5,500 円
- 主要美容成分●潤澤拉提複合成分（生薑根萃取物、歐洲七葉樹萃取物、鹿角菜萃取物、ALP、六胜肽、甘油）、月下香培養精華 EX

花王 SOFINA 的時光無痕緊緻精萃，是集結花王 30 多年的肌膚彈力研究結晶，追求緊緻、彈潤與撫紋的抗齡精萃。在 2017 年秋季的最新改版中，除了獨家的潤澤拉提複合成分之外，還加入成分「月下香培養精華 EX」，在強化角質滲透力的同時，可讓肌膚顯得更加緊實豐潤與滑嫩。質地濃密好推展，搭配舒服獨特的花柑薑複合香氛，使用感的表現也相當優秀。

SOFINA
ホワイトプロフェッショナル
美白美容液 ET

美白

- 廠商名稱●花王
- 容量/價格●40g/5,500 円
- 主要美容成分●洋甘菊 ET、滋潤明亮複合成分（迷迭香萃取物、羅馬洋甘菊萃取物、白樺萃取物、桔梗根萃取物、羅漢柏萃取液）

來自花王 SOFINA，強調防患未然的美白精華液。美白成分是花王獨家研發，目前日本有效成分中少數來自植萃的「洋甘菊 ET」。除此之外，還加入全新的獨家滋潤明亮複合成分，可在美白的同時讓肌膚顯得滋潤清透。質地清爽好推展，在夏天使用也不會感到厚重，而且清新的花柑蜜香氛聞來也令人格外神清氣爽。

HABA
ナイトブライトニングジェリー

美白

- 廠商名稱●HABA
- 容量/價格●50g/4,500 円
- 主要美容成分●維生素 C 衍生物、芍藥萃取物、粉紅岩薔薇萃取物、玫瑰萃取物

來自 HABA 的美白精華。不同於一般精華液的地方，在於這罐精華質地為濃密的凝膠狀，而且是夜間專用的產品。精華液本身為高黏度凝露，可在睡眠期間服貼於臉部，並持續向肌膚釋放美肌成分。除了美白成分維生素 C 衍生物，還加入多種具備修護與鎮靜作用的植萃成分，因此對於白天因紫外線照射而受損的肌膚也有不錯的保養效果，使用起來帶有舒服的玫瑰清香。

HABA
リバイタライジング モイスチャーセラム

(抗齡)

廠商名稱●HABA
容量/價格●30ml/4,200 円
主要美容成分●角鯊烷、交替單胞菌發酵產物萃取物、紅藻萃取物、蛋白聚糖、海茴香幹細胞萃取物

角鯊烷保養專家 HABA 在 2018 年推出的導入型抗齡精華液。包括來自北海道大海的蛋白聚糖在內，就宛如是在呼應海藍色瓶身設計一般，這瓶精華液的主要美肌成分，都是來自海洋的保濕與修護成分。在覺得肌膚缺乏水分及緊緻感的時候，可在所有保養的第一個步驟使用。

HABA
アブソリュート ブライトニングセラム

(美白)

廠商名稱●HABA
容量/價格●30ml/4,000 円
主要美容成分●牡丹皮萃取物、維生素 C 衍生物、白茶萃取物、酵母萃取物、優格萃取物、奇異果萃取物

HABA 針對色斑及膚色暗沉問題，於 2018 年所推出的美白精華液。主要美白成分是能夠抑制酪胺酸酶活性，進而抑制黑色素形成，同時也具備抗氧化作用的牡丹皮萃取物。除此之外，也搭配能淡化黑色素的安定型維生素 C 衍生物，是一瓶擁有雙重亮白成分的美白精華。和 HABA 其他精華液相同，使用步驟是落在洗臉後的第一個保養步驟。

HABA
ディープモイストセラム

(保濕)

廠商名稱●HABA
容量/價格●30ml/3,600 円
主要美容成分●角鯊烷、修復型玻尿酸、神經醯胺、杉樹芽萃取物、芍藥花萃取物、甘油葡糖苷、櫻美萃取物

HABA 針對肌膚角質層可發揮「速攻型保濕」及「持續型保濕」這兩大作用的滋潤特化型精華液。除了改變肌膚防禦機能的修復型玻尿酸與鎖水成分神經醯胺之外，較為特別的成分是櫻花萃取物融合櫻花酵母酒粕所打造而成，可輔助肌膚蛻變的櫻美萃取物。在使用程序上，是潔顏後的第一道程序使用。

ETVOS
モイスチャライジングセラム

(保濕)

廠商名稱●エトヴォス
容量/價格●50ml/4,000 円
主要美容成分●5 種人型神經醯胺、NMF 天然保濕因子、玻尿酸、植物性角鯊烷、荷荷芭油、乳油木果油

日本國產礦物底妝專家 ETVOS 為乾燥敏弱肌所開發的保濕精華液。整瓶精華液最核心的重點成分，就是許多皮膚科醫師所推崇的保水成分「神經醯胺」，而且一口氣添加 5 種不同的類型。除此之外，也融入許多具備柔膚作用的植萃油成分，可軟化乾燥僵硬的肌膚，改善肌膚對保養成分的吸收力。使用起來帶有相當舒服的薰衣草香。

FORMULE
バリアミン QQ

(保濕)

廠商名稱●ドクターフィル コスメティクス
容量/價格●50g/3,500 円
主要美容成分●甘菊藍、甘草酸二鉀、玻尿酸、第二型神經醯胺、海藻糖

針對不斷反覆發生的肌膚乾荒與不穩定問題，醫美保養品牌 FORMULE 開發出這條能輔助肌膚提升防禦機能的精華液。精華液本身呈現夢幻的藍紫色，但這可不是色素調出來的效果，而是來自於能夠調理受損肌膚的主成分「甘菊藍」。因為同時具備保濕與修護機能，所以很適合保濕保養後仍然呈現乾荒狀態的肌膚使用，而睡眠不足或是生理期前後不穩定的肌膚狀態也很適用。

ASTALIFT WHITE
クリアトリートメント

(擦拭)

廠商名稱●富士フィルム
容量/價格●100ml/3,800 円
主要美容成分●果酸、奈米 AMA+、三重膠原蛋白

質地宛如乳液一般濃密滑順的擦拭型高保濕精華液。獨特的質地搭配嚴選成分，可在每天的第一道保養程序中，以不造成肌膚負擔的輕拭方式，除去頑固的老廢角質。除此之外，再搭配 ASTALIFT WHITE 系列的美白成分「奈米 AMA+」，因此能更有效改善肌膚暗沉的視覺感。雖說是擦拭型精華液，但卻能同時滿足清潔、保濕及亮白等多樣保養需求。

FORMULE
ピュア クリアミン QQ

(擦拭)

廠商名稱●ドクターフィル コスメティクス
容量/價格●150ml/3,200 円
主要美容成分●水楊酸、維生素 B6 衍生物、維生素 E、胡椒薄荷萃取物、十六夜薔薇萃取物

日本藥妝店醫美品牌「FORMULE」所推出的去角質精華液，主要的毛孔調理成分作用為水楊酸，所以使用時會有一股舒服的清涼感，同時也能發揮收斂毛孔的作用。雖然是去角質產品，但卻添加 6 種保濕成分與 5 種維生素，因此不只能去除老廢角質，還能同時改善因乾燥所引起的毛孔粗大問題。

DHC
オリーブ バージンオイル
クリスタル スキン エッセンス

廠商名稱●DHC
容量/價格●50ml/3,000 円
主要美容成分●初榨橄欖油

DHC 運用獨特技術，將招牌成分橄欖油均一且
細分化，打造出這一瓶雖然是美容油，但使用起
來卻滲透力佳且質地清爽的精華液。當肌膚處於
乾燥且沒有光澤感時，就特別需要像這樣的精華
液來幫助柔軟肌膚、維持角質水分以及散發健康
的光澤感。

DHC
ビューティサージ
ホイップセラム

廠商名稱●DHC
容量/價格●60g/2,400 円
主要美容成分●玫瑰花萃取物、乙醯葡萄糖胺、高山火絨草
幹細胞培養液、柑果皮萃取物、蛋白聚糖

針對肌膚紋紊亂、暗沉及乾燥無彈力等肌膚循環不
佳所引起的問題，DHC 推出這瓶碳酸泡精華液。
透過碳酸泡中二氧化碳促進血液循環的效果，提
升肌膚活性並確實吸收美肌成分。碳酸泡本身滑
順好推展，使用後也不需要沖洗或擦拭。雖然在
分類上屬於精華液，但建議在保養的最後一道程
序使用。

透明白肌
薬用 W ホワイトエッセンス

廠商名稱●石澤研究所
容量/價格●50ml/2,000 円
主要美容成分●熊果素、維生素 C 衍生物、玻尿酸、
膠原蛋白

美妝店常見的透明白肌，終於也推出美白精華液
了！不同於乳霜所採用的傳明酸，這瓶精華液同
時採用熊果素與維生素 C 衍生物這兩種美白保
養品中常見，但卻不常同時出現的美白成分。因
為精華液本身加入不少保濕成分的關係，所以在
潤澤保濕上的表現也算不錯。（医薬部外品）

botanischöl
エール
オイルエッセンスミスト

廠商名稱●ビーバイ・イー
容量/價格●50ml/2,000 円
主要美容成分●玫瑰胎盤素、大馬士格玫瑰花油、玫瑰果

玫瑰精油與精華液合而為一的精華噴霧。由於比
重不同會分成雙層的關係，所以在使用之前需要
先搖晃均勻。使用方法如同是一般的噴霧化妝
水，輕輕一噴就可讓肌膚變得柔軟，幫助後續保
養成分可順利滲透至肌膚角質層。對於不熟悉美
容油用法，但卻想嘗試油保養的人而言，是相當
不錯的入門產品。香味是頗受歡迎的天然大馬士
格玫瑰香。

cutura
ピールケア美容液

廠商名稱●pdc
容量/價格●50ml/1,200 円
主要美容成分●KE-99 乳酸菌、石榴果汁發酵萃取物、
西洋梨果汁發酵萃取物

採用 KE-99 美肌乳酸
菌作為主成分的乳酸
菌保養系列 cutura，
在 2018 年秋季推出
精華液這個新品項。
這瓶精華液是屬於在
保養第一個步驟所使
用的導入型精華，可
透過柔化角質及滋潤
角質的方式，提升後
續保養品的滲透效
果。對於角質乾荒又
硬邦邦的人來說，是
不錯的開架導入精華
新選擇。

recipist
レシピスト

廠商名稱●資生堂

資生堂在 2017 年秋季推出的全新保養品牌「recipist」，是主客層鎖定在 2000
年後出生的千禧年世代，因此保養品項分類上相當簡單。基礎保養只有化妝水，
而特殊保養只有精華液。質地宛如凝凍般的精華液，依照不同的保養需要細分為
質地較清爽的平衡調理型與質地及成分都較注重保濕作用的濃密型。

平衡調理型
質地清爽且延展性佳的保濕精華。
美肌植萃成分包括玫瑰、樹莓及薏
仁。香味是清新舒爽的馬鞭草香。
水があふれるバランス美容液
／清爽型精華
90g/695 円

濃密型
質地相對濃密，能讓肌膚維持彈潤觸
感。美肌植萃成分包括玫瑰、杏桃、
玻尿酸。香味是自然沉穩的迷迭香。
濃い美容液
／滋潤型精華
90g/695 円

臉部 局部保養霜 × 眼唇霜 × 頸霜 × 按摩霜

百貨專門店通路

資生堂 FUTURE SOLUTION LX
アイアンド リップコントア
R クリーム e

眼唇霜

廠商名稱 ● 資生堂
容量/價格 ● 17g/15,000 円
主要美容成分 ● 肌膚安定延命因子 (SkingenecellEnmei)、延命草萃取物

資生堂東京櫃「傳奇美肌修護系列」所推出的眼唇修護霜。採用資生堂獨創，以珍稀延命草萃取物為中心所調合而成的專利成分「肌膚安定延命因子」，可針對脆弱的眼周與唇部周圍肌膚發揮優秀的修護效果。質地濃密但柔軟好推延，而且肌膚服貼性也很高，極為適合拿來對付惱人的小細紋。

資生堂 VITAL PERFECTION
リンクルリフト
ディープレチノホワイト 4

眼唇霜

廠商名稱 ● 資生堂
容量/價格 ● 15g/12,000 円
主要美容成分 ● 純粹維生素 A、4MSK、VP 複合精華 (柴胡萃取物、橄欖葉萃取物、當歸萃取物、紅茶萃取物、甘油)

資生堂針對細紋問題推出名為「資生堂表情計劃」的抗齡保養概念群，而這支同時具備美白及抗齡作用的局部保養乳霜，則是這個計畫中相當具有代表性的產品。由於純粹維生素 A 與 4MSK 這兩項成分都難以維持有效安定性，資生堂是日本業界第一家成功同時穩定融合這兩項成分的廠商，很適合想同時改善眼周或嘴周細紋問題，又想讓眼周看起來更加明亮的人使用。(医薬部外品)

BENEFIQUE GENIUS
レチノリフトジーニアス

廠商名稱 ● 資生堂
容量/價格 ● 20g/12,000 円
主要美容成分 ● 純粹維生素 A、m- 傳明酸

同時解決抗齡及美白需求的資生堂表情計劃在日本美妝圈中引起不小話題後，這次由碧麗妃接手推出第三彈。同樣採用純粹維生素 A 作為抗齡成分，而美白成分則是採用 m- 傳明酸來鎖定預防色斑形成。由於純粹維生素 A 容易因日光照射變性，所以白天使用之後，建議再補擦一層防曬來抵抗紫外線的破壞。(医薬部外品)

眼唇霜

KANEBO
リファイニング アイ セラム

廠商名稱 ● カネボウインターナショナル Div.
容量/價格 ● 15ml/7,000 円
主要美容成分 ● 白木耳多醣體、西洋菜萃取物、甘草酸鹽、枇杷葉萃取物、乙基葡萄糖苷、甘油

提倡肌膚之美必須持續累積的 KANEBO 時間美容之眼用精華液。整體成分偏向保濕及提升肌膚保水機能，質地為相對容易推展，而且沒有什麼油封感的乳液狀，所以白天使用也不會感到厚重。使用步驟在基礎保養後，防曬及飾底乳之前。

眼周精華

Awake
ザ フューチャーイズブライト
アイクリーム

眼霜

廠商名稱 ● コーセー
容量/價格 ● 20g/6,500 円
主要美容成分 ● 米胚芽油、玉米胚芽油、有機橄欖油、有機荷荷芭油

新生 Awake 所推出的保濕潤澤眼霜，採用多種植萃油成分，整罐有 90 ％來自天然成分，很適合熱愛植萃保養的人用來強化眼周保養，使雙眼看起來更加有神。包裝設計走的是可愛有型的藝術風，對於輕熟齡族群來說，反而會覺得眼周抗齡保養變得沒有距離感。

ORBIS
ホットアイリフレパック

廠商名稱●オルビス 容量/價格●25g/2,000 円
主要美容成分●木通萃取物、虎耳草萃取物、博士茶萃取物

除了眼周細紋之外，女性最在意的眼部問題還包括黑眼圈及眼周肌膚暗沉的問題。這條眼部精華膜最特別的地方，就是使用時會帶有舒服的溫感作用。可搭配美肌成分發揮不錯的溫熱效果，藉此提升成分滲透力與促進循環。在意眼部周圍肌膚視覺感的人，適合在夜間保養完之後，塗上一層之後再入睡。

眼周精華

POLA
V リゾネイティッククリーム

頸霜

廠商名稱●ポーラ 容量/價格●50g/58,000 円
主要美容成分●R.C 萃取物、黃連萃取物、YAC 萃取物、EG 清透萃取物

縱觀整個日本美妝保養界，POLA 推出的頂級頸霜可說是包裝最有設計，而且質感超高的一項夢幻逸品。充滿金屬感的水滴狀瓶身，搭配著可巧妙平衡置於瓶頂的三叉狀挖勺，擺在梳妝台上就像個藝術品一般。針對臉部肌膚鬆弛而無立體感的問題，POLA 將研發重點置於皮下組織中名為 RC 的網狀支撐帶結構，採用多種 POLA 獨家開發的彈潤及抗糖成分加以強化。對於 POLA 抗齡技術有信心的美容愛好者而言，這瓶頸霜絕對是值得嘗試及收藏的珍品。

DECORTÉ AQ
マッサージクリーム

按摩霜

廠商名稱●コーセー 容量/價格●92g/10,000 円
主要美容成分●禾雀花萃取物、白樺水、維生素 E

新 DECORTÉ AQ 所推出的彈潤按摩霜。質地相當濃密好推，美容成分採用系列共通的抗齡禾雀花萃取物，再搭配具有抗氧化機能的維生素 E。融合晚香的木調花香，能在按摩的同時讓身心處於放鬆狀態。每週建議使用 2～3 次，步驟為潔顏後的第一個保養階段。輕輕按摩全臉之後，再用面紙拭去按摩霜，接著再繼續進行平時的保養即可。

Koh Gen Do
マクロヴィンテージ
ロイヤルマッサージミルク

按摩乳

廠商名稱●江原道 容量/價格●140ml/12,000 円
主要美容成分●六胜肽、蘋果培養細胞萃取物、神經鎮定型胜肽、西洋梨汁發酵液、水解酪梨蛋白、水解貝殼蛋白、植物性 T3 複合油、比菲德氏菌培養液

針對肌膚老廢角質、乾燥以及彈潤力不足等問題，能在短時間內一次解決的抗齡按摩乳。乳液本身質地濃密，擁有完美的黏度與滑順度，使用起來不僅不會造成肌膚過度拉扯，而且還能溫和包覆肌膚，在發揮滋潤機能的同時，使肌膚散發出健康的光澤感與緊緻感。除了當成按摩乳之外，因為融合多種保濕及抗齡成分的關係，其實也可以當成平時保養的乳液使用。

DHC
コンセントレート
ネッククリーム

頸霜

廠商名稱●DHC 容量/價格●45g/2,800 円
主要美容成分●月桃葉萃取物、百香果萃取物、海藻萃鹼、神經醯胺聚合物、柔焦細微粉體

針對皮膚薄且容易忽略防曬與保養的頸部肌膚，DHC 推出價格相對親民的頸部保養霜。除了促進循環成分與抑制膠原蛋白分解的成分之外，這罐頸霜還有一個很有趣的成分，那就是具備分解脂肪作用的海藻萃鹼。一般來說，這個成分是用在收斂與改善鬆弛，但也有些產品是用來對付雙下巴肌膚緊緻問題。

EXCIA AL
ホワイトニング
インテンシブ スポッツ

局部美白筆

廠商名稱●アルビオン 容量/價格●4g/12,000 円
主要美容成分●麴酸、牡蠣萃取物、聖誕島紅藻萃取物、藍雪花萃取物、維生素 H

ALBION 妃思雅晶燦恆白系列除了全臉使用的精華液之外，也推出一支同樣採用麴酸作為美白成分的局部美白筆。帶有純淨東方花香調的淡斑筆親膚性佳，搭配柔化、活化、修護以及抑制等機制，針對肌膚表淺的頑固斑點與深層斑點發揮淨白作用。若有局部色斑困擾，可以在使用一般全臉美白精華液之後搭配使用局部美白筆強化保養。

局部保養霜×眼霜×局部霜

藥妝美妝通路

ASTALIFT
アイクリーム

眼霜

●廠商名稱● 富士フイルム
●容量/價格● 15g/6,600 円
●主要美容成分● 奈米蝦青素、奈米茄紅素、月見草種子油、滲透型膠原蛋白、蒔蘿萃取物、角鯊烯、西洋菜萃取物

富士軟片運用拿手的奈米化技術，採用 ASTALIFT 系列中的共通成分——奈米蝦青素與奈米茄紅素，再搭配月見草種子油打造出這條以抗氧化作用為核心概念的眼霜。除此之外，還加入循環成分西洋菜萃取物，可對付黑眼圈或暗沉等眼周疲勞訊號。眼霜質地相當濃厚服貼，而且具備彈性特質，可讓雙眼看起來更為炯炯有神。

NEROLILA Botanica
トリプルブルー コンセントレイト

眼霜

●廠商名稱● ビーバイ・イー
●容量/價格● 15ml/6,500 円
●主要美容成分● 藍綠藻萃取物、德國洋甘菊精油、西洋蓍草精油、蝶豆花萃取物

採用三種自然界的藍色植萃成分作為主調，再搭配多樣植物美膚成分，可滿足抗氧化、保濕、緊緻等保養需求的自然系眼霜。質地宛如乳液般滑順好推，而且帶有藥效感的草本清香。除了早晚保養使用之外，也能在補妝或覺得眼部顯得暗沉時隨時使用。不只是眼周肌膚，包括鼻翼兩側的法令紋等部位也很適合。

ELIXIR SUPERIEUR
エンリッチド リンクルクリーム S

局部霜

●廠商名稱● 資生堂
●容量/價格● 20g/5,800 円
●主要美容成分● 純粹維生素A、維生素E衍生物、水溶性膠原蛋白

資生堂表情計劃的第一號商品，也是這波純粹維生素 A 抗齡局部霜的先驅代表。這支集結資生堂百年研究結晶的抗齡局部霜，是日本第一支受主管機關認可，證實能有效改善細紋的劃時代新品。自 2017 年 6 月上市以來，短短不到半年的時間，就已經狂銷超過百萬支。即便上市至今已經超過一年，目前日本藥妝店及購物網站仍有購買數量限制，可見熱潮完全沒有退去的跡象。

雪肌精
アイ クリーム N

眼霜

●廠商名稱● コーセー
●容量/價格● 20g/5,000 円
●主要美容成分● 薏仁發酵萃取物、當歸萃取物、白芨萃取物、冬蟲夏草萃取物、橙皮萃取物、黃連萃取物、甘油

華人圈人氣度始終居高不下的雪肌精推出眼霜了！喜歡雪肌精的人可能還記得，幾年前曾經在台灣推出過眼霜，但在日本當地卻是首次登場哦！雪肌精眼霜的特色，主要是透過植萃草本成分來補充眼周水分，同時提升眼周肌膚的柔嫩度及透亮感。眼霜本身的滲透力相當不錯，就算是層疊塗抹也不會感到厚重。

HABA
スクワランアイセラム

眼霜

●廠商名稱● HABA
●容量/價格● 15g/4,200 円
●主要美容成分● 角鯊烷、3D 膠原蛋白、微膠原、彈力蛋白、海洋胎盤素、酵母萃取物、維生素 P 衍生物

HABA 專為改變眼周肌膚彈力與滋潤度所推出的眼部精華。除了品牌核心成分角鯊烷之外，還針對眼皮、眼下及眼尾等眼周部位的細紋、暗沉、肌膚鬆弛等問題，融入各種能夠發揮保濕彈潤及促進代謝循環的成分。質地為濃密凝露狀，服貼性相當好且肌膚滲透力表現也很棒。

botanischöl
エール アイセラム

眼部精華

●廠商名稱● ビーバイ・イー
●容量/價格● 15ml/2,500 円
●主要美容成分● 玫瑰胎盤素、玫瑰油、玫瑰果油、牡丹皮萃取物、山桑子葉萃取物

採用數種來自玫瑰的抗齡成分，市面上算是少數的植萃眼部精華液。除了抗齡成分之外，還有能夠促進血液循環的牡丹皮萃取物，可以改善眼周肌膚代謝不佳的問題。使用起來帶有微微的溫感作用，所以也能夠改善眼過度所帶來的疲勞問題。來自有機大馬士革玫瑰的溫和花香，能讓人感到放鬆且感到幸福。

egaola
ミラクルリンクル

局部霜

●廠商名稱● 石澤研究所
●容量/價格● 30g/1,400 円
●主要美容成分● 玻尿酸、蘆薈葉萃取物、月桃葉萃取物、柚子萃取物、甘草根萃取物、甘草酸二鉀

專為乾燥引起之細紋問題所開發的局部用保濕抗齡乳霜。若是到了下午就覺得眼角乾燥緊繃，或是嘴巴周圍脫妝卡粉嚴重，就表示肌膚內部缺乏滋潤度。就成分來看，這是一條以保濕潤澤成分為主的乳霜，適合輕熟齡族群拿來做前抗齡保養使用。

mesiru
アイスキンケアクリーム

眼部霜

●廠商名稱● ロート製薬
●容量/價格● 16g/1,250 円
●主要美容成分● 蘿得昆布萃取物、肉豆蔻醯五肽 -17

樂敦製藥於 2018 年春季所推出的 mesiru，是專為眼周肌膚及眼睫毛健康所開發的保養品牌。除了溫和潔淨眼周環境之外，還有這條能夠解決睫毛受損及眼周乾燥問題的眼部保養霜。一般眼霜頂多能同時保養嘴巴周圍的肌膚，像這種同時兼顧睫毛健康的眼部保養霜真的很少見呢！

SOFINA
ホワイトプロフェッショナル
集中美白スティック ET

局部美白筆

●廠商名稱● 花王
●容量/價格● 3.7g/4,000 円
●主要美容成分● 洋甘菊 ET、滋潤明亮複合成分（迷迭香萃取物、羅馬洋甘菊萃取物、白樺萃取物、桔梗根萃取物、羅漢柏萃取液）

SOFINA 局部美白筆。主要美白成分同樣是洋甘菊 ET，也添加能夠滋潤肌膚，改變暗沉肌膚的視覺成分。相較於精華液類型而言，美白筆本身的服貼性相當好，能像局部膜一般蓋在局部位上持續釋放美肌成分。若是想強化局部斑點的美白保養，建議可以在使用全臉保養型的精華液之後，利用美白筆來強化局部美白保養。

和風美容素材正當道

異軍突起的米保養與日本酒保養

這幾年和風美容保養席捲整個日本藥妝界，從最早的和漢植萃保養，到近來當紅的米保養及日本酒保養，都是人氣度相當高的類型。嚴格來說，日本酒保養的原料為稻米，因此可算是米保養的變化形態之一。

米保養的主要美容成分，來自於白米的維生素與油酸，以及來自米糠的礦物質及維生素。另一方面，在天然發酵力加持之下，日本酒則是能透過豐富的胺基酸發揮出色的美肌效果。就美容作用而言，無論是米保養或日本酒保養，都著重在保濕、緊緻毛孔以及提升肌膚防護力，因此成為時下最為熱門的抗齡潤澤保養類型。

面膜 米保養面膜

毛穴撫子
お米のマスク

廠商名稱●石澤研究所
容量／價格●10 片／650 円
香味●無
主要美容成分●白米發酵萃取物、米糠油、米糠萃取物、米神經醯胺

堪稱是帶領米保養面膜風潮的領頭羊，至今仍持續熱銷的毛穴撫子米保養面膜。整體來看，主要美肌成分全是來自日本國產米的美肌潤澤成分，而且質地清爽全年通用。不過這款面膜之所以會熱賣，不只是保濕及緊緻毛孔的美容作用。最重要的原因之一，是它採用的面膜紙材質相當柔軟且服貼，從袋子取出後也能簡單展開，使用起來非常省時又省力，加上包裝設計認知度高，很容易讓人留下深刻印象。

米美糀
モイストシートマスク

廠商名稱●ボーテ・ド・モード
容量／價格●7 片／580 円
香味●無
主要美容成分●白米發酵液、米糠發酵液、白米胚芽油、超級玻尿酸、米糠油、蘆薈葉萃取物、胎盤素萃取物

米美糀是主打日本傳統之美的保養品牌，從品牌名稱來看就不難看出其美容成分與米有關。除了 8 種萃取成分之外，這款面膜還另外採用 9 種和漢植萃成分及 3 種保濕鎮靜與抗齡成分，可說是眾多米保養面膜當中美肌成分最多的商品之一。

米屋のまゆちゃん
まゆちゃんのお米のますく

廠商名稱●Dearest
容量／價格●10 片／1,000 円
香味●無
主要美容成分●米糠萃取物、水解米糠萃取物、水解白米萃取物、白米胚芽油、酒粕萃取物

包裝上有個可愛農作女孩，配色沉穩的米保養每日面膜。在 2018 年最新一次的改版中，不僅保留原本 6 種日本國產米保濕成分，還新增酒粕萃取物，讓原本評價就不錯的保濕及柔膚效果更加提升。就每日保養面膜來說，價位上雖然不算便宜，但從美容成分組合以及高達 210 克的紮實內容量來看，可說是用料相當實在的面膜。

IAC－labo
お米マスク

廠商名稱●進製作所
容量／價格●10 片／600 円
香味●無
主要美容成分●白米發酵液、米糠油、米糠萃取物、米神經醯胺

目前日本市面上為數不算多的米保養面膜當中，這包採用顯眼大紅色包裝設計的商品，屬於比較不容易入手的神秘款，但是到國人常造訪的唐吉訶德，會比較容易尋得。這款面膜採用 4 種日本國產米保養成分，敷起來感覺偏向清爽，但因添加米糠油的關係，使用後肌膚表面會散發出健康的光澤感。

CLEAR TURN
純国産米マスク EX

- 廠商名稱●コーセーコスメポート
- 容量/價格●40 片/1,300 円
- 香味●無
- 主要美容成分●白米發酵萃取物、米糠萃取物、紫糯米萃取物、水解白米萃取物、水解米糠萃取物 GL

針對肌膚乾燥以及毛孔粗大等問題，一口氣採用 5 種日本國產米美肌成分的大容量每日保養面膜。質地濃密宛如乳液般的美容成分，可在敷完臉後持續滋潤肌膚一整晚。在面膜紙方面，則是採用服貼性佳且具密封效果的軟厚質地，可強化保養眼周及嘴周等容易乾燥的部位。

VECUA SPA
エッセンスマスク

- 廠商名稱●BCL カンパニー
- 容量/價格●30 片/1,800 円
- 香味●複方精油香
- 主要美容成分●白米發酵液、米糠萃取物、米糠油、米神經醯胺

開發概念來自美容沙龍的堅持，採用日本國產有機棉製作面膜紙，再搭配 7 種保養成分、8 種美肌胺基酸及眾多保濕植萃成分，在美肌成分上可說是相當講究的米保養面膜。面膜紙本身既厚且軟，剪裁上也較寬一些，可以完整包覆下巴及臉部邊緣等容易乾燥的部位。

LIPS and HIPS
フェイスピースマスク

- 廠商名稱●アインファーマシーズ
- 容量/價格●5 片/2,300 円
- 香味●葡萄柚清香
- 主要美容成分●米糠萃取物、米糠油、米神經醯胺

包裝設計走粉嫩公主風的 LIPS and HIPS，是連鎖藥妝店 AINZ & TULPE 的自有品牌。這款面膜的主要美肌成分相當著重於保濕作用，包括 3 種米萃取成分及 2 種神經醯胺。面膜的美容成分帶有清爽的葡萄柚香，而服貼性佳的面膜紙本身也相當講究。不只能夠完整包覆下巴及臉部邊緣，而且還具有彈性可以往上拉提。

みずかがみ
美容フェイスパック

- 廠商名稱●マンアップ
- 容量/價格●20ml×10 片/2,250 円
- 香味●無
- 主要美容成分●米糠萃取物、酒粕萃取物、三重玻尿酸

美肌成分萃取自水源及栽植環境皆純淨的滋賀縣產「水鏡米」，再搭配三重玻尿酸加強肌膚的保水力。面膜紙纖維中混合著京都藝妓化妝時所用的化妝紙，因此不只是觸感溫和，而且還具備相當不錯的吸水性、保濕性及服貼性。10 片入包裝感覺就像是個小米袋一般，非常可愛有特色。

FINE GRAINED
3 種のコメ由来成分
フェイスマスク

- 廠商名稱●SPC
- 容量/價格●5 片/900 円
- 香味●無
- 主要美容成分●白米發酵液、米糠萃取物、米神經醯胺

主要美肌成分萃取自白米及米糠，敷起來感覺偏向清爽的米保養面膜。美容成分質地就像化妝水般輕透，敷起來不會有厚重的負擔感。因為還添加角鯊烷的關係，敷完之後雖然感覺清爽，但肌膚表面看起來會散發出一股健康的潤澤光感。

美人ぬか
純米美容液マスク

- 廠商名稱●リアル
- 容量/價格●20ml×5 片/850 円
- 香味●無
- 主要美容成分●米糠萃取物、米糠神經醯胺、玻尿酸

美人米糠是來自神戶的百年米糠保養品牌，最早以米糠潔膚袋起家，在日本可說是深受各世代信賴的品牌。這款面膜採用當家拿手的米糠美肌成分，可提升肌膚潤澤度及防禦力。對於喜歡日本百年老舖文化的人來說，是相當具有故事背景的面膜。

MITOMO
米麹うるうるエッセンスマスク

- 廠商名稱●美友
- 容量/價格●25g×1 片/120 円
- 香味●無
- 主要美容成分●白米萃取物、蘆薈萃取物、玻尿酸

從標示成分來看，整體的美肌配方較為單純。雖然來自白米的美肌成分不算多樣化，但價值也相對親民許多，因此可作為米保養面膜的入門單品。在面膜方面，因為採用美容成分吸收力及服貼性高的材質所製成，就算是敷用超過 15 分鐘，面膜紙邊緣也不會因為乾燥而翹起來。

面膜 日本酒面膜

酒粕
フェイスマスク

- 廠商名稱 ● グレート
- 容量/價格 ● 25ml×1 片/800 円
- 香味 ● 日本清酒香
- 主要美容成分 ● 白米發酵液、玻尿酸

精選六家日本酒窖，以各家酒粕作為主成分的日本酒主題面膜系列。每一片的美容成分多達 25ml，不只臉部就連頸部都能完整塗抹保養。包裝正面設計採用各家日本酒標籤上的品牌圖樣，散發出濃濃的日本傳統味與霸氣，視覺表現很適合作為伴手禮。美容成分本身透明帶有一點稠度但不黏膩，且帶有淡淡的日本酒香。不只如此，就連面膜紙剪裁也很特別，尤其是鼻子的部分採大面積剪裁，所以敷上臉時可完整包覆整個鼻翼及鼻頭。

酒粕フェイスマスク
吉田酒造店
● 石川縣白山市

手取川

釀酒用水採自與酒名相同的手取川底流水，並使用最適合造酒的白米釀製。以「一滴入魂」的精神，釀製出極具地方特色的銘酒。

Wafood Made
酒粕マスク

- 廠商名稱 ● pdc
- 容量/價格 ● 10 片/650 円
- 香味 ● 日本酒清香
- 主要美容成分 ● 酒粕萃取物、白米發酵液、水解酵母萃

說到 2017 年日本藥妝店中的爆賣商品，就不能不提到 pdc 的酒粕泥膜。在這股熱賣的氣勢之下，pdc 接著推出不用水沖，使用起來更加方便的酒粕片狀面膜。同樣採用來自熊本的酒粕、酵母及湧泉水，打造清透美肌的效果一點也不打折。面膜紙的材質偏向軟厚，敷起來感覺相當服貼與舒服。

Tokyo

菊正宗
日本酒のフェイスマスク

- 廠商名稱 ● 菊正宗酒造
- 容量/價格 ● 7 片/450 円
- 香味 ● 日本酒淡香
- 主要美容成分 ● 白米發酵液、8 種胺基酸

來自關西兵庫日本酒老舖「菊正宗」的日本酒面膜。主要美容成分來自於菊正宗純米吟釀酒，因為事前已經蒸散酒精成分，所以使用起來並沒有刺激感，但卻帶有淡淡的日本酒清香。其實在市面上眾多日本酒保養面膜當中，這款面膜帶有淡淡酒香，深受許多喜愛日本酒的消費者青睞。

菊正宗
日本酒のフェイスマスク 高保湿

- 廠商名稱 ● 菊正宗酒造
- 容量/價格 ● 7 片/500 円
- 香味 ● 日本酒淡香
- 主要美容成分 ● 白米發酵液、8 種胺基酸、2 種神經醯胺

日本酒老舖「菊正宗」旗下的另一款日本酒面膜。如同化妝水一般，面膜也分為白色清爽型及粉色滋潤型。菊正宗的高保濕面膜多加了鎖水效果高的神經醯胺，因此特別適合在乾燥的季節，或是覺得肌膚滋潤度不夠的時候使用。

酒粕フェイスマスク 田酒

西田酒造店
● 青森縣青森市

來自青森市境內唯一的酒窖。酒名中的「田」字，強烈主張只用田地所栽種的材料，釀出可展現白米甘甜味的甜口純米酒。

酒粕フェイスマスク 鳩正宗

鳩正宗株式会社
● 青森縣十和田市

創業初期酒名為「稻生正宗」，因白鴿飛至酒窖神龕棲息，故改名為「鳩正宗」。水源採用八甲田山奧入瀨的底流水，遵循傳統工法所釀製的甜口酒。

酒粕フェイスマスク 山本

山本合名会社
● 秋田縣山本郡

貫徹釀酒起始於稻作的精神，利用釀酒用的白神山地湧泉，灌溉自家梯田以栽植釀酒用米，這樣的作法在日本可說是史無前例。

酒粕フェイスマスク 新関

株式会社平孝酒造
● 宮城縣石卷市

1861 年從岩手縣「菊之司」分支獨立。雖然酒窖在 311 地震中遭受破壞，後來仍然以「釀酒不為人醉，只為感到美味」的精神重建酒窖。

酒粕フェイスマスク 國權

国権酒造株式会社
● 福島縣南會津

酒窖受山毛櫸原生林及濕地等自然環境所圍繞。不只是釀造用米出自釀酒員工之手，釀造用水更是來自廠區內持續汲水超過百年的古井。

糀姫
ふぇいすますく

廠商名稱 ● シースタイル
容量/價格 ● 7 片/600 円
香味 ● 櫻花淡香
主要美容成分 ● 米發酵液、酒粕萃取物、米胚芽油、米糠油、米神經醯胺

包裝設計散發出濃濃和風味的糀姬保養系列，最早從一瓶泥膜發跡，因為人氣持續上升而逐漸增加品項。這款面膜敷起來帶有一股淡雅的櫻花香，很適合喜歡有香味的人。從成分組合來看，其實相當多樣化，幾乎包含日本酒保養及米保養的基礎成分，在保濕及細緻膚紋上的效果很值得期待。

CLEAR TURN
美肌職人 日本酒マスク

廠商名稱 ● コーセーコスメポート
容量/價格 ● 7 片/400 円
香味 ● 無
主要美容成分 ● 溫泉水、白米萃取物、胺基酸 GL

CLEAR TURN 的美肌職人系列，主打特色是和風保養路線。主要的特色之一，就是面膜紙採用手漉和紙技術所製成，因此面膜紙的服貼性不錯，而且能吸附更多的美肌成分。當肌膚滋潤度不足而顯得僵硬乾荒時，就很適合使用這個面膜。

我的美麗日記
酒かすマスク

廠商名稱 ● 統一超商東京マーケティング
容量/價格 ● 23g×5 片/690 円
香味 ● 日本酒淡香
主要美容成分 ● Cosphingo™、Aquaroad、米發酵液、紅藻萃取物

來自台灣的品牌—「我的美麗日記」在日本也擁有不少的愛用者，因此在日本當地還推出這款日本限定的酒粕保濕面膜。除了米發酵液之外，還融合 Cosphingo™、Aquaroad™這兩項原創保水成分，提升敷面膜時的美容成分滲透力及敷完面膜之後的滋潤度。

MITOMO
日本酒うるうる エッセンスマスク

廠商名稱 ● 美友
容量/價格 ● 25g×1 片/120 円
香味 ● 無
主要美容成分 ● 白米發酵萃取物、蘆薈萃取物、玻尿酸

美肌成分相對單純，加上單片價格不高，因此可作為日本酒保養入門款的選擇之一。這款面膜採用自己專用的面膜紙，其特色是高美容成分吸收力及高服貼性，就算是敷用超過 15 分鐘，面膜紙邊緣也不會因為乾燥而翹起來。

面膜 保濕型面膜

百貨・專門店通路

SK-Ⅱ
フェイシャル トリートメント マスク

廠商名稱● SK-Ⅱ
容量/價格● 6 片/10,000 円
香味● 無香
主要美容成分● PITERA™

SK-Ⅱ片狀面膜中的基本款，網格狀結構的面膜布吸滿著SK-Ⅱ的核心成分「PITERA™」，且服貼性極佳，只要敷一片就能明顯感受到PITERA™的神奇保養效果。這款面膜早在1981年就上市，堪稱是日本片狀面膜文化的領頭羊。由於保濕效果表現優秀，因此成為一賣就超過30多年的長壽熱門商品。

ALBION
薬用スキンコンディショナー エッセンシャルペーパーマスクE

廠商名稱● ALBION
容量/價格● 12ml×8 片/3,000 円
香味● 懷舊花香
主要美容成分● 甘草酸鉀、金縷梅萃取物、七葉樹萃取物、薏仁萃取物

許多 ALBION 健康化妝水的愛用者，都會搭配面膜布或化妝棉濕敷，尤其在夏季日曬後敷起來具有舒服的鎮靜感。不過健康化妝水其實也有推出能夠調節肌膚循環的片狀面膜。在最近一次的改版當中，美容成分增量至 12 毫升，而面膜布的剪裁也做了變化，從原本偏向圓形的剪裁，改為下半部加寬設計，如此一來就能更完整包覆下巴及下半臉的邊緣部分。

Prédia
スパ・エ・メール タラソ サウナマスク

廠商名稱● コーセー
容量/價格● 29g×1 片/500 円
　　　　　 29g×6 片/2,900 円
香味● 舒緩清香
主要美容成分● 鵝目褐藻萃取物、刺松藻萃取物、甘油、北大西洋紅藻萃取物

這片面膜來自品牌形象為海洋保養的 Prédia，其美容成分以海藻萃取物為主。大部分的面膜都是包覆全臉，但這款只有半片剪裁的面膜，則是用來強化眼鼻以下的保濕保養。這款面膜的另一個獨特之處，就是美容成分在敷用時會與水氣反應而產生溫感，藉此提升美肌成分的滲透力。由於浴室內的水蒸氣越多，會使溫熱感更加明顯，因此特別適合在泡澡的時候使用。

Awake
フェイスザフューチャー コンセント レイティッド オイルシートマスク

廠商名稱● コスメラボ
容量/價格● 20ml×6 片/6,000 円
香味● 複合天然精油香（橙花油、橘皮油、苦橙葉精油、薰衣草精油、桉樹精油、絲柏精油）
主要美容成分● 米胚芽油、玉米胚芽油、有機橄欖油、有機荷荷芭油

AWAKE 在 2018 年初春進行品牌形象與成分大改版時，一口氣推出 24 項新品，而這款面膜正是其中一個成員。不只是包裝設計變得年輕可愛，就連面膜的訴求主題也很有趣，因為 Awake 要使用者敷臉時，想像一下自己 10 分鐘之後的肌膚狀態，這實在是給人不少的期待感呢！美肌成分有 90% 來自植萃油成分，是目前相當少見的油保養片狀面膜，再搭配柔軟的三層構造面膜布，可發揮相當不錯的密封潤澤效果。

HABA
スクワランオイルマスク

廠商名稱● HABA
容量/價格● 20ml×5 片/2,700 円
香味● 無
主要美容成分● 角鯊烷、米神經醯、山茶花萃取物

日本角鯊烷保養代表品牌 HABA 所推出的柔膚保濕型面膜。對於因為增齡而顯得乾荒無彈性的肌膚，面膜中的角鯊烷可發揮柔化及潤澤肌膚的作用，讓其他來自白米及山茶花的保濕萃取成分能順利滲透至肌膚角質層。由於是用來柔化肌膚並提升保養成分吸收，所以在使用順序上也略有不同，通常建議在潔顏後、上化妝水之前使用。

DECORTÉ
ヴィタ ドレーブ マスク

廠商名稱● コーセー
容量/價格● 10ml×1 片/400 円
香味● 草本精油香
主要美容成分● 紫蘇萃取物、丁香萃取物、迷迭香萃水、鼠尾草精油

採用 4 種紫蘇科植萃成分，搭配具有舒緩身心效果的草本精油香，很適合在季節轉換或肌膚環境不穩定的時候，用來改善因為外在因素而顯得乾荒或暗沉等肌膚問題。面膜布採用 100% 純棉且具有伸縮性，不僅能夠沿著臉部線條來調整面膜包覆範圍，敷起來的膚觸也相當不錯。

INFINITY
バイタルコンフォート マスク

廠商名稱● コーセー
容量/價格● 20ml×1 片/1,200 円　20ml×6 片/6,000 円
香味● 優雅花香
主要美容成分● 高山火絨草萃取物、紅景天萃取物、川芎水、鹼性溫泉水、菖蒲根萃取物、茯苓萃取物

INFINITY 在中華圈屬於百貨品牌，但在日本則是屬於藥妝店壁櫃及化妝品專賣店品牌。就單價來說，這款面膜在藥妝店裡雖然偏貴，但因為精華液保養成分十分講究，因此評價表現不俗。加上面膜布採用薄膜編織加工，可在敷面膜時發揮密封溫蒸保養效果，提升精華液保養成分的滲透作用，很適合在肌膚感覺疲憊時用來補充元氣。

Barrier Repair
ピュアオイルマスク

廠商名稱● マンダム
容量/價格● 4 片/750 円
香味● 無香
主要美容成分● 類胎脂保濕因子、美容植萃油

Barrier Repair 在 2017 年夏末推出超適合乾硬肌膚使用的油保養面膜系列。整個系列根據不同的肌膚保養訴求而細分為三種類型，但共通保濕成分是 Barrier Repair 的品牌核心成分「類胎脂保濕因子」。概念來自於嬰兒胎脂的類胎脂保濕因子，可幫助提升肌膚防禦力，並為肌膚提供油分以維持水油平衡。最重要的是，可以配合各類型所添加的美容油，將保濕潤澤作用發揮到最大化。

ローズヒップオイル
玫瑰果油
潤彈清透肌

ココナッツオイル
椰果精油
滑嫩潤澤肌

シアバターオイル
乳油木果油
柔嫩彈力肌

豆腐の盛田屋
豆乳よーぐるとしーとますく
玉の輿〈しっとり保湿〉

廠商名稱● 豆腐の盛田屋
容量/價格● 23ml×5 片/640 円
香味● 無香
主要美容成分● 豆乳、優格、蜂蜜、玻尿酸鈉、奈米玻尿酸、吸附型玻尿酸

喜歡日本藥妝的美容愛好者，幾乎都聽過甚至用過盛田屋的豆乳泥膜。初期只靠一瓶豆乳泥膜就成功打響名號的盛田屋，這幾年持續推出新品，而這款以美容食材為主軸的片狀面膜，就是其中一項熱門商品。除了三種具保濕作用的美容食材之外，面膜的美肌成分當中還加入三種分子量不同的玻尿酸，可在肌膚當中分層持續發揮保濕作用。

Hada Labo
極潤ヒアルロンマスク

廠商名稱● ロート製藥
容量/價格● 20ml×4 片/798 円
香味● 無
主要美容成分● 玻尿酸鈉、超級玻尿酸、奈米玻尿酸

日本玻尿酸保養代表品牌，樂敦製藥的極潤系列在 2017 年秋季進行品牌大改版，而單片裝面膜也是其中之一。這次除了包裝設計變得更有水潤視覺感之外，最重要的是成分升級。樂敦製藥以黃金比例調合三種分子量不同的玻尿酸，同時提升肌膚滲透力及彈力，因此使用起來較之前清爽但滋潤。

肌美精
ビューティーケアマスク（保湿）

廠商名稱● クラシエホームプロダクツ
容量/價格● 25ml×3 片/554 円
香味● 無
主要美容成分● 山桑子葉萃取物、玻尿酸、膠原蛋白、蠶絲萃取物

許多現代女性都有上妝的習慣，而許多彩妝品在一整天下來會讓臉部肌膚缺乏油分及水分，甚至有些人累到沒卸妝就睡著。針對這種長時間上妝所引起的肌膚乾燥問題，肌美精推出能夠同時補充肌膚油分及水分的乳液面膜。面膜敷起來可以感受到質地柔軟度佳，而且服貼性也不錯。

QUEEN'S PREMIUM MASK
超保湿＋エイジングケアマスク

廠商名稱● クオリティファースト
容量/價格● 30ml×5 片/725 円
香味● 無香料
主要美容成分● 五重玻尿酸、水解膠原蛋白、蜂王漿萃取物、水解酵母萃取物、北海道溫泉水

QUEEN'S PREMIUM MASK 的品牌歷史並不長，但卻是近年來迅速崛起的人氣面膜之一。這款面膜採用多種保濕成分，再搭配多層構造的彈力面膜布，可在服貼臉部線條的同時，運用獨家雙重快速滲透技術，讓面膜中的美容成分發揮最大的美肌效能。號稱從面膜布到美肌成分都溫和不刺激，就連敏感肌也能使用。

雪肌粋
透明美肌マスクN

廠商名稱● コーセー
容量/價格● 30ml×1 片/300 円
香味● 淡雅花香
主要美容成分● 薏仁萃取物、枇杷葉萃取物、延命草萃取物、甘油

高絲專為日本 7-Eleven 及伊藤洋華堂所開發的雪肌粋系列，推出這片保濕成分偏向濃密的透明美肌面膜，號稱敷上一片就等於上完化妝水、精華液及乳液。面膜布本身較為扎實且具有彈性，可隨著自己的臉型調整至最為服貼的狀態。每一包的美容成分多達 30 毫升，敷上面膜同時可將多的精華液拿來保養頸部、手肘與膝蓋等容易乾燥的部位。

ALOVIVI
ハトムギ美容マスク

廠商名稱● イヴ
容量/價格● 7 片/300 円
香味● 無香
主要美容成分● 薏仁萃取物、漢紅魚腥草萃取物、印度苦楝樹葉萃取物

許多人看到這款面膜，都會覺得包裝設計有種似曾相識的感覺。沒錯！就是那瓶熱賣的大容量薏仁化妝水。使用起來的滋潤度還算不錯，加上價位也相當親民，因此有不少海外觀光客都會大量購買回國。由於面膜布本身是採用天然棉製成，所以有時候敷完會有棉絮殘留在臉上。

CLEAR TURN
美肌職人 はとむぎマスク

廠商名稱● コーセーコスメポート
容量/價格● 7 片/400 円
香味● 無
主要美容成分● 溫泉水、薏仁萃取物、胺基酸 GL

CLEAR TURN 最新推出的美肌職人系列，走的是和風保養路線。不只是美容素材有日本味，就連面膜布也是採用手濾和紙技術所製成，因此面膜布具有服貼性佳及美肌成分傳導性高等特色。水藍色包裝版本的主要美容成分為薏仁萃取物，適合用來提升肌膚的清透感。

Hada Labo
極潤パーフェクトマスク

廠商名稱● ロート製薬
容量/價格● 20 片/1,500 円
香味● 無
主要美容成分● 玻尿酸鈉、超級玻尿酸、奈米玻尿酸、吸附型玻尿酸、角鯊烷、神經醯胺、水前寺藍藻多醣體

金色包裝極潤的主打特色是濃密保濕，而這盒每日面膜則是整個極潤品牌中，保濕潤澤成分最為豪華。除了四種玻尿酸之外，最為特別的保濕成分，是開架保養品中相當少見的珍稀成分，號稱保水力是玻尿酸 5 倍之多的水前寺藍藻多醣體。明明是大容量的每日保養面膜，保濕成分及三層結構的厚質面膜布，都和單片包裝面膜一樣講究，洗完臉敷完一片等於是一口氣完成化妝水、精華、乳液、乳霜及面膜五大保養程序。

CLEAR TURN
美肌職人 黑真珠マスク

廠商名稱● コーセーコスメポート
容量/價格● 7 片/400 円
香味● 無
主要美容成分● 溫泉水、黑珍珠萃取物、胺基酸 GL

CLEAR TURN 美肌職人和風系列中的黑色包裝版本，是採用黑珍珠水解萃取物保濕彈潤保養面膜。不只是在日本，珍珠在中國也是自古以來就廣為人知的美容聖品，而這款面膜則是特別適合需要提升肌膚光澤感與彈潤感的人使用。

ELSIA
プラチナム クイック エッセンス マスク

廠商名稱● コーセー
容量/價格● 32 片/1,500 円
香味● 無香
主要美容成分● 雙重膠原蛋白、玻尿酸、咖啡因、甘油

ELSIA 專為忙碌於家事與工作的現代女性，開發出這款只要 5 秒就能抽出並敷於臉上的每日保濕面膜。雖然是每日面膜，但除了保濕成分不馬虎之外，就連面膜布也是採用高規格的彈性材質。號稱敷完一片面膜之後，就像同時上完化妝水、精華及乳液，很適合起床到出門為止沒太多時間保養的人使用。

Saborino
お疲れさマスク

廠商名稱● BCL カンパニー
容量/價格● 28 片/1,300 円
香味● 洋甘菊香
主要美容成分● 洋甘菊萃取物、薰衣草萃取物、橘皮油、西洋薄荷萃取物、纈絲花萃取物、紅花百里香萃取物、水溶性膠原蛋白、玻尿酸鈉

在日本熱賣許久的懶人面膜系列，除了白天上妝前使用的快速保養版本之外，還推出夜間專用的類型，號稱潔顏後只需 60 秒就能完成睡前所有的保養工作。簡單一敷，就能同時達到保濕與功敷保養，這對於忙了一天回到家只想倒頭就睡的人來說，可說是不可或缺的懶人保養小幫手。

専科
パーフェクトパーリーマスク

廠商名稱● 資生堂
容量/價格● 28 片/980 円
香味● 無香
主要美容成分● 白珍珠萃取物、水解蠶絲蛋白、玻尿酸鈉、高效玻尿酸、甘油

繼上一個強化保濕的版本之後，資生堂專科的濃密美容大容量面膜在 2018 年春季推出保養重點鎖定在清透珠光肌的新品。面膜的美容成分濃密，可發揮密封滲透的保養效果。除了採用蠶絲萃取物這項提升肌膚絲滑觸感的品牌核心成分之外，還添加白珍珠萃取物，讓肌膚能夠顯得淨透明亮。

CLEAR TURN
ベイビッシュプレシャス
超濃厚うるおいマスク

廠商名稱 ● コーセーコスメポート
容量/價格 ● 32 片/1,500 円
香味 ● 無
主要美容成分 ● 玻尿酸、RIPIDURE®、類神經醯胺聚合物、植萃精華（洋甘菊、迷迭香、鼠尾草、紫蘇、桃葉）

專為 20 世紀輕齡肌所開發的 BABYISH 面膜系列，在植萃保養風潮之下順勢推出大盒裝植萃保養系列。粉紅色版本為滋潤型，保養重點放在加強肌膚保水力。這次採用的面膜布質相對柔軟且服貼肌膚，也因為不含雜質的關係，對於肌膚的刺激性也較低，因此也很乾燥敏弱肌族群使用。

CLEAR TURN
ベイビッシュプレシャス
超濃厚ホワイトマスク

廠商名稱 ● コーセーコスメポート
容量/價格 ● 32 片/1,500 円
香味 ● 無
主要美容成分 ● 薏仁萃取物、虎耳草萃取物、類神經醯胺聚合物、植萃精華（洋甘菊、迷迭香、鼠尾草、紫蘇、桃葉）

BABYISH 植萃保養面膜系列中的白色版本為透亮型，除了系列共通的植萃保濕及鎖水成分之外，還強化能夠提升肌膚清透感的保養需求。對於因為肌膚乾燥而顯得暗沉的人來說，是蠻值得一試的每日保養面膜。

CLEAR TURN
ベイビッシュプレシャス
超濃厚ハリ弾力マスク

廠商名稱 ● コーセーコスメポート
容量/價格 ● 32 片/1,500 円
香味 ● 無
主要美容成分 ● 膠原蛋白、海藻糖衍生物、類神經醯胺聚合物、植萃精華（洋甘菊、迷迭香、鼠尾草、紫蘇、桃葉）

BABYISH 植萃保養面膜系列中的黃色版本為彈潤型。除了系列共通的植萃保濕及鎖水成分之外，針對肌膚因為乾燥而略失彈潤感的問題，加強膠原蛋白等肌膚中相當重要的彈潤保濕成分。相對適合肌膚因為乾燥而缺乏彈潤感時使用。

藥妝・美妝通路

痘痘面膜

肌美精
ビューティーケアマスク
（ニキビ）

廠商名稱 ● クラシエホームプロダクツ
容量/價格 ● 15.5ml×3 片/554 円
香味 ● 無
主要美容成分 ● 水楊酸、甘草酸二鉀、綠茶萃取物

針對長時間上妝而疲憊的肌膚，容易有痘痘的問題，肌美精開發出這款以抗炎、抗菌及收斂成分為主的修復保養面膜。整體來說，敷起來感覺偏向清爽，而面膜布本身也具有彈性，可以拉長覆蓋到臉部邊緣冒痘痘的部位。從成分來看，也很適合拿來對付泛紅的痘印。

飾底毛孔面膜

LIFTARNA
ベースメイキングマスク

廠商名稱 ● pdc
容量/價格 ● 5 片/500 円
香味 ● 無
主要美容成分 ● 金縷梅萃取物、洋薊萃取物、玻尿酸、膠原蛋白、神經醯胺、蜂王漿萃取物

絕大部分的面膜都是睡前使用，但這片面膜卻是主打敷了之後不止能讓毛孔顯得緊緻，而且還能利用細微柔膚粉體修飾粗大毛孔，是目前日本藥妝市場上少見的「妝前面膜」。只要在洗臉過後敷個一片，就可以直接上妝，這對於出門前沒太多時間逐步保養及上飾底乳的人來說，是相當方便的面膜新品。

百貨·專門店通路

SK-Ⅱ
スキン シグネチャー 3D リディファイニング マスク

廠商名稱	SK-Ⅱ
容量/價格	6 片/14,000 円
香味	草本清香
主要美容成分	PITERA™、濃縮 PITERA™

針對臉頰、法令紋以及嘴巴周圍等容易顯現肌膚增齡警訊的部位，SK-Ⅱ 推出兩片式集中保養面膜。除了原有的 PITERA™ 之外，這款面膜還新增濃縮 PITERA™ 來提升保濕與抗齡作用。面膜布本身服貼且具備彈力，可以沿著臉部輪廓往上拉提使用。融合 13 種取自天然成分的香氛，不僅可以使人放鬆身心，更能發揮緊緻保養作用。

雪肌精 MYV
コンセントレート トリートメント

廠商名稱	コーセー
容量/價格	精華液 2.3ml×6 包＋面膜×6 片/12,000 円
香味	清新精油香
主要美容成分	精華液：薏仁萃取物、當歸萃取物、白蘞萃取物、金櫻子萃取物、高麗人蔘萃取物、川芎水、甘油 袋裝面膜：黃芩萃取物、甘油

雪肌精頂級 MYV 御雅系列據東洋陰陽調和的概念，開發出這款先上精華液，再敷片狀面膜的獨特新型態面膜。在使用方法上，是先使代表「陽」的精華液塗勻全臉之後，再敷上具有涼感而象徵「陰」的面膜。在精華膜與面膜相輔相成之下，密封美肌效果能讓肌膚顯得潤彈有活力，而獨特的精油香氛也能發揮不錯的心靈撫慰效果。

DECORTÉ
AQ MW フェイシャル マスク デュオ

廠商名稱	コーセー
容量/價格	上下各 10ml×6 組/10,000 円
香味	白檀清香
主要美容成分	茯苓萃取物、酵母溶解質萃取物、黏蛋白體、白檀萃取物、芍藥萃取物

黛珂頂極抗齡系統 AQ MW 所推出的全效拉提雙面膜。從品名就可看出，這款面膜分為上下兩片，並根據不同的保養需要採用不同的美容成分。例如上面膜添加保濕效果出色的茯苓萃取物，可針對容易顯露年齡的眼周肌膚，打造充滿朝氣的活力印象。另一方面，下面膜則是針對肌膚鬆弛及粗大毛孔問題，添加能夠發揮緊緻機能的酵母溶解質萃取物。簡單來說，就是能同時滿足眼部活力及臉部輪廓張力感的奢華面膜。

episteme
コンセントレイトマスク

廠商名稱	ロート製藥
容量/價格	32ml×6 片/10,000 円
香味	玫瑰花香
主要美容成分	高山火絨草萃取物、梅果萃取物、月見草油、水解大豆萃取物、忍冬萃取物、芍藥根萃取物

來自樂敦製藥百貨專櫃品牌—episteme 的抗齡保濕面膜。面膜本身分為上下兩片，能更為服貼臉部線條。略帶稠度的精華液美容成分容量多達 32 毫升，用來保養全臉及頸部還綽綽有餘。在重要日子來臨之前，很適合拿來對付肌膚暗沉無透亮感，以及肌膚乾荒所引起的細紋與鬆弛等問題。

Prédia
スパ·エ·メール ミッドナイト バンテージ マスク

廠商名稱	コーセー
容量/價格	17ml×1 片/500 円　17ml×6 片/2,900 円
香味	舒緩草本香
主要美容成分	蛋白聚糖、胎兒糖原、籠目褐藻萃取物、刺松藻萃取物、海洋深層水、溫泉水、甘油

海洋 SPA 保養品牌 Prédia，針對臉部肌膚鬆弛及法令紋等問題所推出的抗齡保養面膜。面膜本身的形狀相當特別，採用上中下三段式剪裁，中段可將臉頰肌膚往上拉提，而下段則能夠針對下巴及臉部邊緣的肌膚進行包覆與拉提。在覺得臉部肌膚鬆弛沒有精神時，可以拿來做為集中保養使用。

藥妝·美妝通路

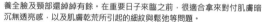

ASTABLANC
エイジセンセーション マスク

廠商名稱	コーセー
容量/價格	22ml×6 片/2,300 円
香味	舒緩花香
主要美容成分	蝦紅素 S、海洋膠原蛋白 S、墨角藻萃取物、海洋深層水、角鯊烷

早在 1980 年代，高絲就開始研究蝦青素的抗自由基作用。後來在改善蝦青素的本身容易因為光線照射等原因而氧化的特性之後，推出蝦青素抗齡保養品牌 ASTABLANC。這片面膜添加高濃度的蝦青素及角鯊烷複合成分，可針對臉部細紋與鬆弛的線條，同時發揮抗齡與潤澤保養機能。面膜布採用特殊的葫蘆狀剪裁，可讓下半部完整包覆下巴。

Hada Labo
極潤 α スペシャルハリマスク

廠商名稱	ロート製藥
容量/價格	20ml×4 片/900 円
香味	無
主要美容成分	3D 玻尿酸、小分子膠原蛋白、小分子彈力蛋白

肌研極潤 α 是專為流失彈力及緊緻度之肌膚所開發的藥妝開架抗齡保養系列。除了整個系列最為核心的保濕成分「3D 玻尿酸」之外，還與樂敦製藥旗下的醫美品牌「Obagi」技術共享，加入開架抗齡保養品中相當少見的奢華成分—小分子彈力蛋白。精華液型態的美容成分質地相當濃密，敷完面膜後仍然可維持長時間的保濕與潤澤感。

面膜 美白型面膜

藥妝・美妝通路

百貨通路

SK-II
ホワイトイニング ソースダーム リバイバル マスク

- 嚴商名稱●SK-II
- 容量／價格●6 片／10,500 円
- 香味●無香
- 主要美容成分●PITERA™

針對臉部肌膚上的斑點問題，SK-II推出這款可同時滿足保濕需求的面膜。每一片面膜當中都含有 30ml，也就是相當一整瓶精華液的美容成分。原本呈現凝露狀的美容成分在接觸肌膚之後，會瞬間化為輕透水狀，搭配面膜布本身的密封質地特性，可幫助美肌成分持續往下滲透至肌膚深層。除了美白與保濕效果之外，對於日曬受損的肌膚也有不錯的修護效果。（医薬部外品）

AMPLEUR
ラグジュアリーホワイト トリートメントマスク HQ

- 嚴商名稱●ハイサイド・コーポレーション
- 容量／價格●25ml×5 片／5,980 円
- 香味●洋甘菊
- 主要美容成分●新安定型對苯二酚、維生素C衍生物、寡肽-34、玻尿酸、水解膠原蛋白、胎盤素萃取物、三重神經醯胺、酵母萃取物、薏仁萃取物

AMPLEUR 的美白面膜，是日本美妝店當中極少數以新安定型對苯二酚作為美白成分的產品。不只如此，這片面膜當中共有 38 種保濕、美白及抗齡美容成分，屬於成分組合相當強大，保養需求涵蓋非常廣的一款面膜。美容成分雖然濃密，但潤澤油性成分在獨特的乳化技術之下，可快速滲透至角質層的縫隙之中，發揮柔膚及提升肌膚抗禦力。雖然單價並不便宜，但卻非常適合想要同時完成保濕、美白及修飾輪廓抗齡集中保養的人。

HABA
アブソリュートブライトニングマスク

- 嚴商名稱●HABA
- 容量／價格●21ml×5 片／3,000 円
- 香味●無香
- 主要美容成分●維生素C衍生物、牡丹皮萃取物、白茶萃取物、酵母萃取物、水解米糠萃取物、甘草萃取物、EPC

「ABSOLUTE」是 HABA 於 2018 年所推出全新的美白系列，目前品項除美白精華液之外，還有強化肌膚清透感的美白面膜。包括最主要的維生素C衍生物之外，還加入多種植萃亮白成分，再搭配具有抗炎作用的甘草萃取物，很適合在日曬後作為急救保養使用。

MINON AminoMoist
薬用 美白乳液マスク

- 嚴商名稱●第一三共ヘルスケア
- 容量／價格●20ml×4 片／1,500 円
- 香味●無
- 主要美容成分●維生素C、甘草酸二鉀、9種保潤胺基酸、2種清透胺基酸

日本乾燥敏弱肌保養品牌「蜜濃」在 2018 年新推出的美白乳液面膜，與保濕面膜採用相同的保濕成分，並新增美白及抗發炎成分，很適合在夏季日曬後保養用。面膜布本身非常薄且柔軟，所以能夠沿著臉部曲線確實服貼。美容成分是面膜產品中相當少見的乳液狀，可發揮補充油分及柔化肌膚的功能，但使用起來卻又清爽不黏膩，就算在夏季使用也不會感到厚重。

Rose of Versailles
オスカル薬用美白マスク 4P

- 嚴商名稱●バンダイ
- 容量／價格●16ml×4 片／1,200 円
- 香味●無
- 主要美容成分●傳明酸、蘆薈萃取物、洋甘菊萃取物、Lipidure® 玻尿酸

相信許多日本動漫迷都知道這款以 70 年代日本動畫《凡爾賽玫瑰》為主題的面膜系列。包裝正面設計為主角「奧斯卡」的美白面膜，採用的美白及保濕成分都相當紮實，著實顛覆動漫人物包裝保養品的既定印象。面膜布本身為厚實的三層構造，可利用密封保養效果，促使美肌成分滲透到肌膚角質層。

© 池田理代子プロダクション

Hada Labo
白潤 薬用美白マスク

- 嚴商名稱●ロート製薬
- 容量／價格●20ml×4 片／900 円
- 香味●無
- 主要美容成分●熊果素、玻尿酸鈉、維生素C衍生物

樂敦製藥肌研旗下的保濕美白系列「白潤」，在 2018 年春季進行成分及包裝改版，不過這項面膜產品只針對包裝設計進行改版。對於想同時保濕及提升肌膚清透度的人來說，是蠻不錯的選擇，加上使用起來沒有討厭的黏膩感，在夏季使用也會覺得清爽舒服。

Hada Labo
極潤 ホワイトパーフェクトマスク

- 嚴商名稱●ロート製薬
- 容量／價格●20 片／1,500 円
- 香味●無
- 主要美容成分●玻尿酸鈉、奈米玻尿酸、維生素E、維生素C衍生物

樂敦製藥的肌研在 2018 年春季新推出的每日保濕亮白面膜，主打成分為雙重玻尿酸與雙重維生素。美容成分的質地雖然濃密，但因為採用奈米乳化技術的緣故，所以就在夏季使用也不會有厚重黏膩的感覺。面膜本身就是洗完臉後敷一片就可完成所有保養步驟，很適合懶得保養但陽光又毒辣的夏季使用。

藥妝・美妝通路

SHISEIDO
バイタルパーフェクション リンクルリフト マスク レチノホワイト

廠商名稱 ● 資生堂
容量/價格 ● 2片一包 ×12包/8,000円
香味 ● 優雅花香
主要美容成分 ● 4MSK、純粹維生素A、VP 複合精華（柴胡萃取物、橄欖葉萃取物、當歸萃取物、紅茶萃取物、甘油）

資生堂表情計劃中，可同時滿足改善細紋及美白效果的局部面膜新品。由於美白成分 4MSK 及抗齡成分純粹維生素A 難以穩定組合在一起，因此資生堂這款局部面膜可說是美妝業界的首發單品。為有效率包覆眼周及嘴周這些表情豐富的部位，面膜布特別採用特殊的花瓣狀造型，再搭配極具資生堂特色的優雅花香，讓局部面膜敷起來更有質感。

PHILNATURNT
ＩＣ.ＵＨＡ マイクロパッチ

廠商名稱 ● ドクターフィル コスメティクス
容量/價格 ● 2片一組/1,800円
香味 ● 無香
主要美容成分 ● 玻尿酸鈉

PHILNATURNT 是日本藥妝店通路可見的醫美品牌。這款局部面膜的特別之處，是採用微針技術將玻尿酸凝固製成比蚊子口器還要細的微針狀。只要貼在眼下及法令紋等細紋部位，每片當中多達 1300 支的玻尿酸微針，就會以緩釋的方式持續將玻尿酸釋放至服貼部位，使用後肌膚顯得水嫩膨潤。一般來說，玻尿酸微針可持續釋放約 5 小時左右，因此建議睡覺時使用會更有效果。

FLOWFUSHI
SAISEI シート® マスク ［目もと用］

廠商名稱 ● フローフシ
容量/價格 ● 2片一組/660円
香味 ● 草本玫瑰香
主要美容成分 ● EGF、FGF

從睫毛膏、眼線筆到 38℃唇膏，近年來在日本美妝界不斷締造話題的 FLOWFUSHI 這回推出眼部強化保養面膜。面膜布可分為上下兩部分，上半部的主要美容成分為生長因子 EGF，棕灰色部分採用世界首創特殊顏料印刷，其中含可釋放負離子刺激循環的 End Mineral，而面膜布上的紅點，則是眼部美容的相關穴位。另一方面，下半部則是含有 500 億個美肌菌 LA FLORA 及蘆薈葉萃取物，可相輔相成發揮時下流行的美肌菌保養力。

ラヴィス®
ラヴィス® 目もとパックシート（左）
ラヴィス® 口もとパックシート（右）

廠商名稱 ● 森下仁丹
容量/價格 ● 2片一包 ×5包/450円
香味 ● 無香
主要美容成分 ● 輔酶 Q10、維生素A、維生素E、玻尿酸

日本百年老廠跨界所推出的局部面膜。眼周用及嘴周用的美容成分相同，都是具有保濕及抗齡成分，但根據不同部位的線條特性及保養範圍，面膜布採用不同的剪裁。絕大部分的局部面膜都是敷用 10 ～ 20 分鐘就要取下，但這款局部面膜本身略帶有貼布般的黏性，因此可以在睡前貼著敷一整晚。

Rose of Versailles
ハイドロゲル 目元パック

廠商名稱 ● バンダイ
容量/價格 ● 2片一包 ×3/980円
香味 ● 無香
主要美容成分 ● 蓖麻子油、大豆萃取物、黃柏樹皮萃取物、水解貝殼硬蛋白

凡爾賽玫瑰面膜系列在 2017 年夏季所推出的果凍眼膜。質地沁涼的果凍材質，可確實服貼在眼下，夏季時先冰鎮後在使用，會有不錯的鎮靜效果。美容成分主要以保濕、穩定及透亮成分為主，除了眼周之外也能用在法令紋或嘴巴周圍的細紋部位上。一般來說，這種果凍膜比較沒有蒸發乾燥的問題，所以敷個 20 分鐘也沒關係。

© 池田理代子プロダクション

面膜 非片狀面膜

百貨專門店通路

DECORTÉ AQ
モイスチュア リフトマスク

廠商名稱 ● コーセー
容量/價格 ● 82g、12,000 円
香味 ● 木調花香
主要美容成分 ● 禾雀花萃取物、白樺水、甘油

為強化肌膚緊緻度與光澤感，黛珂 AQ 系列也推出集中保養型的泥膜。美肌成分雖然簡單，但卻是黛珂 AQ 系列最重要的核心成分。除了改變肌膚的緊緻度與光澤感之外，濃密的泥膜也能潔淨毛孔並去除老廢角質。敷用大約 15 ~ 20 分後原本乳白色的泥膜會漸漸變得透明與膜狀，這代表著美肌成分已經確實滲透，這時只要由臉部外側向內慢慢撕除即可。

DECORTÉ
セルジェニー リピッドオイル マスク

廠商名稱 ● コーセー
容量/價格 ● 130g/8,000 円
香味 ● 清新花香
主要美容成分 ● 穿心蓮萃取物、甘油、玫瑰果油、豆乳發酵液

針對增齡引起的肌膚乾硬暗沉問題所開發，搭配按摩就可讓紊亂的紋理更顯緊緻的凍膜。在按摩過程中，凍膜的油脂成分會分為上下兩層，下層部分會滲透肌膚表面發揮柔膚作用，而上層部分則會化為凝膠狀並緊密服貼肌膚，使肌膚顯得明亮彈潤。利用紫藤花及牡丹花所調和而成的清新花香調，聞起來感覺相當清新舒暢。

· 藥妝 · 美妝通路 ·

藥用 雪肌精
ハーバル エステ a

廠商名稱 ● コーセー
容量/價格 ● 150g/5,000 円
香味 ● 草本花香
主要美容成分 ● 維生素 C、薏仁萃取物、當歸萃取物、白蘞萃取物、柚子萃取物、桃葉萃取物、牡丹皮萃取物、菖蒲根萃取物、錢葵萃取物、刺草萃取物、茯苓萃取物

包括雪肌精的基本保濕成分在內，採用 10 種和漢植萃成分，再搭配維生素 C 的美白保濕泥膜。塗抹時可搭配按摩的方式進行，放置約 1 分鐘左右後，先用刮勺將面膜刮除，再搭配面紙簡單擦拭後沖洗。除此之外，也適合在泡澡時，利用水蒸氣促使毛孔張開時使用，可發揮事半功倍的保養效果。

Koh Gen Do
ブライトニング モイスチャー マスク

廠商名稱 ● 江原道
容量/價格 ● 80g/4,200 円
香味 ● 無香
主要美容成分 ● 出雲溫泉水、玻尿酸、植物性 T3 複合油、四種海藻萃取物

來自江原道 SPA 溫泉水保養系列的亮白保濕泥膜。保濕潤澤美容採用全系列共通的出雲溫泉水、玻尿酸與植物性 T3 複合油，再搭配四種來自海藻的保濕成分。泥膜基底採用摩洛哥溶岩泥與沖繩海泥，具備相當優秀的吸附髒汙與亮白作用。除了一般洗完臉敷用之外，也能利用泡澡的溫熱效果，在毛孔張開時敷用。在浴室的蒸氣輔助下，美肌成分的滲透力與滋潤力都會明顯提升許多。

MINON AminoMoist
保湿ジェルパック

廠商名稱 ● 第一三共ヘルスケア
容量/價格 ● 60g/2,000 円
香味 ● 無香
主要美容成分 ● 9 種保潤胺基酸、2 種清透胺基酸

MINON AminoMoist 在日本是名氣及人氣皆高的乾燥敏弱肌保養品牌，除了採購清單上必備的片狀面膜之外，若是想為肌膚保濕一整夜，就可嘗試這款使用後不需沖洗的凝凍膜。不只睡前保養後使用，因為用起來沒有厚重的黏膩感，所以白天也能在上妝前使用。在全臉輕塗一層之後，還可針對額頭、眼周及嘴巴周圍等容易因乾燥而產生細紋的部位再塗一層。

Wafood Made
酒粕パック

廠商名稱 ● 資生堂
容量/價格 ● 150ml/980 円
香味 ● 無香
主要美容成分 ● 水解蠶絲蛋白、玻尿酸鈉、高效玻尿酸、水溶性膠原蛋白、甘油

2017 年日本藥妝界泥膜商品的一匹黑馬，熱賣力道仍然強勁的搶手貨。採用九州熊本造酒老店的酒粕為原料，敷起來帶有特別的日本酒香氣，洗淨後肌膚會顯得透亮與滑嫩，很適合拿來定期去除臉部肌膚上的老廢角質。

專科
パーフェクトホイップマスク

廠商名稱 ● 資生堂
容量/價格 ● 150ml/980 円
香味 ● 無香
主要美容成分 ● 水解蠶絲蛋白、玻尿酸鈉、高效玻尿酸、水溶性膠原蛋白、甘油

儘管市面上許多潔顏產品已經達到「滋潤洗淨」的效果，但還是有許多人在入浴後都會有臉部肌膚乾燥緊繃的問題。針對這個入浴帶來的肌膚困擾，資生堂專科開發出入浴時專用的泡泡保濕面膜。在潔淨臉部後，利用浴室內水蒸氣柔化肌膚的特性，將泡泡面膜塗於全臉並靜置三分鐘，沖淨後就可在臉部肌膚表面形成一道潤澤層。如此一來，不只能夠預防入浴後的肌膚緊繃問題，還能提升後續保養的效果。

BLACK × Gel Pack materic
ブラックゲルパック

廠商名稱 ● ウエルネスポーテ
容量/價格 ● 90g/900 円
香味 ● 橙花香
主要美容成分 ● 玻尿酸、膠原蛋白、蜂王漿萃取物、熊果素、魚腥草萃取物、胎盤素萃取物

只要敷上一層，待乾掉並撕除之後，就可清潔臉部細微雜毛及毛孔髒汙的膠膜。看似簡單的凝膠，其實裡面還添加了 10 種保濕及亮白美肌成分，而清新的橙花香聞起來也很舒服。整體而言，感覺很像是帶有美肌保養效果的妙鼻貼，適合每週用來幫毛孔大掃除個一、兩次。

防曬

選擇種類越來越多，在此日本藥粧研究室簡單整理成下列圖表。
將防曬品大略分為以下幾種類型，同時簡單分析其特性讓大家更了解其中的差異。
註：產品命名以各廠牌習慣不同，可能會有與下表特性不同之產品。

防曬 / 日焼け止め・UVケア

油基底

防曬油 / UV オイル
液態油性質地的防曬產品，使用起來延展性佳，且能呈現自然光澤感。

防曬霜 / UV クリーム
霜狀質地，油分比例較防曬乳高，使用時建議先在手心溫熱軟化後再塗抹於全臉。

防曬乳 / UV ミルク
最常見的類型，大部分產品搖晃起來會有珠珠滾動的聲音，且耐水性較好。有些防曬乳需要使用卸妝產品才能卸除。

防曬乳液 / UV ローション
常見的類型之一，基本特色與防曬乳類似。但質地會較為薄透，使用起來也比較清爽一些。

日用乳液 / 日中用乳液
大多取代日間乳液步驟使用，質地相對輕透較無負擔。

水基底

防曬精華 / UV エッセンス
防曬精華的質地介於凝露及乳液之間，使用感清爽但滋潤，適合覺得防曬凝露使用起來滋潤度略顯不足者。

防曬凝露 / UV ゲル・UV ジェル
水基底防曬品的基本類型，特色是好推展且不易滴落。早期推出的產品耐水性雖然較防曬乳差，但目前已經出現許多超防水防曬凝露產品。另一個特色是大多不需卸妝品就可卸除。

其他型態

防曬噴霧 / UV スプレー
壓力罐型態的噴霧，基底為酒精配方，使用起來速乾不黏膩。適合用於頭髮及背部等大範圍，或是不易塗抹之部位。使用於臉上時別忘了要閉氣以免吸入。

防曬蜜粉 / UV パウダー
蜜粉狀防曬產品。在所有防曬品中屬於質地最為清爽的類型。使用起來感覺類似爽身粉，大多用於定妝或是外出補防曬使用。

臉部 防曬

百貨專門店通路

SK-Ⅱ
アトモスフィア エアリー ライト UV エマルジョン

廠商名稱●SK-Ⅱ
容量／價格●30g/7,500 円

除了紫外線之外，同時強化防護紅外線及空氣中細微粒子對肌膚表層傷害的超輕感全效防護乳。獨家「超寬頻抗空污防曬複方」以濃縮 PITERA™為基底，融合仙人掌萃取物與菸醯胺，不只可以抵禦外來傷害，更能發揮輕透潤澤的保濕效果。
（SPF30‧PA+++）

防曬乳液

資生堂 Essential Energy
デーエマルジョン

廠商名稱●資生堂
容量／價格●75ml/6,000 円

強調肌膚保養實感的「肌感度」，除了抵抗紫外線及環境中細微污染物傷害之外，更是加強修復乾燥對肌膚所造成的傷害。質地呈現水凝亮澤狀，可在補充肌膚滋潤度的同時，讓肌膚散發出健康的光澤感。香味是優雅清高的誘人花香。
（SPF30‧PA+++）

日用乳液

est
エスト ザ プロテクション

廠商名稱●花王
容量／價格●30g/5,500 円

採用 est 獨家 ATP 保濕成分、尤加利萃取物、生薑萃取物及最新月下香培養萃取物，是一條同時重視防曬機能與保濕效果的日用防曬乳液，使用起來質地極為輕透沒有厚重感。
（SPF30‧PA++++）

日用乳液

est
エスト ザ プロテクション

廠商名稱●花王
容量／價格●WⅠ/WⅡ 30ml/6,000 円
　　　　　　 WⅢ 30g/6,000 円

WⅠ/WⅡ＜美白＞　　　　WⅢ＜美白＞

防曬乳

est 防曬系列當中兼具防曬、保濕及美白三大作用的的高係數類型。除獨家 ATP 保濕成分、尤加利萃取物、生薑萃取物及最新月下香培養萃取物這些共通的保濕成分之外，額外添加花王獨創的美白成分「洋甘菊 ET」。根據滋潤度需求，由低到高區分為 W-Ⅰ～W-Ⅲ等三種類型。就質地而言，W-Ⅰ與 W-Ⅱ為乳液狀，而 W-Ⅲ則較偏向更濃密的乳霜狀。（SPF50+‧PA++++）

防曬霜

資生堂 SUNCARE

廠商名稱●資生堂

防曬乳　　防曬棒

クリアスティック UV プロテクター／果凍防曬棒
15g/2,800 円

來自資生堂國際櫃的「新艷陽‧夏」一直是支持率相當高的耐汗防曬品牌。採用獨特的水離子防曬科技，能讓防曬成分與水、汗接觸之後立即形成強力防曬膜，甚至是愈流汗防曬膜就愈均。防曬乳還有另一個特色，就是特殊香氛成分可把流汗時的氣味轉換成怡人清香味。另一方面，2018 新推出的防曬棒則是不沾手也能均勻補擦防曬時更是方便許多。
（SPF50+‧PA++++）

パーフェクト UV プロテクター／水離子高效防曬露
50ml/4,500 円

資生堂 Makeup
シンクロスキン ティンティッド ジェルクリーム

廠商名稱●資生堂
容量／價格●40g/4,200 円

防曬精華

嚴格來說，這條來自資生堂東京櫃的新防曬算是日用防曬精華。除了美肌保濕成分之外，還搭配資生堂獨特的凝露製劑技術，成功打造出令人大感驚豔的輕透感。雖然是防曬，但有 4 種不同顏色可以選擇，只要輕輕一抹就能同時上好防曬與潤色。
（SPF30‧PA+++）

SHISEIDO WASO

（日用乳液）（日用乳液）

廠商名稱● 資生堂

資生堂和食主義保養系列「WASO」旗下的潤色隔離乳。搭配多重保濕及抗壓成分，可維持肌膚的健康狀態。隔離乳剛擠出來時呈現白色，但隨著在肌膚上抹開，微小膠囊的外殼會隨之破裂並發揮潤色效果。粉橘色的胡蘿蔔潤色隔離乳帶有油分，使用起來會帶有光澤感；草綠色的枇杷潤色控油隔離乳則是無油清爽，使用起來會讓肌膚帶有啞光感。
（SPF30・PA+++）

カラースマート
デーモイスチャライザー
／胡蘿蔔潤色隔離乳
53g／4,500 円

カラースマート
デーモイスチャライザー
オイルフリー
／枇杷潤色控油隔離乳
55g／4,500 円

BENEFIQUE
ハイドロUVジーニアス（UV&IR）

（防曬精華）

廠商名稱● 資生堂
容量／價格● 50ml／3,500 円

BENEFIQUE GENIUS 是個專為每天忙碌的現代女性所開發的保養品牌，而這罐防曬精華則是以保養品的概念所開發。在成分當中也有加入玻尿酸等美肌成分，因此除了可以對抗紫外線與紅外線傷害之外，也能夠維持肌膚的滋潤度。靜置狀態下會分為兩層，因此使用前必須先均勻搖晃瓶身。
（SPF50+・PA++++）

Koh Gen Do
ウォータリー UV ジェル

廠商名稱● 江原道
容量／價格● 40g／3,500 円

基底為溫泉水及草本植萃 SPA 水，可在強力抵禦陽光傷害的同時，發揮優秀的保濕抗齡保養作用。不僅如此，還搭配柔膚效果與抗油脫妝等機能，非常適合在妝前拿來當飾底乳，或是不想上妝時用來提升肌膚輕透亮的視覺感。
（SPF50+・PA++++）

（防曬凝露）

ORBIS
サンスクリーン® オンフェイス

（防曬乳液）（防曬乳）

廠商名稱● オルビス

80%由精華液成分所組成，保濕效果表現不錯的 ORBIS 人氣潤色隔離霜。根據滋潤程度不同，有兩種質地可以選擇。由於隔離霜本身帶有自然潤色效果，可遮飾粗大毛孔，所以不僅可以當成飾底乳使用，平時如果只是外出到附近購物而不想上妝時，只要塗這款隔離霜就可打造自然的潤色美肌。
（SPF34・PA+++）

ライト／清爽型
28ml／960 円

モイスト／滋潤型
35g／960 円

recipist
レシピスト

廠商名稱● 資生堂

recipist 是專為千禧世代所設計，講求以最簡約的配方，提升肌膚散發出美感基礎力的新品牌。因此，核心成分採用能透過滋潤效果提升肌膚防禦機能的玫瑰萃取物，再搭配橙皮萃取物及玻尿酸等美肌成分。recipist 的防曬系列共有兩種類型可以選擇，分別是質地像精華液般滑順好推展的防曬精華，以及使用感有如化妝水般清透不黏膩的防曬凝露。
（SPF50+・PA++++）

（防曬精華）（防曬凝露）

さらっとなめらか日やけ止め
／滑順型
50g／602 円

すーっとひろがる日やけ止め
／輕透型
90ml／602 円

DHC
マイルド UV プロテクション

（防曬乳）

廠商名稱● DHC
容量／價格● 200g／1,800 円

主打一家大小都能用、質地溫和但卻能確實對抗紫外線及空氣細微物質的傷害。這罐日用防禦乳液雖然是利用紫外線吸收劑來抗紫外線，但它採用特殊膠囊技術將其包覆，因此不易對肌膚產生刺激。壓嘴式大瓶裝很適合擺在門口附近的櫃子上，讓家裡每個成員在出門前都可以隨手一按擦防曬乳液。
（SPF30・PA+++）

藥妝美妝通路

ANESSA
パーフェクト UV　スキンケアミルク

防曬乳

嚴商名稱● 資生堂
容量/價格● 60ml/3,000 円

堪稱是防曬界精品的安耐曬（又譯：安熱沙）在 2018 年春季進行品牌大革新，將原本耐水金鑽及保濕銀鑽簡化成金瓶版本。全新的安耐曬金鑽沿襲耐水及耐汗機能，加上整瓶有 50％由美妝成分組成，可說是同時擁有舊版金鑽及銀鑽的特色。新版金鑽使用起來比較沒有黏膩的油膜感，而且用潔顏產品就可卸除，使用起來帶有清新的柑橘皂香味。
（ SPF50+・PA++++ ）

DEW
ＵＶデイエッセンス

防曬
精華

嚴商名稱● カネボウ化粧品
容量/價格● 40g/3,000 円

質地相當濃密，但在接觸肌膚時會輕柔化開，並且均勻地包覆肌膚表面。搭配 DEW 主打的保濕抗齡成分，可在防曬的同時發揮保養效果。具備耐汗且耐皮脂等特性，適合當成飾底乳使用。帶有令人感到身心放鬆的草本花香。
（ SPF50+・PA++++ ）

ETVOS
ミネラル UV セラム

防曬
精華

嚴商名稱● エトヴォス
容量/價格● 30g/3,200 円

無使用紫外線吸收劑，主打溫和不刺激，但卻能滋潤肌膚一整天的防曬精華。這條強化保濕機能的防曬精華，一口氣添加 5 種鎖水成分「神經醯胺」，同時再搭配 NMF 天然保濕因子、玻尿酸以及白木耳多醣體，整個保濕成分組合就像保濕精華液一般豪華。由於質地相當溫和，所以孕婦或小朋友都能使用。
（ SPF35・PA+++ ）

Obagi
マルチプロテクト UV 乳液

防曬
乳液

嚴商名稱● ロート製藥
容量/價格● 30ml/3,000 円

添加維生素 C 衍生物的防曬在市面上極為少見，樂敦 Obagi 不僅辦到，而且還一口氣添加安定型、持續型以及保護型三種不同的類型。不只可以給予肌膚防曬力，還能對抗空氣中的細微粒子，並透過主打的維生素 C 衍生物發揮透亮及調理粗大毛孔的機能。
（ SPF50+・PA+++ ）

ALLIE

嚴商名稱● カネボウ化粧品

來自 Kanebo 的防曬品牌 ALLIE 在今年的新版本有個重大的技術突破。隨著防曬產品的開發技術進步，耐汗耐水早已成為必要條件，而 ALLIE 的新突破則是採用「FRICTION」技術的「耐磨力」，也就是不容易因為衣物或包包的摩擦而變形脫落。因此，玻尿酸及膠原蛋白等保濕成分及防曬力的持久性表現更加分。
（ SPF50+・PA++++ ）

防曬
凝露

防曬
乳

エクストラ UV ジェル
90g/2,100 円

エクストラ UV パーフェクト
60ml/2,100 円

SOFINA jenne

嚴商名稱● 花王

專為 20 世代混合肌族群所開發的防曬品。雖然是質地清爽，可在白天用來取代乳液的產品，但防曬系數則是採用現行最高水準。由於混合肌適用，因此採用 SOFINA jenne 保養系列的保濕成分，再搭配可以長時間抑制皮脂過度分泌的配方。使用起來帶有淡淡的花果香。白色瓶裝為一般版本，水藍色瓶裝則是多加「洋甘菊 ET」的美白強化版本。（ SPF50+・PA++++ ）

防曬
乳液

混合肌のための
高保濕 UV 乳液
30ml/1,900 円

美白型
防曬
乳液

混合肌のための高保濕
UV 乳液＜美白＞
30ml/2,100 円

ASTABLANC
デイ ケア パーフェクション UV EX

防曬
乳液

嚴商名稱● コーセー
容量/價格● 35ml/2,800 円

不只是防曬機能，還添加美白成分「傳明酸」、抗氧化成分「進化型蝦青素 CPX」以及多種保濕成分，堪稱是美白抗齡保養型防曬。白天出門前，上完化妝水之後，只要再塗這條防曬就可以放心出門。獨特的水感草本花香聞起來還蠻令人感到放鬆的呢！
（ SPF50+・PA+++ ）

TUNEMAKERS
原液 UV プロテクター

防曬乳

嚴商名稱● レノア・ジャパン
容量/價格● 30ml/2,800 円

來自原液專家「TUNEMAKERS」的原液防曬乳。這瓶融合富勒烯、維生素 C 及神經醯胺三大美肌原液的防曬品。不只是紫外線阻隔率，更能抑制紫外線造成肌膚泛紅。除了紫外線之外，也能對抗近紅外線、藍光以及空氣微粒對肌膚所產生的傷害。
（ SPF50+・PA++++ ）

PROUDMEN.
UV プロテクトジェル

for MEN 防曬凝露

廠商名稱●レノア・ジャパン
容量/價格●60g/1,800 円

男性香氛品牌 PROUDMEN. 所推出的防曬凝露。添加多種保濕及調節肌膚健康狀態的美肌成分，再搭配珍珠狀清爽細微粉體，所以使用起來具有優秀的保濕力，但卻能夠維持乾爽滑順的膚觸。結合品牌最為核心的獨特優雅男性香氛，堪稱是男性會主動想擦的一瓶防曬。
（SPF50+・PA++++）

RAFRA
エッセンス UV ミルク

防曬乳

廠商名稱●レノア・ジャパン
容量/價格●180g/2,500 円

添加 10 種精華液美肌成分，以及被譽為「天然防曬劑」的覆盆子油，使用感清爽的防曬乳。美肌成分中包括富勒烯、玻尿酸及膠原蛋白，感覺起來就像是在使用抗齡保濕精華露一樣，使用起來帶有清新的甜橙香。
（SPF50+・PA++++）

RAFRA
エッセンス UV ミスト

防曬噴霧

廠商名稱●レノア・ジャパン
容量/價格●100g/1,800 円

添加 10 種精華液美肌成分，可發揮保濕機能的全身用防曬噴霧。使用時不會泛白且質地溫和不刺激，只用一般潔顏產品就可卸除。另外添加素有「天然防曬劑」的覆盆子油，其防曬效果感覺更加厲害。防曬噴霧本身帶有清新的甜橙香。（SPF50+・PA++++）

ELIXIR REFLET
バランシング おしろいミルク

日用乳液

廠商名稱●資生堂
容量/價格●35g/1,800 円

不只日間可用來取代乳液，還帶有飾底效果的日用乳液。由於 ELIXIR REFLET 是專為年輕世代所開發的前抗齡保養品牌，考量到皮脂分泌旺盛的問題，因此這條日用乳液也具備調理水油平衡與毛孔明顯問題的效果。在自然的飾底潤色效果下，使用後的肌膚會更顯清透。
（SPF50+・PA++++）

SportsBeauty
UV ウェア

廠商名稱●コーセー

近年來參與馬拉松等戶外運動的女性愈來愈多，為滿足運動時耐水、耐汗及耐動等防曬需求，日本高絲讓 1981 年就已經誕生的運動防曬品牌「SportsBeauty」重出江湖，並根據各種使用感及需求，推出 4 種不同質地的類型，讓喜愛戶外運動的女性也能擁抱陽光同時不怕陽光傷害。其中防曬乳分為金蓋超防水型及銀蓋清爽滑順型兩種類型。（SPF50+・PA+++）

防曬乳

スーパーハード N
／超防水型
50ml/2,000 円
20ml/1,000 円

防曬乳

スーパースムース
／清爽滑順型
50ml/2,000 円
20ml/1,000 円

防曬凝露

ジェル EX
60g/1,800 円
25g/900 円

防曬噴霧

ジェル スプレー EX
70g/1,500 円

CARTÉ CLINITY
マイルド プロテクター UV

防曬乳液

廠商名稱●コーセー
容量/價格●50ml/1,800 円

不添加紫外線吸收劑，專為乾燥敏弱肌所開發的溫和防曬乳液。添加多種保濕潤澤成分，可在肌膚表面形成一道透薄的膜層，可對抗紫外線及乾燥傷害。即便質地溫和，但抗汗抗水表現仍然很優秀，平時也可以當成妝前飾底乳使用。
（SPF50+・PA+++）

LORE
UV エッセンスクリーム シトラスオーチャード

防曬霜

廠商名稱●ビーバイ・イー
容量/價格●40g/1,300 円

精華液保養成分比例高達 82％，添加 10 種草本保濕成分的防曬霜。由於額外添加潤澤效果優秀的乳油木果油，所以特別適合肌膚極度乾燥的人使用。成分溫和且可用一般潔顏產品卸除，所以連小朋友也能夠使用。帶有柑橘類的清新香味。
（SPF21・PA+++）

LORE
UV ウォーターミルク グリーンフォレスト

防曬乳

廠商名稱●ビーバイ・イー
容量/價格●30ml/1,200 円

99.99％成分來自自然素材，搭配 10 種草本保濕成分的水感防曬乳。添加礦物矽微粉，可發揮不錯的皮脂吸收效果，非常適合出油量大或是喜歡乾爽膚觸的人使用。在香氛方面，則是帶有涼爽感的草本清香。
（SPF22・PA+++）

ACNE BARRIER
メンズアクネバリア 薬用 UV ジェル

廠商名稱●石澤研究所
容量／價格●40g／1,500 円

許多人都知道，乾燥或皮脂過度分泌都會引發痘痘作亂，但其實過度受紫外線照射後，角質會變得肥厚，造成痘瘡桿菌繁殖並引發冒出痘痘。針對這樣的問題，石澤研究所融合防曬機能與抗菌抑炎成分，開發出這條男性專用，而市面上相當少見的抗痘型防曬。
（医薬部外品）
（SPF36・PA+++）

SKIN AQUA
ウォーターマジック UV オイル ＜オイルタイプ＞

防曬油

廠商名稱●ロート製薬
容量／價格●50ml／1,000 円

雖然在歐美早已流行，但在日本卻仍然少見的防曬油。透明不泛白的防曬油可長時間緊密服貼於肌膚表面，發揮抗紫外線及強力撥水機能，而且還能夠提供肌膚充分的潤澤感。即便是油性基底，但擦起來並不會感到厚重，而且一般潔顏產品就可簡單卸除。
（SPF50+・PA++++）

SKIN AQUA
トーンアップ UV エッセンス

防曬精華

廠商名稱●ロート製薬
容量／價格●80g／740 円

說到 2018 年最熱賣的防曬品，就不能不提到這條由樂敦製藥所推出，強調能夠修飾肌膚清透感與光澤感的薰衣草防曬飾底乳。一推出立即引爆熱賣潮，一度賣到供貨不足。產品定位雖然是防曬，但卻具備控色效果。由打造清透感的藍色搭配提升氣色的粉紅色，融合成可愛又夢幻，可讓肌膚亮白清透的紫色防曬精華。使用起來還帶有清新怡人的皂香，難怪會如此熱賣。
（SPF50+・PA++++）

NIVEA sun
ウォータージェル クイックローション

防曬凝露

廠商名稱●ニベア花王
容量／價格●80ml／665 円

可對抗日常生活中紫外線的防曬凝露。塗抹在肌膚上之後，凝露會瞬間化為清爽水狀，適合不喜歡黏膩感及出門時總是匆忙沒時間慢慢擦防曬的人。搭配可打造滑順膚觸感的細微粉體，擦了之後不會泛白，感覺就像是上過身體蜜粉般地滑嫩乾爽。
（SPF35・PA+++）

NIVEA sun
スーパーウォータージェル

防曬凝露

廠商名稱●ニベア花王
容量／價格●80g／840 円

NIVEA sun 防曬凝露的高防曬係數版本。雖然防曬係數提升，但使用起來還是保留防曬劑型應有的輕透感及清爽感，感覺就像是擦化妝水一樣沒有討厭的黏膩感。搭配滲透型玻尿酸，可為日曬而顯乾燥的肌膚補充滋潤感。
（SPF50+・PA++++）

NIVEA sun
高密着ケア UV ミルキィジェル

防曬凝露

廠商名稱●ニベア花王
容量／價格●80g／839 円

採用高服貼技術所開發，通過 80 分耐水試驗的高防曬係數凝露。雖然質地清爽不黏膩，但卻能夠長時間服貼肌膚表面，就算流汗或游泳，也能長時間維持防曬效果，因此特別適合在外出運動或從事戶外活動時使用。
（SPF50+・PA++++）

NIVEA sun
クリームケア UV クリーム

防曬霜

廠商名稱●ニベア花王
容量／價格●50g／839 円

添加妮維雅乳霜與高保水型玻尿酸，是 NIVEA sun 全系列當中潤澤力最高的類型。塗抹之後可在肌膚上形成一道沒有黏膩感的薄膜，長時間發揮滋潤效果，適合肌膚極為乾燥的人使用。另外還搭配光擴散柔焦粉體，可讓肌膚看起來更為平滑，所以也能拿來取代飾底乳。
（SPF50+・PA++++）

NIVEA MEN
UV プロテクター

廠商名稱●ニベア花王
容量／價格●40ml／880 円

NIVEA MEN 專為男性所開發的防曬乳。考量到男性運動量及排汗量，採用高耐汗及高耐水配方，就算是下水游泳也能維持防曬力。另外還搭配皮脂吸收粉體，可以改善男性夏季容易滿臉油光的問題。
（SPF50+・PA++++）

Bioré UV
マイルドケアミルク SPF30

防曬乳液

廠商名稱●花王
容量／價格●120ml／800 円

不添加香料、色素及酒精，質地相當溫和不刺激，適合親子一起使用的防曬乳液。採用水性基底設計，所以在肌膚上很好推展。使用後會在肌膚表面形成一道不黏膩的滑嫩薄膜，持續維持肌膚所需的滋潤感，就算是長時間待在冷氣房裡也不會覺得乾燥。
（SPF30・PA++）

百貨專門店通路

Koh Gen Do
マイファンスィー
メイクアップ カラーベース

廠商名稱 ● 江原道
容量/價格 ● 25g/4,000 円

江原道的四色飾底乳在 2017 年秋季進行改版，改版重點包括新增柔焦機能、持妝力機能與保濕抗齡機能。根據不同的肌膚問題，可選擇最適當的類型為肌膚打底。質地輕透好延展，推開後雖然呈現透明不顯色，但卻能夠確實遮蓋肌膚上的小瑕疵，而且服貼性佳不易脫妝。多達 14 種保濕抗齡成分，堪稱是精華液等級般豪華。（SPF25・PA++）

パールホワイト /珍珠白	ラベンダーピンク /珍珠粉	グリーン /薄荷綠	イエロー /明亮黃
可修飾暗沉部位，使肌膚更顯透亮。	可校控偏黃膚色，使肌膚更顯健康明亮。	可校控不勻膚色，使肌膚顯得清透無瑕。	可修飾泛紅部位，使膚色更顯均勻自然。

KANEBO
リファイニングプライマー

廠商名稱 ● カネボウインターナショナル Div.
容量/價格 ● 30ml/6,000 円

混合珍珠橘、珍珠紅與珍珠白，整體略為偏紅的飾底乳，可讓肌膚由內向外散發出自然的好氣色。除此之外，也能讓膚色顯得均勻且滑順柔嫩。透過消除視覺上小瑕疵的方式，讓臉部印象更顯明亮。（SPF10・PA+）

KANEBO
トーンアッププライマー

廠商名稱 ● カネボウインターナショナル Div.
容量/價格 ● 30ml/6,000 円

巧妙運用自然光影的力量，提升肌膚整體清透度的飾底乳。採用偏黃的綠色質地，透過光與影的對比及色補呈現，使肌膚看起來格外清透且明亮，感覺起來也較為優雅動人。（SPF15・PA++）

BENEFIQUE
メーキャップベース
（ホットモイスチュア）

廠商名稱 ● 資生堂
容量/價格 ● 30ml/4,000 円

可讓肌膚散發好氣色與清透感，使用時帶有舒服溫感的粉紅色飾底乳。這股溫感搭配保濕美肌成分，可提升肌膚持妝力。只要輕輕一塗，就可以完成氣色好且散發出健康光澤的粉嫩肌。
（SPF25・PA+++）

SUQQU
ブルーミング
グロウ プライマー

廠商名稱 ● エキップ
容量/價格 ● 25ml/6,000 円

宛如水彩畫一般，能自然不做作地遮飾膚色不均及暗沉部位，同時增添肌膚光澤感的飾底乳。略帶點藍色的粉紅色質地，能像濾鏡般拂去膚色偏黃、皮脂暗沉以及日曬黑斑等小瑕疵，讓肌膚顯得水嫩透亮且氣色更佳。
（SPF12・PA++）

資生堂 Makeup
シンクロスキン
イルミネーター

廠商名稱 ● 資生堂
容量/價格 ● 40g/3,800 円

水透質地可讓肌膚散發出原有的清透感，並增添肌膚閃耀光芒感的修容乳。除了可在完妝後用來打亮局部之外，也可以混合防曬或粉底液一起使用。如此一來就可讓肌膚顯得更加明亮。另外，也可以用在唇峰及下唇輪廓，使雙唇看起來更加豐潤，也能塗在鎖骨增加性感光澤。
（SPF26・PA++）

玫瑰金　　　粉嫩金

COFFRET D'OR
ヌーディカバー
ロングキープベースＵＶ

廠商名稱 ● カネボウ化粧品
容量/價格 ● 25ml/2,800 円

能夠讓底妝更加完美，並提升持妝力的飾底乳。質地極為輕透且服貼，可像裸肌般自然遮飾粗大毛孔與膚色不均的部位。添加水溶性膠原蛋白，可維持肌膚所需的滋潤度。
（SPF25・PA++）

TWANY
ララブーケ
アイカラーベース

廠商名稱 ● カネボウ化粧品
容量/價格 ● 15g/2,500 円

眼妝專用的眼部飾底乳。質地滋潤呈珊瑚紅，推開之後不帶色，但卻能讓眼部周圍的肌膚顯得透亮。除了在上眼妝之前用來打底，提升眼妝的顯色力之外，也能在平時單獨用來增加眼部肌膚的透亮感。

藥妝美妝通路

SOFINA Primavista
皮脂くずれ防止化粧下地

廠商名稱● 花王
容量/價格● 25ml/2,800 円

採用花王獨家開發的皮脂固化技術，擁有超強控油力，是日本開架飾底乳中支持度最高的品項之一。在 2018 年的升級改版中，除了再強化控油機能，還搭配高密著皮膜形成配方，能有效防止脫妝或掉妝。（SPF20・PA++）

SOFINA Primavista
皮脂くずれ防止化粧下地
超オイリー肌用

廠商名稱● 花王
容量/價格● 25ml/2,800 円

臉部出油量驚人，覺得 Primavista 控油飾底乳不夠力嗎？針對超油性肌的出油問題，花王在 2018 年 5 月推出黑瓶超油性肌專用版本，號稱連男性的出油量也能輕鬆駕馭。若是還沒找到控油力夠強的飾底乳，千萬別錯過試看這瓶控油抗汗力都升級的新品。（SPF20・PA++）
※ 網路數量限定，出版時可能已經售罄。

SOFINA Primavista Dea
明るさアップ 化粧下地
＜カバータイプ＞

廠商名稱● 花王
容量/價格● 25g/2,800 円

專為 50 世代膚質與需求所開發的遮飾強化型飾底乳。採用獨特的修飾粉體，利用光線折射的方式提升臉部肌膚亮度，藉此消除暗沉、細紋及凹凸不平等視覺感。就算後續不上粉餅，也能讓臉部顯得明亮有神。
（SPF20・PA++）

ESPRIQUE
T ゾーンくずれ防止ベース

廠商名稱● コーセー
容量/價格● 15g/1,500 円

T 字部專用的抗油光不脫妝飾底乳。通過日本的 13 小時持妝效果認證，使用起來帶有些微涼感且好推展，即使到了傍晚也不容易油光滿面而脫妝。除此之外，還搭配明礬及特殊粉體，可讓肌膚看起來更平滑柔嫩。

HABA
ロングラスティング
UV ベース EX

廠商名稱● HABA
容量/價格● 25ml/2,600 円

可吸附多餘皮脂，一整天下來也不容易滿臉油光與脫妝。採用 3D 網狀技術，塗抹上肌膚之後就會沿著肌膚線條形成服貼薄膜，藉此防止脫妝問題發生。質地清爽好推展，帶有自然膚色可改善肌膚暗沉的視覺感。
（SPF38・PA+++）

Pidite
オイルコントロールベース

廠商名稱 ● pdc
容量/價格 ● 30g/1,300 円

可自然遮飾痘印或是痘痘等局部泛紅問
題，同時也能抑制皮脂過度分泌的綠色
控油飾底乳。添加多種保濕美肌成分，
在讓肌膚顯得清透的同時，還能發揮保
養機能。
（SPF30．PA+++）

ALLIE
エクストラＵＶ
フェイシャルジェル

廠商名稱 ● カネボウ化粧品
容量/價格 ● 60g/2,100 円

來自 ALLIE 防曬家族的飾底凝露。添加
精華液成分，可透過滋潤作用讓肌膚顯
得平滑柔嫩。採用與防曬相同的耐水、
耐汗及耐磨擦配方，可讓妝感長時間維
持完美不脫妝。
（SPF50+．PA++++）

Bioré UV
SPF50+ の化粧下地 UV

廠商名稱 ● 花王
容量/價格 ● 30g/1,200 円

針對女性對於「臉部肌膚不想曬黑，也不希望臉妝脫妝」
的需求，花王 Bioré UV 在 2018 年同時推出三款不同顏
色的飾底乳，分別是可強力控油防脫妝的藍色、可調校
不勻膚色問題的粉色，以及能夠遮飾色斑與粗大毛孔的
黃色。每個人都能依照自己的需求，找到最適合的飾底
乳，為後續的妝感加分。
（SPF50+．PA++++）

❶皮脂テカリ防止タイプ
／控油型
❷くすみ補正タイプ
／校色型
❸シミ・毛穴カバータイプ
／遮飾型

SUGAO
スノーホイップクリーム

廠商名稱 ● ロート製薬
容量/價格 ● 25g/1,200 円

鬆軟如奶泡的輕透質地，輕輕一塗就可
發揮柔焦效果，讓肌膚顯得光滑柔嫩。
飾底乳當中融合藍白兩色珠光成分，可
打造出清透雪白肌。因此除了拿來修飾
粗大毛孔等小瑕疵之外，也能打亮局部
膚色。
（SPF23．PA+++）

SUGAO
シルク感カラーベース
ブルー

廠商名稱 ● ロート製薬
容量/價格 ● 20ml/1,200 円

輕輕一塗就可隱藏粗大毛孔與油光，使
肌膚持續散發清透感的飾底乳。針對東
方人膚色偏黃的問題，這次推出可增加
肌膚清透感的藍色版本，可透過補色作
用讓膚色看起來更加透白。
(SPF20．PA+++)

百貨專門店通路

Koh Gen Do
マイファンスィー
アクアファンデーション

廠商名稱● 江原道
容量/價格● 30ml/4,600 円

無論是透過肉眼或鏡頭，江原道水感粉底液使用時所呈現出來的肌膚質感都極為優秀，因此除日本之外，在北美及亞洲圈也都受到廣泛支持。質地輕透服貼，卻能均勻自然地修飾肌膚瑕疵，再搭配多種保濕成分，可讓肌膚維持滋潤一整天。多達 10 色的選擇，讓每個人都能找到理想的色調。除了熱賣的 002、012、013 之外，偏黃或偏深的膚色較建議選用 123 或 213 這兩個色號。（SPF25・PA++）

資生堂 FUTURE SOLUTION LX
トータル ラディアンス
ファンデーション e

廠商名稱● 資生堂
容量/價格● 33g/12,000 円

能讓肌膚充滿生命活力與光采的粉底霜。採用資生堂獨家的極光感耀澤技術，搭配融入傳奇植萃成分延命草的專利抗齡修復成分 SkingenecellEnmei 與資生堂特有的美白成分 4MSK，可說是美肌成分組合相當豪華的粉底霜。在肌膚由內向外散發的光采襯托下，妝感會顯得更加細緻無瑕。（医薬部外品）（SPF20・PA+++）

KANEBO
ラスタークリーム
ファンデーション

廠商名稱● カネボウインターナショナル Div.
容量/價格● 30ml/12,000 円

質地濃密且滑順，能讓肌膚由內向外散發出自然光澤，並呈現完美陶磁肌妝感的粉底霜。在塗抹的瞬間，粉底霜會快速與肌膚融為一體，並於發揮高遮飾力的同時，利用潤澤薄膜的力量發揮優秀的保濕效果。（SPF15・PA+）

PERFECT COVER
ファンデーション M V

廠商名稱● 資生堂
容量/價格● 20g/3,500 円

PERFECT COVER 是資生堂專為接受癌症治療或是外傷病患所開發的底妝保養品牌，因此對於一般底妝所無法遮飾的泛紅、色斑及斑塊，這瓶 PERFECT COVER 所推出的局部粉底霜都能完美地遮飾。考量到傷病患的特殊狀況，除了超防水機能之外，即便使用者戴著口罩或經常使用毛巾也不易掉妝。對於有特殊需求的人而言，是相當值得一試的底妝產品。（SPF26・PA++）

COFFRET D'OR
ヌーディカバー
モイスチャーリクイドU V

廠商名稱● カネボウ化粧品
容量/價格● 30ml/3,500 円

同時滿足輕透裸妝感與高遮瑕力，塗抹在肌膚上之後就像是生巧克力滑開化開來一般的輕裸感粉底液。質地滑順的粉底液與肌膚融為一體之後，可均勻遮飾毛孔及膚色不均的部位，並使肌膚散發出迷人的光澤感。（SPF26・PA++）

COFFRET D'OR
ヌーディカバー
ロングキープパクトU V

廠商名稱● カネボウ化粧品
容量/價格● 粉蕊：9.5g/2,800 円　粉盒：1,000 円

使用後肌膚呈現輕透絲滑般觸感，讓人不禁想一摸再摸的長持妝粉餅。採用 Kanebo 獨家開發細微修飾粉體，不只可以實現滑順觸感及出色的服貼性，還能夠透過折射光線的方式，讓肌膚凹凸所形成的陰影變得不明顯，同時散發出自然的健康光澤。（SPF20・PA++）

臉部 底妝 × 粉底

藥妝美妝通路

MAQuillAGE
ドラマティックリキッド UV

廠商名稱 ● 資生堂
容量/價格 ● 27g/3,200 円

採用完美比例所調和而成的「美容液舒芙蕾三重配方」，可打造內層滋潤外層清爽滑順，而且膚色均勻顯現的粉底液，直到傍晚也不易脫妝的持妝效果也很令人滿意。獨特的全方向散光粉體及空氣感柔軟粉體，可營造出被柔和光芒所包覆的極緻美肌。附有專用粉撲及粉撲盒。（SPF30‧PA++）

ETVOS
マットスムース
ミネラルファンデーション

廠商名稱 ● エトヴォス
容量/價格 ● 4g/3,000 円

來自日本礦物底妝專家「ETVOS」的半霧光礦物鬆粉型粉底。由於質地溫和且修飾效果表現不俗，因此在日本也有醫美診所採用。除了能確實修飾毛孔凹凸及膚色不均等部位及發揮保濕效果之外，ETVOS 所採用的高純度礦物粉並不會因為吸收皮脂而變色，因此妝感直到傍晚也不會顯得暗沉，而是持續展現出迷人的陶瓷肌妝感。不須使用特殊卸妝品，一般洗顏產品也可卸除，就算是敏弱肌膚以及孕婦都可使用。（SPF30‧PA++）

KATE
シークレット
スキンメイカーゼロ（リキッド）

廠商名稱 ● カネボウ化粧品
容量/價格 ● 30ml/1,600 円

在日本被稱為「本格派粉底液」，廣泛受到肯定的 KATE 零瑕肌蜜粉底液。採用獨特的高遮瑕 & 平滑配方，只要輕輕一抹，不需要複雜的技巧，任何人都能完美修飾毛孔凹凸，而且完全沒有不自然的厚重妝感，只有充滿潤澤的完美膚質感。（SPF18‧PA++）

KATE
パウダリースキンメイカー

廠商名稱 ● カネボウ化粧品
容量/價格 ● 30ml/1,600 円

不斷在底妝追求完美的 KATE，在 2018 年推出革命性的液態粉餅。輕透好推的液態粉底在肌膚表面形成均勻的薄膜之後，多餘油分便會快速揮發，只留下粉體部分，感覺就像羽化為零重力薄紗一般，讓塗抹過的肌膚呈現清爽的霧面妝感。（SPF15‧PA++；00：SPF10‧PA++）

INTEGRATE
ビューティーフィルター
ファンデーション

廠商名稱 ● 資生堂
容量/價格 ● 9g/1,600 円

融合修飾毛孔凹凸與膚紋的雙重修飾光粉末與提亮膚色粉末，再搭配礦物油成分所打造，可確實服貼肌膚的持久礦物鬆粉型粉底。宛如上柔焦效果一般的柔霧妝感，感覺就像是開啟美肌 APP 一樣，能瞬間修飾掉肌膚上的小瑕疵。除了明亮色與自然色之外，還有能夠提升肌膚健康感的透明色可以選擇。（SPF10‧PA++）

INTEGRATE GRACY
モイストクリーム
ファンデーション

廠商名稱 ● 資生堂
容量/價格 ● 25g/1,200 円

INTEGRATE GRACY 是專為熟齡肌所開發的美妝品牌，因此這瓶粉底霜自然重視保濕性以及肌膚的自然光澤感。只要薄薄的一層，就能自然遮飾熟齡肌最在意的暗沉及小細紋問題。在持妝效果方面，也有相當優秀的表現。（SPF22‧PA++）

MAQuillAGE
ドラマティック
パウダリー UV

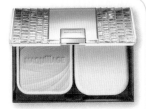

廠商名稱 ● 資生堂
容量/價格 ● 9.2g/3,000 円

在日本知名美妝口碑網站連續 3 年奪下粉餅類冠軍，堂堂邁入最高殿堂肯定的心機星魅輕羽粉餅。即便已成為殿堂級產品，在 2018 年仍然持續升級。除了特有的慕絲柔潤質地之外，還新增可以 360° 擴散光線的美肌粉體。只要輕輕一抹，就可打造均勻滑嫩的清透美肌妝感。（SPF25‧PA+++）

MAJOLICA MAJORCA
ミルキースキンリメイカー

廠商名稱 ● 資生堂
容量/價格 ● 10g/1,700 円

能夠輕鬆遮飾毛孔凹凸、痘印、油光，讓臉部妝感更顯可愛的絲滑感粉餅。粉餅本身的質地為獨特的水感凝珠狀，一接觸肌膚就會瞬間化為充滿水潤感的粉底。使用起來滋潤度充足，但膚觸卻是乾爽滑順。（SPF28‧PA+++）

ASTALIFT
BB クリーム

廠商名稱●富士フイルム
容量/價格●30g/4,200 円

採用獨特高含水配方，整條約有 60%為水性成分所組成，抹開來會轉變成水珠狀質地，所以塗抹起來的展延性極佳，徹底實現自然遮飾與輕透質地這兩大條件。添加 ASTALIFT 獨家開發的奈米蝦青素及神經醯胺等抗氧化保濕成分，堪稱是精華液保養等級的 BB 霜。（SPF50+・PA++++）

ALLIE
エクストラ U V B B ジェル

廠商名稱●カネボウ化粧品
容量/價格●30g/1,600 円

採用水基底，塗抹起來清爽水嫩，可快速遮飾毛孔的 BB 凝露。搭配精華液保濕成分，可維持不錯的保濕力，並且採用耐水及 FRICTION 耐摩擦技術，就算一整天下來也能維持完美妝感。（SPF50+・PA++++）

KATE
ウォーターインオイル B B

廠商名稱●カネボウ化粧品
容量/價格●30g/1,400 円

強化保濕作用，可打造時尚光澤肌的水感 BB 霜。使用起來輕透好推，但卻能確實遮飾毛孔凹凸。使用後肌膚所散發出來的光澤感恰到好處，不會給人太過厚重的感覺，對於不喜歡光澤感太強烈的人而言是不錯的選擇。（SPF20・PA++）

medel natural
BB クリームパーフェクトオークル ワイルドローズアロマ

廠商名稱●ビーバイ・イー
容量/價格●30ml/1,400 円

添加日本國產米神經醯胺及 8 種植萃保濕成分，可一邊保養肌膚，並讓肌膚散發出自然光澤感的高保濕 BB 霜。由於成分溫和，所以在肌膚處於敏感狀態時也可以使用。香味取自 100% 天然玫瑰精油，可讓人在上妝時感到身心放鬆。（SPF41・PA+++）

INTEGRATE GRACY
エッセンスベース BB

廠商名稱●資生堂
容量/價格●40g/950 円

針對熟齡肌特有的小細紋、毛孔凹凸、膚色暗沉以及肌膚滋潤度不足等困擾，可同時當成保濕乳霜、防曬、飾底乳、粉餅以及遮瑕膏使用。就整體的遮飾與保養效果而言，這樣的價位算是 CP 值相當高。（SPF33・PA++）

recipist
おしろい要らずの B B クリーム

廠商名稱●資生堂
容量/價格●50g/778 円

一條同時具備飾底乳、粉底以及蜜粉三大底妝效果的 BB 霜。膚觸輕透且好推展，在均勻推開之後，肌膚就像是上過蜜粉一般呈現出乾爽滑嫩的觸感。搭配蘆薈及迷迭香等保濕成分，可發揮不錯的保濕效果。（SPF25・PA++）

SK-Ⅱ
アトモスフィア CC クリーム

廠商名稱●SK-Ⅱ
容量/價格●30g/8,500 円

可徹底對抗紫外線、紅外線及空氣污染物質等三大環境傷害因子，並孕育出光環美肌的 SK-Ⅱ 光感煥白 CC 霜。採用獨家雙重鑽白微細粉體，可快速調控膚色，讓肌膚顯得淨白透光。添加含有濃縮 PITERA™ 的複合保濕成分，可以長時間維持完美妝感與肌膚水嫩。（SPF50・PA++++）

HADAWAKA
肌和華 CC

廠商名稱●アンプルール
容量/價格●30g/3,500 円

質地水感，添加櫻花粉色珠光粉體，可讓略顯暗沉的膚色顯得氣色更佳且充滿清透感。使用後肌膚會變得自然明亮，除了暗沉問題之外，毛孔凹凸、細紋及膚色不均等部位也能完美遮飾。添加玻尿酸、神經醯胺、角鯊烷等多種保濕潤養成分，可讓肌膚維持長時間的潤澤感。（SPF34・PA+++）

MAMA BUTTER
CC クリーム ラベンダー

廠商名稱●ビーバイ・イー
容量/價格●30g/1,500 円

專為忙碌的育兒媽媽及上班女性所開發，追求高機能與簡單方便的 CC 霜。除了品牌主打的共通潤養成分「乳油木果油」之外，還搭配了 8 種有機植萃成分，可在對抗紫外線傷害與呈現完美膚質的同時，讓肌膚散發出健康的光澤感。使用起來帶有舒服的薰衣草香味。（SPF50・PA++++）

臉部 底妝 × 氣墊粉餅

INFINITY
クッション セラム グロウ

廠商名稱 ● コーセー
容量/價格 ● 12g/5,800 円(含盒裝)

像是聚光燈一般,能讓肌膚散發出光澤感與清透妝感的氣墊粉餅。沒有厚重妝感的薄膜可瞬間遮飾毛孔凹凸、暗沉以及膚色不均等部位,讓膚質顯得完美無瑕。添加80%精華液保養成分與保濕成分精米效能淬取液No.11,能在上妝同時持續發揮高水準的保濕效果。
(SPF40·PA+++)

資生堂 Makeup
シンクロスキン
ホワイト クッションコンパクト W T

廠商名稱 ● 資生堂
容量/價格 ● 12g/5,500 円(含盒裝)

同時擁有遮飾、保濕及美白三大作用,資生堂再次突破技術限制的「花椿綻白氣墊粉餅」。採用資生堂全新開發的極緻淨白技術,可透過反射光線的柔焦效果,改變暗沉與膚色不均的視覺感,讓肌膚顯得更為透亮。除保濕成分之外,還採用資生堂特有的美白成分4MSK,是目前市場上相當罕見,具備美白訴求的氣墊粉餅。(SPF40·PA+++)

BENEFIQUE
クッションコンパクト
(ハイドロオーラ)

廠商名稱 ● 資生堂
容量/價格 ● 12g/5,000 円(含盒裝)

塗抹起來宛如粉底液般清透好推,但上完後卻像是蜜粉般輕柔滑順,可襯托出肌膚清透感與紅潤好氣色的氣墊粉餅。完妝後的光澤感不會過於強烈,而是一種給人充滿溫暖感受的自然光澤。(SPF20·PA++)

臉部 底妝 × 修容 × 遮瑕

Koh Gen Do
マイファンスィー
アクアファンデーション
イルミネーター

廠商名稱 ● 江原道
容量/價格 ● 6ml/2,800 円

採用4種光細微粒,可提升光澤感與肌膚清透度的修容液。特殊的筆刷設計,能簡單且自在地調整用量與部位。白色修容液建議用於眼周、T字部與下巴,可提升肌膚明亮度,並利用光線折射的方式讓小細紋隱藏。另外,膚色修容液則是適合用於額頭與兩頰,可在不改變膚色印象的情況下,為肌膚增添健康且優雅的光澤感。

AMPLEUR
ラグジュアリーホワイト
コンシーラー HQ

廠商名稱 ● アンプルール
容量/價格 ● 7g/4,600 円

同時兼備遮瑕、美白及防禦三大功能的高機能遮瑕膏。採用3種不同粉體所調合而成的遮瑕膏,可緊密服貼於肌膚,不管是色斑或膚色不均的部位都可完美遮飾,並且發揮高係數防曬作用。最特別的地方,是採用少見的美白成分「安定型對苯二酚」,對於已形成的色斑也具有不錯的保養效果。(SPF50+·PA++++)

KATE
スティックコンシーラーA

廠商名稱 ● カネボウ化粧品
容量/價格 ● 800 円

服貼性表現優秀,可直接用來遮蓋痘疤、色斑以及雀斑等臉部肌膚上的小瑕疵。唇膏狀設計使用起來方便又快速,有自然色及明亮色兩種類型,能依照個人膚色選擇遮飾效果最自然的類型。

(自然色) (明亮色)

臉部 底妝 × 蜜粉

資生堂 FUTURE SOLUTION LX
トータル ラディアンス
ルースパウダー e

廠商名稱● 資生堂
容量/價格● 10g/8,000 円

纖細滑順宛如絲網一般，可打造閃耀寶石肌的奢華蜜粉。採用獨特構造粉體，隨著時間的經過，妝感不僅不會變得暗沉，反而會隨著肌膚狀態調整為最適合的閃耀感。還有一個令人大感驚豔的地方，就是粉撲採用京都西陣特製款。香味則是散發出帶有和風感且具韻味的花香。

BENEFIQUE
ホワイトニングパウダー

限定商品

廠商名稱● 資生堂
容量/價格● 25g/5,000 円

碧麗妃在 2017 年所推出的限量夢幻逸品。採用美白成分 m- 傳明酸，是能在晚上睡前使用的晚安保養蜜粉。只要在完成所有保養程序之後上一層蜜粉，就能讓肌膚顯得滑順，同時在睡眠過程中持續保養肌膚。
（医薬部外品）

ASTALIFT
ルースパウダー

廠商名稱● 富士フイルム
容量/價格● 18g/4,500 円

粉體極為細緻，可在肌膚表面形成光澤感薄膜的輕透感蜜粉。這款蜜粉最大的特色之一，就是添加的美容成分相當豪華。除了保濕成分「水溶性膠原蛋白」之外，還有 ASTALIFT 的核心抗氧化成分「蝦青素」，在搭配同系列的 BB 霜之下，可以散發出珍珠般的優雅光澤。
(SPF17．PA++)

PERFECT COVER
パウダー MV
（フィッティング）

廠商名稱● 資生堂
容量/價格● 10g/3,500 円

PERFECT COVER 是少數活躍於醫療看護現場，專為遮飾傷疤或治療痕跡所開發的高遮瑕底妝品牌。這款蜜粉除了採用可吸附多餘皮脂，並使肌膚看起來更顯平滑的皮膚吸收粉體之外，還採用特殊的透明服貼粉體，不只是服貼性高、持妝性佳，而且不容易沾染到毛巾、衣物或口罩上。

LISSAGE
ビューティアップヴェイル
（ルーセント）

廠商名稱● カネボウ化粧品
容量/價格● 20g/4,500 円

粉體極為細緻，在抑制油光及暗沉感的同時，可利光粉體折射光線的方式讓肌膚看起來更清透且緊緻。使用起來帶有舒服的天然精油香。附屬粉撲為雙面素材設計，長毛面能像蜜粉刷一樣輕柔地將蜜粉上到全臉，提升肌膚的光澤感；短毛面則方便用來修飾細部，同時提升蜜粉的服貼度。

SOFINA Primavista
化粧持ち実感 おしろい

廠商名稱● 花王
容量/價格● 12.5g/3,300 円

Primavista 可說是花王旗下控油底妝的代表性品牌，除了控油飾底乳之外，這罐可以長時間抑制油光與脫妝問題的持妝蜜粉也是支持度相當高的產品。這款蜜粉在 2018 年初夏進行升級改版，除了改用更好沾取粉粒的彈力網設計之外，還加入更多可吸附多餘皮脂的球狀粉體。因此清爽順的使用感及持妝力表現都向上提升許多。

DHC
ミネラルシルク エッセンスパウダー

廠商名稱 ● DHC
容量/價格 ● 8g/2,400 円

採用近年來相當熱門的健康礦物成分「矽」，再搭配保濕成分玻尿酸，可發揮深層滋潤效果的保養型蜜粉。除此之外，添加來自黃金薑絲與一般薑絲的水解萃取物，能夠讓紋顯得更加細緻。除了白天用來控油定妝之外，也可以在晚上睡前用來加強保養。

medel natural
フェイスパウダー ワイルドローズアロマ

廠商名稱 ● ビーバイ・イー
容量/價格 ● 10g/1,400 円

添加日本國產米萃取神經醯胺與 8 種植萃保濕成分的保養型蜜粉。採用 5 種機能型粉體，可同時發揮控油與吸汗等作用。另外，透過兩種大小不同的珠光成分，運用控光效果來完美遮飾肌膚上的小瑕疵。使用時帶有迷人的玫瑰精油香氛。依照不同的肌膚需求，有兩種色號可以選擇。(SPF18．PA++)

パールイエロー／珍珠黃
可打造自然且具清透感的半啞光妝感。

パールピンク／珍珠粉
可打造明亮輕柔的肌膚妝感，也可用來打亮局部。

himecoto
サラハナ姫

廠商名稱 ● リベルタ
容量/價格 ● 1,250 円

針對 T 字部位出油問題所開發的控油蜜粉。使用方式非常簡單，只要像蓋章一樣直接對鼻翼或額頭等出油部位輕壓幾下，單手就能讓討厭的油光消失無蹤！不只如此，也能自然修飾毛孔凹凸等問題。粉體為自然膚色，所以也很適合用來補妝。

AMPLEUR
フェイスパウダー

廠商名稱 ● アンプルール
容量/價格 ● 10g/4,800 円

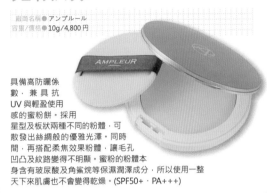

具備高防曬係數、兼具抗 UV 與輕盈使用感的蜜粉餅。採用星型及板狀兩種不同的粉體，可散發出絲綢般的優雅光澤。同時間，再搭配柔焦效果粉體，讓毛孔凹凸及紋路變得不明顯。蜜粉的粉體本身含有玻尿酸及角鯊烷等保濕潤養成分，所以使用一整天下來肌膚也不會變得乾燥。(SPF50+．PA+++)

Prédia
プードル エメール N

廠商名稱 ● コーセー
容量/價格 ● (蕊)10g/4,000 円 (盒)1,000 円

Prédia 為慶祝品牌 20 週年慶，於 2016 年所推出的限定蜜粉餅。在 2018 年升級改版後成為常態商品。這塊以海洋保養為主題，採用珍珠粉、美容油、海洋保濕成分及柔順粉體所打造的紫色蜜粉餅，可利用補色原理修飾蠟黃膚色，使膚色更顯清透有活力。相較於之前的版本，升級版使用之後的光澤感更為提升。使用起來帶有清新的草本花香味。(SPF25．PA++)

雪肌精
スノー CC パウダー

廠商名稱 ● コーセー
容量/價格 ● (蕊)8g/3,200 円 (盒)1,000 円

來自 KOSÉ 明星品牌雪肌精，質地柔順薄透，同時具有 CC 及美妝效能的 CC 絲絨雪粉餅。粉體含有雪肌精特有的和漢草本萃取成分，不只能夠輕透修飾肌膚上的小瑕疵，還能發揮雪肌精般的保養機能。使用起來帶有雪肌精獨特的溫和香味，華麗的雪花雕飾外盒更是值得收藏。(SPF14．PA+)

Bioré u
潤い美肌ボディウォッシュ

廠商名稱●花王
容量/價格●480ml/550 円

花王 Bioré u 針對身體乾燥問題，尤其是小腿特別容易乾燥的族群開發出全新的滋潤美肌沐浴乳系列。採用花王獨家的 SPT（淨膚鎖水技術），再搭配獨家開發的胺基酸洗淨潤膚技術，可在溫和洗淨身體肌膚的同時，讓身體能夠持續維持滋潤狀態，就連容易乾燥粗糙的小腿，摸起來也顯得滑嫩許多。

ローズ＆ホワイトブーケ
の香り
／玫瑰＆白花香

ベルガモット＆ハーブ
の香り
／佛手柑＆草本香

ジャスミン＆ロイヤルソ
ープの香り
／茉莉花＆皇家皂香

Bioré u
泡で出てくる!ボディウォッシュ

廠商名稱●花王
容量/價格●600ml/645 円

只要輕壓瓶嘴，不需要搭配沐浴巾也可以輕鬆使用綿密泡泡洗淨全身。如此方便的沐浴泡，而且是溫和的弱酸性配方，其實也很適合拿來訓練小朋友自己洗澡。除最早推出的經典皂香型之外，之後還陸續推出清新柑橘香、天使玫瑰香以及適合乾燥季節使用的保濕潤澤型。

フレッシュシトラスの香り
／清新柑橘香

エンジェルローズの香り
／天使玫瑰香

うるおいしっとり
／保濕潤澤型

MEN's Bioré
薬用デオドラント
ボディウォッシュ

for
MEN

廠商名稱●花王
容量/價格●440ml/474 円

男性身體的皮脂分泌量多，所以容易產生異味，但若是過度清洗，或是使用潔淨成分過於強力的沐浴用品，反而會使肌膚處於乾燥狀態。為改善男性沐浴的需求與問題，花王 MEN's Bioré 沐浴乳當中添加能夠確實清潔毛孔皮脂，並加入保濕成分來維持肌膚滋潤度。藍色壓嘴的清新薄荷香與潔淨皂香洗起來帶有涼感，而綠色壓嘴的滋潤保濕型則是添加玻尿酸強化保濕作用，使用起來溫和無涼感。

フレッシュなミントの香り
／清新薄荷香

清潔感のあるせっけんの香り
／潔淨皂香

肌ケアタイプ
／滋潤保濕型

Dove
ボタニカルセレクション
ボディウォッシュ

廠商名稱●ユニリーバ
容量/價格●500g/720 円

多芬在日本推出名為「Botanical Selectoin」的植萃淨膚品牌，除潔顏與洗護髮系列之外，還有這個植萃沐浴乳系列。添加酪梨油、摩洛哥堅果油、葡萄籽油、荷荷芭油以及杏桃果油等 5 種植萃美容油，推出這款能夠潔淨並深入滋潤肌膚的保濕潤澤型沐浴乳，適合重視沐浴後滑順膚觸及滋潤感的人。

ラベンダー
／舒緩薰衣草香

ダマスクローズ
／奢華大馬士革玫瑰香

ジャスミン
／水感優雅茉莉香

Lamellance
ボディウォッシュ

廠商名稱● クラシエホームプロダクツ
容量/價格● 480ml/700 円

許多沐浴用品的介面活性劑分子量較小，在潔淨肌膚表面髒汙與多餘皮脂的同時會進入角質層，並對維持肌膚水油平衡的層狀結構（Lamellar Structure）造成破壞。當層狀排列變得紊亂，就會引發肌膚乾燥等問題。在發現這個事實之後，Kracie 開發出這瓶潔淨分子不會入侵角質當中，同時讓滋潤成分進入層狀之間的縫隙，號稱史上第一瓶不會破壞層狀結構的沐浴乳。對於身體肌膚總是嚴重乾燥的人而言，或許是從根本改善問題的新選擇。

アクアティックホワイトフローラル
／水感白花香

プレシャスローズブーケ
／奢華玫瑰香

puspa
ボディソープ

廠商名稱● クラシエホームプロダクツ
容量/價格● 400ml/1,500 円

重視香氛表現及滋潤度的微奢華沐浴乳。採用荷荷芭油、杏仁油、有機乳油木果油與有機橄欖萃取油，再搭配 7 種花系植萃成分，可發揮相當不錯的保濕潤澤感。採用獨家的濃縮配方，只要一點點沐浴乳，就可以搓出濃密又有彈力的泡沫。沐浴乳本身還含有兩種細微潔淨泥，所以能夠溫和吸附多餘皮脂。雖然是沐浴乳，但香味卻跟香水一樣有前、中、後調般的變化，非常適合重視沐浴香氛的族群。

ブロッサムスマイル
／白花微笑
（茉莉花、鈴蘭、玫瑰）

フォレストソング
／森林之歌
（絲柏、茉莉、花、白檀）

softymo
ナチュサボン セレクト
ホワイト ボディウォッシュ

廠商名稱● コーセーコスメポート
容量/價格● 500ml/700 円

來自高絲開架品牌「natu savon」的植萃沐浴乳。採用天然植萃潔淨與保濕成分，可透過濃密的沐浴泡將身體肌膚上的老廢角質洗淨。清爽型採用白泥及輕柔爽身粉成分，洗後肌膚會顯得乾爽舒服；滋潤型則是添加椰果萃取油及乳油木果油，可為肌膚提升潤澤度。

リフレッシュ／清爽型
（洋甘菊＋洋梨香）

モイスト／滋潤型
（蘋果＋茉莉花香）

MINON
全身シャンプー
さらっとタイプ

廠商名稱● 第一三共ヘルスケア
容量/價格● 450ml/1,400 円

日本敏弱肌保養領導品牌 MINON 最早由潔膚皂起家，因此在潔膚產品上特別講究。這罐來自 MINON，適合敏感肌與混合肌的沐浴乳，特別適合身體肌膚同時有乾燥、皮脂分泌過多與痘痘問題的人使用。泡沫容易沖淨且洗完後感覺偏向清爽，而且帶有敏弱肌沐浴商品少見的清新綠茶香。（医薬部外品）

MINON
全身シャンプー
泡タイプ

廠商名稱● 第一三共ヘルスケア
容量/價格● 500ml/1,400 円

考量到敏感肌膚容易受到刺激的問題，MINON 敏弱肌身體潔淨系列推出這瓶輕壓就可擠出綿密泡沫。洗淨身體時不會過度拉扯肌膚的沐浴泡。溫和的洗淨成分可以保護肌膚防禦機能的狀態下潔淨身體，因此肌膚較脆弱的嬰幼兒以及接受照護服務的高齡者也都適合使用。（医薬部外品）

DEOCO.
薬用ボディクレンズ

廠商名稱● ロート製薬
容量/價格● 350ml/1,000 円

專為女性體味問題，尤其是夏季最不可或缺的抗菌抑味沐浴乳。搭配兩種具備抑菌抗發炎成分，可穩定肌膚狀態並抑制汗臭味發生。另一方面，還加入能夠吸附髒汙及異味因子的白泥，以及可以提升肌膚清透感的維生素C衍生物。這瓶堪稱是洗的保養品，洗起來不只乾淨舒服，而且還帶有清新的微甜花香味。（医薬部外品）

OXY3 GROOMING
シルキーボディソープ

for MEN

廠商名稱● ロート製薬
容量/價格● 300g/750 円

專為愛美年輕男性族群所開發，可同時滿足洗淨、滋潤以及滑順三大需求的絲滑感沐浴乳。採用高黏度製劑，沐浴乳可搓出相當濃密的潔淨泡，同時搭配可滋潤肌膚的蘆薈萃取物。由於泡沫本身相當滑順，所以也可以在沖水之前順便修剪腋毛或腿毛。香味是清香且能使人放鬆的馬鞭草香氛。

hadakara
ボディソープ
保湿＋サラサラ仕上がりタイプ

廠商名稱● ライオン
容量/價格● 480ml/600 円

日本獅王所推出的hadakara沐浴乳系列，是採用獨家吸附保濕配方，強化沐浴後肌膚滋潤度的產品。對於洗澡後總是感到肌膚乾燥的人而言，是相當不錯的沐浴品，因此一推出之後就獲得高評價。在2018年春季，hadakara再次推出新類型。新品主打特色為保濕＋膚觸乾爽，而且採用清新皂香，相當適合在夏季使用。

SHILOBACO
ひとつで洗えるソープ

廠商名稱● 石澤研究所
容量/價格● 400ml/2,000 円

在斷捨離風潮之下，有些人愈來愈追求極簡生活。在一切最簡約的生活當中，最重要的一件事就是減少周遭物品的數量。石澤研究所推出的這項產品可說是為了極簡生活主義者所開發，因為這是男女皆適用，一罐可同時潔顏、洗髮及沐浴的全身用潔淨乳。只要放一瓶在浴室就可以，大大簡化放在浴室內的物品項目。號稱99%原料來自天然與植萃成分，使用起來帶有舒服的草本香。

GEOMAR
タラソスクラブ
リフレッシング

廠商名稱● 石澤研究所
容量/價格● 600g/2,800 円

結合死海鹽與乳油木果油所打造而成的去角質磨沙膏。仔細按摩之後不只能夠除去粗糙的老廢角質，更能讓肌膚顯得潤澤滑順。這罐涼感版本加入胡椒薄荷，可發揮相當刺激但舒服的清涼感。按摩全身之後可直接用水沖掉，也可以直接泡到浴缸當中，讓磨沙膏融化變成入浴鹽。

LOUIS PAULA
ボディウォッシュ＆スクラブ

廠商名稱● ナチュラリーアークス
容量/價格● 320g/3,900 円

添加多種保濕、抗齡及美白成分的去角質磨粒砂膏。採用來自墨西哥的岩鹽，再搭配日本的海水所精製而成。不同於一般鹽磨砂膏，LOUIS PAULA的鹽粒經過特殊製法加工，將不規則的突起部位全去除，而且每顆鹽粒大小相近，所以使用起來格外滑順與溫和，就連敏感性肌膚也能夠使用。

Slinky Touch
オールインワンボディせっけん

廠商名稱● リベルタ
容量/價格● 80g/700 円

同時具備潔淨、去角質與保濕等三大機能的多機能潔淨身皂。融合檸檬酸、酒石酸、乳酸及蘋果酸，可發揮去角質機能，對於不喜歡利用磨砂膏進行物理性去角質的人來說，是相當不錯的新選項。除此之外，還添加木瓜萃取物及優格萃取液來調節肌膚環境，讓老廢角質更容易隨著水被沖淨。使用起來帶有甜蜜的木瓜果香。

himecoto
ふわしり姫

廠商名稱● リベルタ
容量/價格● 100g/1,200 円

臀部專用的美臀磨砂膏。大部分的現代女性都會因為久坐工作造成臀部血液循環變差，進而使得臀部肌膚摸起來顯得粗糙或膚色沉澱，甚至冒出一粒粒看似痘痘的突起物。為幫助女性打造美臀肌，himecoto 採用乳糖作為柔化角質成分，再搭配核桃仁微粒及鑽石微粉等形狀較為平滑的去角質成分，來溫和去除老廢角質。由於磨砂膏內還添加許多具備保濕與緊緻作用的成分，對於美臀肌有不錯的加分效果。

himecoto
美キニ姫

廠商名稱● リベルタ
容量/價格● 35g/1,150 円

比基尼線專用去角質膏。在衣物摩擦與長時間緊密貼合等刺激下，許多人都會有比基尼線肌膚暗沉或偏黑的問題。若是使用一般的鹽粒磨砂膏為較薄的肌膚去除角質，反而可能會因為過度刺激而更為反黑。因此 himecoto 採用軟如蒟蒻的磨砂素材製成奶泡狀的鬆軟去角質膏。這樣不僅不會刺激肌膚，而且加水之後還會持續產生泡泡來加強潔淨效果。對於夏天有計畫穿泳裝的人來說，可說是相當重要的身體保養單品。

himecoto
白ひざ姫

廠商名稱● リベルタ
容量/價格● 50g/1,300 円

膝部專用去角質膏。膝部是日常生活中最容易因為摩擦而反黑的身體部位之一，但對於女性而言，膝部卻又是因為穿裙裝而容易外露的部分。為解決膝部肌膚反黑問題，himecoto 利用果酸軟化角質，再透過溫和的磨砂成分去除老廢角質，最後再以 13 種植萃保濕成分呵護肌膚。透過獨特的亮白妝感效果，將去角質膏沖洗乾淨之後，就可讓膝部肌膚的視覺顯白。除膝部之外，其實腳踝及手肘也都能用。

toetoe
つるつるフットスクラブ

廠商名稱● ビーバイ・イー
容量/價格● 100g/1,100 円

足部專用角質磨砂膏。採用兩種顆粒大小不同的去角質成分，可用來去除膝部或是腳跟等部位的肥厚角質。除此之外，也能用來加強腳趾間等細微部位。利用茶樹、檸檬及薰衣草等植萃精油所調和的香氛成分，可讓人使用時感到心情愉悅。

toetoe
すべすべフットソープ

廠商名稱● ビーバイ・イー
容量/價格● 70g/900 円

足部專用潔膚去角質皂。皂體當中含有胡桃殼微粒，以及具備抗菌及收斂作用的有機迷迭香萃取物，可直接對有氣味或是角質較肥厚的部位加強潔淨。利用茶樹、檸檬及薰衣草等植萃精油所調和的香氛成分，可讓人使用時感到心情愉悅。

MAMA BUTTER
ベビーライン

廠商名稱● ビーバイ・イー

嬰兒的皮膚分泌量在出生滿兩個月後，就會逐漸減少至成人的三分之一以下。因此 MAMA BUTTER 便以濃度 5%的乳油木果油和有機金盞花萃取物，打造出能夠呵護嬰兒敏感肌膚的保養系列。不只是包裝可愛而已，柑橘融合洋甘菊的溫和清新香味聞起來也很舒服。

ベビーソープ／沐浴泡
250ml/1,600 円
單手就能擠出綿密泡沫，稍微用水一沖就可沖得乾淨。採用不刺激不流淚配方，不小心弄到眼睛也不會產生刺激。

ベビーローション／乳液
180ml/1,800 円
質地清爽好推展且滲透力佳，擦起來沒有不舒服的厚重感。

ベビークリーム／乳霜
130g/2,000 円
質地較為濃密，可以用來擦在嬰兒容易出現肌膚乾燥問題的臉頰及嘴巴周圍。

ベビーオイル／護膚油
100ml/2,200 円
清透不黏膩，100%萃取自植物的護膚油。適合在嬰兒洗完澡後保養全身，或是在為嬰兒按摩時使用。

NIVEA
マシュマロケア ボディミルク

廠商名稱● ニベア花王
容量/價格● 200ml/665 円

來自日本妮維雅花王的棉花糖柔嫩肌身體乳。添加荷荷芭油與杏仁油等美容油成分，可打造令人不禁想一摸再摸的柔嫩肌。身體乳當中含有抗發炎成分「甘草酸二鉀」，所以不只是可以改善肌膚乾荒問題，更適合在除毛後用來呵護受過刺激的肌膚。（医薬部外品）

ピーリングシトラス
／清新柑橘香

シルキーフラワー
／絲滑玫瑰香

NIVEA
マシュマロケア ボディムース

廠商名稱● ニベア花王
容量/價格● 150g/905 円

日本妮維雅的棉花糖柔嫩肌身體保養系列的Q彈泡慕絲型。同樣採用荷荷芭油與杏仁油這些美容油成分，但劑型則是變成具有彈力的慕絲泡。使用起來感覺清爽且滲透力佳，使用後讓肌膚摸起來感覺滑嫩許多。

ピーリングシトラス
／清新柑橘香

シルキーフラワー
／絲滑玫瑰香

NIVEA Refresh Plus
アクアモイスチャー ボディジェル

廠商名稱● ニベア花王
容量/價格● 200ml/570 円

專為悶熱濕黏夏季所設計的清爽身體凝露。滑順好推展的凝露在接觸肌膚之後，就會立即化為清爽的水狀質地，並在快速滲透肌膚之後留下乾爽的滑嫩膚觸。使用起來帶有些微清涼感，而且柑橘搭配佛手柑所調和而成的香味，聞起來非常清新。

NIVEA Refresh Plus
スプラッシュボディジェル

廠商名稱● ニベア花王
容量/價格● 130g/905 円

妮維雅清新清爽身體凝露的彈跳泡版本。除了基本的保濕成分之外，還多了具備收斂作用的金縷梅萃取物。在沁涼的彈跳泡相輔相成之下，清涼感更是加強不少，非常適合在夏季洗澡完後，或是外出回家後用來鎮靜全身肌膚。

softymo
ナチュサボン セレクト ボディミルク

廠商名稱● コーセーコスメポート
容量/價格● 230ml/700 円

質地相當濃密，採用植萃保濕成分及美容油所製成的保濕身體乳。除5種共通植萃成分之外，滋潤型採用摩洛哥堅果油與荷荷芭油，可打造滑嫩柔軟的膚質。另一方面。超滋潤型則是選用潤澤性更高的巴西棕櫚油，可為肌膚提供更濃密的潤澤力與柔膚力。

モイスト
／滋潤型

リッチモイスト
／超滋潤型

CareCera AP

廠商名稱● ロート製薬

樂敦製藥從根本檢視肌膚機能問題，利用皮膚科學研究所開發出來的機能性身體保養系列。對於反覆出現乾燥與乾荒問題的肌膚而言，除了補充滋潤成分之外，提升「鎖水」機能也相當重要。只要肌膚本身鎖水力夠且角質內部水分充足，肌膚防禦力自然就會提升。CareCera AP 系列一口氣添加 7 種具備高鎖水作用的神經醯胺，而這樣的成分內容是目前相當少見的豪華組合。在洗澡之後，可先用質地較清爽的乳液大範圍塗抹於全身肌膚。對於需要加強的部位，則可以再塗一層乳霜。

フェイス＆ボディ乳液
／臉部＆身體用乳液
200ml/1,200 円

フェイス＆ボディクリーム
／臉部＆身體用乳霜
70g/1,200 円

Locobase REPAIR

廠商名稱● 第一三共ヘルスケア

Locobase REPAIR 是根據歐洲「肌膚防禦理論」所開發的重度乾燥肌膚保養品牌。在肌膚防禦理論當中有很多基礎的概念，那就是第 3 型神經醯胺、膽固醇與遊離脂肪酸是肌膚回復防禦力所需的三大因子。因此 Locobase REPAIR 便以最佳比例調配這三項成分，因應使用部位開發出三種不同質地的身體保濕品。

クリーム／乳霜
30g/1,800 円

適合用於改善手部嚴重乾燥問題，將水分含量降到最低，只保留油性保濕成分，並排除使用防腐劑的硬質地乳霜。可在肌膚表面形成防禦膜，藉此防止水分蒸發。

ミルク／乳液
48g/1,800 円

對於容易因乾燥脫皮而浮白粉的小腿與手臂等部位，利用超高壓乳化技術將保濕潤澤成分奈米化，而這些成分則是能在肌膚表面形成能夠長時間發揮保濕作用的薄膜。

かかとケアバーム
／腳跟護理膏
10g/1,400 円

針對腳跟幾乎沒有皮脂膜，加上角質肥厚導致水分不易滲透等特性，採用可服貼於腳跟肌膚的類皮脂膜成分。除此之外，還搭配促進循環成分與抗乾荒成分來對付腳跟乾燥問題。

recipist
しっかりうるおう
ボディローション

廠商名稱● 資生堂
容量／價格● 200ml/482 円

講求簡約但有感的 recipist，是資生堂為千禧年輕世代所開發的新品牌。品牌特色除了包裝設計年輕化，也依照年輕世代膚質選擇適當的成分與組合。當然，銅板價的價位也相當親民。除潤澤防禦成分「玫瑰萃取物」之外，還搭配保濕成分「鳶尾萃取物」，以及潤澤成分「乳油木果油」和「摩洛哥堅果油」。

ローズの香り
／玫瑰花香

ヴァーベナの香り
／馬鞭草香

ローズマリーの香り
／迷迭香

Bioré u
お風呂で使う
うるおいミルク

廠商名稱● 花王
容量／價格● 300ml/670 円

含有乳油木果油及凡士林等油性潤澤成分，適合全家大小一起使用的身體乳。比較特別的地方，是這罐身體乳是在浴室內使用。只要在洗完澡擠出身體乳，混合著身上的水珠就可快速推展至全身即可。就算是走出浴室用浴巾擦乾水珠，潤澤成分早就已經滲透肌膚，所以不必擔心會被浴巾全部吸乾。

やさしいフローラルの香り
／溫和花香

無香料
／無香

Prédia
アルゲ ボディツイスター
限定品

廠商名稱●コーセー
容量/價格●120g/3,500円

高絲的海洋保養概念品牌「Prédia」在2017年春季所推出的纖體凝露，採用多種具備分解、排出、燃燒及促進代謝機能成分，搭配五珠滾輪以揉捏與按摩淋巴的方式，可針對手臂、大腿、腹部等部位使用。凝露本身帶有舒服的清涼感，所以特別適合在夏季使用。

Paul Stuart
クール スパークリング フレグランス
限定品　for MEN

廠商名稱●コーセー
容量/價格●120g/3,000円

Paul Stuart是來自紐約的男性時尚品牌，但男性保養系列卻是由日本高絲一手打造。這瓶在2018年初夏所推出的限定品，承襲Paul Stuart獨特的時尚香氛，搭配沁涼的彈跳凝膠泡，是使用感相當有趣的新型態淡香水。當然，不只是香氛功能而已，持續的舒服涼感與爽身粉末，都能讓人忘記夏季那煩人的悶熱感。

episteme
タイトスキンセラム

廠商名稱●ロート製薬
容量/價格●165g/6,500円

來自樂敦製藥百貨專櫃品牌的纖體精華霜。主成分是採用金黃洋甘菊萃取物、左旋肉鹼以及安第斯人蔘萃取物等珍稀成分所調和出獨家的美體複合精華。針對腹部及腿部等線條不滿意或是膚觸不滑順等部位，可搭配精華霜進行按摩保養。

TWANY
ボディクリーム（フラワーガーデン）

廠商名稱●カネボウ化粧品
容量/價格●180g/3,000円

從包裝設計到香味，都令人覺得像是進入花園一般舒服的身體乳。質地水感且肌膚滲透力高，但潤澤成分卻會在肌膚表面形成一道薄膜，使肌膚散發出迷人光澤且膚觸變得滑順。香味採玫瑰作為基底，融合天然草本香氛，有著前調柑橘、中調花香、後調白麝香這樣媲美香水的變化。

HABA
スクワランボディミルク

廠商名稱●HABA
容量/價格●100g/1,500円

HABA專為乾燥膚質所開發，可提升全身肌膚彈潤感的身體乳。既然是來自HABA的產品，自然少不了潤澤力備受肯定，也是HABA整個品牌最核心的成分角鯊烷。除此之外，還添加玻尿酸、神經醯胺、維生素E以及山茶花萃物等潤澤保濕成分。質地好推展，且能在肌膚表面形成一道帶有光澤感的潤澤膜，散發出來的草本精油香聞起來相當舒服。

PRIOR
ボディークリーム

廠商名稱●資生堂
容量/價格●165g/1,800円

針對50世代以上熟齡肌特有的身體肌膚乾燥問題，資生堂PRIOR推出這條滋潤度表現優秀，而且也能增加肌膚光澤度的身體乳。最為特別的地方，是添加資生堂美白保養品中常見的美白成分「m-傳明酸」，因此對於亮白膚色及改變肌膚乾荒的表現值得期待。
（医薬部外品）

care nurse
かろやかな肩のクリーム

廠商名稱●石澤研究所
容量/價格●45g/1,380円

無論是包裝設計，或是成分與產品定位，都和一般身體乳不太一樣。從外盒上的插圖，就不難看出這是一條主打肩部專用的產品。除了5種能夠潤澤柔膚的植萃油保養成分之外，最特別的地方是添加8%的葡萄糖胺。簡單地說，就是一條可以搭配按摩，讓自己雙肩放鬆的葡萄糖胺乳膏。

himecoto
ツルワキ姫

廠商名稱●リベルタ
容量/價格●30g/1,250円

腋下肌膚容易因為衣物摩擦或是刮毛等外在刺激反黑，而這款腋下肌膚專用的潤色乳膏就能解決這個惱人的問題。只要塗抹於腋下肌膚，乳膏當中的細微粉末就能讓腋下肌膚看起來顯得平滑且明亮許多。採用耐水配方，效果也可以持續一整天。除了潤色機能之外，多種保濕成分也能讓容易忽略保養的腋下肌膚更為水潤與緊緻。

手部保養×Hand Care

recipist
すべすべ仕上げのハンドクリーム

廠商名稱● 資生堂
容量/價格● 50g/269 円

講求簡約但有感的 recipist，是資生堂為千禧年輕世代所開發的新品牌。不只是包裝年輕可愛，銅板價連連學生都能輕鬆擁有，拿來當辦公室的伴手禮也很合適。除潤澤防禦成分「玫瑰萃取物」之外，還搭配保濕成分「蠶絲萃取物」和「甘油」。在潤澤成分方面，則是採用「乳油木果油」和「摩洛哥堅果油」。

無香料
/無香

ローズの香り
/玫瑰花香

ヴァーベナの香り
/馬鞭草香

ローズマリーの香り
/迷迭香

Curél
ハンドクリーム

廠商名稱● 花王
容量/價格● 50g/1,000 円

來自花王的乾燥敏感肌保養品牌「珂潤」所推出的護手霜。採用品牌核心成分「Ceramide 功能成分」以及「桉樹萃取物」，可幫助肌膚提升滋潤度並對抗外來刺激。對於手部乾荒所引起的肌膚乾裂問題，特別採用具有修復作用的尿囊素與維生素 E。若是手部肌膚老是反覆乾荒，可以嘗試一下這個新選擇。

ASTALIFT
ハンドクリーム

廠商名稱● 富士フイルム
容量/價格● 40g/1,600 円

來自富士軟片抗齡保養品牌「ASTALIFT」的護手霜。除了三種膠原蛋白之外，還搭配堪稱是品牌精神的抗氧化成分蝦青素。使用後可在雙手肌膚表面形成不黏膩的潤澤薄膜，而香味則是優雅的大馬士革玫瑰香。

MENTHOLATUM
ハンドベール
プレミアムモイストミルク

廠商名稱● ロート製薬
容量/價格● 200ml/580 円

洗完碗或做完家事之後，手濕狀態下也能使用的護手乳。除了保濕潤澤成分之外，還添加能夠改善手部乾荒問題的甘草酸鉀。壓頭設計，單手就能簡單擠出護手乳使用。適合工作或生活上需要經常碰水，卻又因此造成雙手乾燥的人放在洗手檯附近方便使用。

&nail
廠商名稱● 石澤研究所

&nail 的品牌理念為「打造不需要裝飾就能很美的指甲」，是產品項目相當齊全的指甲保養品牌。&nail 在成分上相當講究，堅持採用有機成分與植萃成分，而且香味也是獨特的原創複合精油香。不管是什麼指甲保養訴求，通通來找 &nail 就對了。

ネイルベッドオイル
/美甲油
10ml/1,600 円

可為滋潤指甲邊緣的皮膚，讓指甲愈長愈健康的美甲油。當指甲長得長且健康，手指看起來就會顯得纖長許多。香味是療癒薰衣草香。

ディープハンドトリートメント
/潤手護甲乳
40g/1,500 円

不只是手指，全手都可用的護手霜。質地濃密卻沒有討厭的黏膩感，很適合用來慢慢按摩手指時使用。香味是清新柑橘香。

ボタニカルクリアコート
/植萃護甲油
10ml/1,600 円

簡單輕刷兩下，就能利用天然樹脂保護脆弱的指甲，同時也讓指甲散發出健康光澤感。香味是沉穩的墨角蘭香。

Dr.Nail
ディープセラム
ローズの香り

廠商名稱● 興和
容量/價格● 3.3ml/2,600 円

人稱斷甲救星，在日本經常賣到缺貨的指甲修護液。睡前只要像搽指甲油一樣，將修護液搽在指甲上，就可以改善指甲容易斷裂、指甲太薄或是指甲老是出現縱向紋路的問題。原本只有無香版本，但在女性愛用者的催生之下，KOWA 總算是推出玫瑰香味版。

Bioré
冷シート

廠商名稱 ● 花王
容量/價格 ● 20 張/420 円

在溫室效應影響下，日本的夏天是一年比一年還熱，因此追求涼感的濕紙巾產品也愈來愈多。花王 Bioré 在 2018 年推出的冷涼感濕紙巾採用特製不織布，可吸附更多的冷卻水成分，所以可在接觸肌膚瞬間大幅蒸散肌膚表面的熱能，號稱瞬間可降低體感溫度 3℃，超適合夏天怕熱的人使用。

無香性
／無香

フレッシュ
フローラルの香り
／清新花香

フレッシュ
ハーブの香り
／清新草本香

Bioré
メイクの上からリフレッシュシート

廠商名稱 ● 花王
容量/價格 ● 12 張/270 円

補妝時只能用吸油面紙嗎？其實現在有不一樣的選擇哦！花王 Bioré 新推出的濕紙巾，就是上妝也能使用，補妝時也能讓人感到煥然一新的新型態商品。特殊的紙巾纖維可吸附汗水、皮脂以及脫落的底妝。在輕壓臉部後，會發現濕紙巾上會附著底妝的顏色，其實那是混合皮脂而脫落的底妝，去除掉反而能讓補妝的效果更好。炎炎夏日想要涼涼的補妝，就靠這一包了。

アクアシトラスの香り
／水感柑橘香

無香料
／無香

Bioré
さらさらパウダーシート

廠商名稱 ● 花王
容量/價格 ● 10 張/250 円（隨身包）　36 張/700 円（盒裝）

花王 Bioré 最為長銷的爽身濕紙巾。採用獨家開發的皮脂清潔配方，只要輕輕一擦就可拭去滿臉油光及黏膩感。因為濕紙巾當中含有透明爽身粉末，所以擦拭過後的乾爽滑嫩感可維持一段時間。紙巾本身為四層構造，使用時不容易破裂，而且表面的凹凸壓花更能有效率地帶走臉上皮脂與汗水。在 2018 年的升級改版中，特別強化擦拭清潔力與香味持續力。除了隨身包裝之外，也有適合放在家中或辦公室的大盒裝。

清潔感あふれるせっけんの香り
／潔淨皂香

もぎたてシトラスの香り
／鮮摘柑橘香

摘みたてローズの香り
／鮮採玫瑰香

SEA BREEZE
ボディシート
ミックスフレーバタイプ

厰商名稱● 資生堂
容量／價格● 30 張／528 円

SEA BREEZE 是資生堂旗下廣受學生及年輕族群所喜愛的制汗爽身品牌。除了包裝設計大量採用鮮艷色彩之外，調香方面也顯得相當活潑多變。除了原有的幾個基本款之外，2018 年推出的 MIX 混香版更是跳脫一般人對濕紙巾香味的印象。主打夏季市場的 SEA BREEZE 濕紙巾使用起來帶有相當舒服的清涼感，而且來自植物的爽身粉成分也能讓擦拭後的肌膚顯得滑嫩，是夏季包包中不可缺少的重要單品。

フレッシュヨーグルト　　　シャイニーベルガモット
／新鮮優格香　　　　　　／陽光佛手柑

Ban
爽快さっぱりシャワーシート
ノンパウダータイプ

厰商名稱● ライオン
容量／價格● 36 張／379 円

日用品大廠「獅王」所推出的爽身濕紙巾。由於有些人不喜歡濕紙巾使用後的粉末感，或是粉末會使黑色衣物沾滿白色的細微粉末，因此獅王旗下的 Ban 便推出無爽身粉版本。獨創的立體厚質紙巾搭配三層構造，能有效率地擦拭汗水及異味。每一張紙巾都吸飽爽膚水，擦拭身體後可維持長時間的涼快感。

シトラスフローラル　　　ホワイトフローラル
／柑橘花香　　　　　　／純淨花香

S CARAT
薬用デオドラント
パウダーシート

厰商名稱● コーセーコスメポート
容量／價格● 40 張／500 円

請來史奴比當代言人的制汗爽身濕紙巾。除了能夠擦拭身上的汗水皮脂之外，因為成分中加了抗菌成分及明礬，所以能夠發揮制汗爽身以及抑制異味產生的功能。尤其始腋下、胸口、頸部甚至是足部都相當適合使用。目前 4 種類型當中，僅有草綠色包裝的馬鞭草薄荷版本帶有清涼感，格外適合悶熱的夏季使用。（医薬部外品）

無香料／無香　　　　　ピュアシャボン／純淨皂香

涼感

ローズ／玫瑰花香　　　ヴァーベナミント／馬鞭草薄荷

toetoe
さらさらフットシート

厰商名稱● ピーバイ・イー
容量／價格● 20 張／600 円

主成分為具備收斂與抗菌作用的有機迷迭香，專為足部清潔問題所開發的足用濕紙巾。若是覺得足部老是容易冒出異味，就很適合用這樣的濕紙巾加強清潔，就算隔著絲襪也能夠使用。香味是由茶樹、檸檬及薰衣草等植萃精油所調合而成的清爽型舒緩香氣。

MEN's Bioré
洗顔シート

廠商名稱●花王
容量／價格●20 張/210 円（隨身包）
38 張/345 円（大包裝）

for MEN

花王 MEN's Bioré 的男性專用濕紙巾在 2018 年春季推出升級改版新品了！這次最大的突破，就在於改良紙巾本身的材質與使用感。新生的 MEN's Bioré 濕紙巾採用花王獨家開發的 TOUGH-TECH 技術，擁有「不易破、不易乾、不易捲曲」等三大特性，而且尺寸也比之前大約 24%，因此只要一張就可以擦拭全臉與上半身。添加皮脂吸附粉末與薄荷成分，所以使用之後會覺得肌膚變得乾爽且有清涼感。

基礎型

クールタイプ
／激涼型

清潔感のある
せっけんの香り
／純淨皂香

フレッシュ
アップルの香り
／清新蘋果香

さっぱり
オレンジの香り
／清爽柑橘香

8 × 4
パウダースプレー

廠商名稱●ニベア花王
容量／價格●50g/295 円
150g/495 円

採用來自植物的抑菌消臭成分，能有效發揮爽身制汗功能的制汗噴霧。大瓶裝版本的噴嘴採隱藏設計，不需開蓋就可直接使用。2018 年的升級進化重點，在於噴霧範圍較小，因此可更為集中地噴在特定部位，使用時噴霧也比較不會四處飛散。另一個貼心的進化點，就是噴霧聲明顯變小，就算周圍有其他人，使用時比較不會被發現，也比較不會感到尷尬。（医薬部外品）

無香料
／無香

せっけん
／皂香

フレッシュフローラル
／新鮮花香

ジューシーシトラス
／鮮嫩柑橘香

アクアティックマリン
／水感海洋香

8 × 4
パウダースプレー
フレグランスセレクション

廠商名稱 ● ニベア花王
容量/價格 ● 50g/295 円
　　　　　150g/495 円

8×4 爽身制汗噴霧的香氛強化版。基本的抑菌消臭機能相同，而且也採用升級的噴霧集中及低噪音技術。最大的不同之處，在於香氛表現特別突出。這系列的香味並非常見的類型，而是同時採用多種花香及果香搭配出有層次感的香水感香氛。對於香味要求較高的人而言，會比較適合這個系列。（医薬部外品）

ガーリーフレグランス
／甜蜜花香型
基調為玫瑰與木蘭，搭配檸檬與佛手柑果香。

フェミニンフレグランス
／優雅白花香
基調為茉莉花與橙花，搭配草莓與桃子果香。

ファンタジーフレグランス
／水潤果花香
基調為玫瑰與歐丁香，搭配櫻桃與樹莓果香

8 × 4 MEN
デオドラントスプレー

for MEN

廠商名稱 ● ニベア花王
容量/價格 ● 135g/570 円

針對男性排汗量多且容易形成異味的問題，8×4 推出男性專用的爽身制汗噴霧。除抑菌消臭成分之外，還加入皮脂吸附粉末，可抑制流汗後所形成的黏膩感。對於喜歡涼感刺激的男性而言，爽身制汗噴霧還有一個重點，那就是使用時的清涼感。這款的清涼感號稱可降低體感溫度約 10℃左右，真的很適合炎熱的夏天使用。（医薬部外品）

無香料
／無香

スマートシトラス
／柑橘香

フレッシュソープ
／皂香

8 × 4 MEN
激クールスプレー

for MEN

廠商名稱 ● ニベア花王
容量/價格 ● 135g/570 円

總是覺得爽身制汗噴霧的清涼感不夠力嗎？為滿足極度重視清涼使用感的男性，8×4 MEN 除了體感溫度降低 10℃的基本款之外，還推出這一款清涼感更上一層樓的激 COOL 型。號稱 8×4 MEN 史上最強激涼的爽身制汗噴霧除了清涼度提升之外，基本的抑菌除臭成分都相同。喜歡追求極度涼感刺激的人，還蠻適合嘗試的哦！（医薬部外品）

スマートシトラス
／柑橘香

フレッシュソープ
／皂香

Ag DEO24
プレミアム デオドラントスプレー

廠商名稱● 資生堂

來自資生堂的爽身制汗噴霧。在品牌誕生滿 18 年的這一年，Ag DEO24 推出集中抑菌且消臭力更加升級的 PREMIUM 豪華版。除了一口氣採用三種抑菌消臭成分之外，豪華版在噴霧附著密度及噴霧肌膚服貼度上也進行升級。因此，只要輕輕一噴，就能在肌膚上形成一層抑菌消臭層。（医薬部外品）

無香料
／無香
180g／1,300 円

ボタニカルの香り
／植萃香氛
142g／1,200 円

8 × 4 MEN
スティック

廠商名稱● ニベア花王
容量／價格● 15g／795 円

8×4 MEN 除爽身制汗噴霧之外，考量到使用習慣及場所等問題，另外開發這款男性專用制汗棒。同樣採用兩種能長時間抑菌消臭的成分，但只要輕輕一抹就可長時間制汗防臭。因為添加爽身粉末的關係，所以使用之後肌膚的膚觸會顯得乾爽滑順。無論是哪一個類型，都帶有蠻明顯的清涼感。（医薬部外品）

無香料
／無香

スマートシトラス
／柑橘香

8 × 4
ワキ汗 EX

廠商名稱● ニベア花王

8×4 專為腋下出汗及異味問題所開發的制汗爽身系列。這次的新系列是與德國 Beiersdorf 共同開發。除了採用兩種制汗抑菌成分之外，以立體網狀結合的矽聚合物和爽身粉，可在腋下肌膚表面形成一道抗汗且耐摩擦的薄膜，因此能讓肌膚維持長時間的乾爽。根據使用習慣與需求，全系列共有 4 種類型可以選擇。（医薬部外品）

クリームカプセル
／制汗乳霜膠囊
0.5g×6 個／510 円

方便攜帶且不占空間的分包裝類型。每一顆膠囊的容量，剛好足夠用於兩側腋下。

スティック
／制汗棒
15g／740 円

使用感較為清爽的類型，適合喜歡使用後腋下肌膚呈現乾爽狀態的人。

ロールオン
／滾珠型制汗劑
38ml／740 円

制汗劑本身會緊密服貼腋下肌膚，適合排汗量較大的人使用。

ワンプッシュスプレー
／制汗噴霧
56g／740 円

只要輕輕一噴，就可完全附著在腋下肌膚，使用起來不沾手且方便。

S CARAT
薬用デオドラントスティック

廠商名稱● コーセーコスメポート
容量／價格● 20g／880円

採用明礬及綠茶萃取物作為制汗消臭成分的制汗棒。打開蓋子直接塗於腋下肌膚，就可發揮不錯的制汗與預防異味產生的效果。服貼性佳且使用後的膚觸乾爽舒服。另一個重點，就是瓶身上可愛的史奴比跟瓶蓋上的狗掌插畫設計。（医薬部外品）

©2018 Peanuts Worldwide LLC

Ag DEO24
メンズ デオドラント ロールオン

for MEN

廠商名稱● 資生堂
容量／價格● 60ml／700円

針對男性特有的體味問題所開發，強化塗抹效果與防止皮脂過度分泌的男性專用滾珠制汗劑。滾珠本身設計較小，方便仔細塗抹腋下的細微部分，相較於大滾珠而言，較能夠避開腋毛的干擾而確實塗抹於腋下肌膚。（無香）（医薬部外品）

Ag DEO24
デオドラント シリーズ

for MEN

廠商名稱● 資生堂

每年一到夏天，日本藥妝店當中就會出現許多制汗產品。資生堂旗下的 Ag DEO24，是日本知名度最高的制汗品牌之一。在 2018 年，Ag DEO24 挾著高人氣持續擴大產品類型，新增滾珠制汗劑與制汗棒兩個品項。另一方面，雖然不是新品，但足部制汗劑卻是近來人氣度不斷攀升的足部制汗單品。（医薬部外品）

ロールオン EX ／滾珠制汗劑
40ml／950円

快乾型的滾珠制汗劑。使用起簡單方便，出門前滾個幾圈，就能讓腋下維持乾爽一整天。（無香）

フットクリーム ／足部制汗霜
30g／750円

採用高服貼配方，簡單一塗就能防止足部特有的異味產生，同時也能為足部角質提供保濕效果。（無香）

スティック EX ／制汗棒
20g／1,080円

質地軟硬適中。輕輕滑過，制汗棒的膏狀成分就會緊密服貼在腋下肌膚，可長時間發揮制汗消臭的效果。（無香）

SEA BREEZE
デオ＆ウォーター
ミックスフレーバータイプ

厰商名稱 ● 資生堂
容量／價格 ● 160ml／760 円

塗在手臂或脖子之後，就會感到清涼且膚觸清爽的制汗爽膚水是 SEA BREEZE 的招牌商品。除了精典系列之外，SEA BREEZE 還推出 3 款包裝設計相當可愛的 MIX 混味系列來搶攻年輕市場。MIX 混味系列的玩法，就是將香味完全不同的 2 款濕紙巾與 3 款爽膚水混搭使用，因此總共可以混合出 6 種不同的香味，讓喜愛追求新鮮感的年輕族群，可以自由自在調配出自己當下最有感的味道。（医薬部外品）

マリンフローラル／水感花香　　ホワイトフリージア／純淨小蒼蘭　　サマーアイスティー／夏日冰茶

QB
薬用デオドラント

厰商名稱 ● リベルタ

在 2018 年品牌誕生滿 15 年的 QB，是早期深耕日本美妝店的爽身制汗品牌。由於品牌形象佳且實際體感備受肯定，這幾年開始陸續進軍藥妝店及超市，是少數同時跨越數個通路的爽身制汗品牌。在最近一次的改版升級當中，QB 將制汗成分「氧化鋅」含量提高至原先的 2 倍，同時也提升耐水度及服貼度。除此之外，還配搭抑菌成分及 11 種可輔助制汗消臭作用的植萃成分。若想嘗試傳統藥妝店品牌以外的爽身制汗商品，QB 倒是不錯的優先選項。（医薬部外品）

 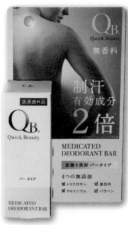

クリーム／制汗乳霜
30g／2,600 円
除腋下之外，腳趾間等細微部位也能使用。

バー／制汗棒
20g／1,400 円
不沾手設計，外出時也能方便使用。

toetoe
フットケアシリーズ

厰商名稱 ● ビーバイ・イー

99% 成分來自天然素材的足部保養系列。主要成分為具備收斂及抗菌作用的有機迷迭香萃取物。在香氛表現方面，則是請來專業精油師監修，以茶樹、檸檬及薰衣草調和出充滿清爽感且令人感到放鬆的草本精油香。

さらさらフットパウダー／乾爽足部爽身粉
7g／1,200 円
若是足部容易散發異味或是足部容易流汗，就可在出門前先用附屬的粉撲拍個幾下。

さらさらフットスプレー／乾爽足部噴霧
50ml／1,000 円
適合運動完用來讓足部維持乾爽，或者是下班回家後用來舒緩足部。

身體 入浴劑

Bath Roman
温浴シリーズ

廠商名稱●アース製薬
容量/價格●600g/598円

1964 年就上市的 Bath Roman 是日本的入浴劑長壽品牌。在過去 50 多年來，不斷改良使用感與成分，同時也持續開發不同的香味，讓泡澡這個習慣變得更有趣。Bath Roman 的溫浴系列在 2018 年秋季推出升級改良版，同時提升主打的入浴溫熱感及保濕潤澤感。除此之外，在香氛技術上也有所突破。Bath Roman 的香味來自天然精油，可在浴室內快速散開，而這次改版採用濃縮製法，因此用量只需原本的 2/3，使用起來更加節省。（医薬部外品）

華やかジャスミンの香り
／華麗茉莉花香
湯色:透明草綠

リフレッシュローズの香り
／清新玫瑰花香
湯色:透明粉紅

にごり浴さくらの香り
／濁湯櫻花香
湯色:乳粉櫻色

Bath Roman
スキンケアシリーズ

廠商名稱●アース製薬
容量/價格●600g/598円

Bath Roman 美肌保養系列是主打美肌成分的入浴系列。除了擁有溫浴系列的溫熱效果之外，針對不同的肌膚乾燥問題，開發出美肌成分不同的入浴劑。對於想強化全身肌膚保養的人而言，這系列是相當不錯的入浴劑新選擇。在 2018 年的改版當中，同樣採用濃縮製法技術，能讓用量變得更省。（医薬部外品）

シアバター＆ヒアルロン酸
／乳油木果油＆玻尿酸
香味:甜蜜花香
湯色:乳白色

W コラーゲン
／雙重膠原蛋白
香味:柑橘花香
湯色:乳白色

W セラミド
／雙重神經醯胺
香味:純白花香
湯色:乳白色

BATHCLIN
薬湯シリーズ

廠商名稱●バスクリン
容量/價格●600g/650円

強調溫浴效果，添加川芎及當歸等中藥粉的藥湯系列。利用中藥材及溫泉礦物質成分的相輔作用來提升溫浴效果，藉此讓入浴過的身體能夠確實變得溫熱。除此之外，還添加有機荷荷芭油與十多種植萃成分，能在入浴過程當中幫助肌膚維持滋潤度。整個系列依照溫熱程度分為三種類型，可看個人需求來挑選最適合的類型。（医薬部外品）(9/3 上市)

カラダめぐり浴
／代謝循環浴
香味:甜蜜柑橘香
湯色:透明黃綠

じんわり保温感
／溫感長效浴
香味:生薑柑橘
湯色:透明黃

温感 EX
／溫感加強浴
香味:草本清香
湯色:透明橘

Bath Roman
マイバス シリーズ

廠商名稱 ● アース製薬
容量／價格 ● 480g／698 円

Bath Roman 家族中的 My bath 系列是屬於保
養類型的入浴劑。在利用溫浴效果促進循環的
同時，依照各肌、嫩白及清爽制汗等不同需求，
搭配各種對應的保養成分。希望泡澡還能同時
保養肌膚的人，還蠻適合嘗試這系列的哦！

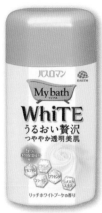

スキンアップ／美肌保養型
香味：奢華玫瑰香
湯色：乳粉色
美肌成分：膠原蛋白、彈力蛋
白、蝦青素、CoQ10、胎盤素。

ホワイト／嫩白保養型
香味：優雅白花香
湯色：乳白色
嫩白成分：維生素 C、熊果
素、胎盤素、膠原蛋白、米
糠萃取物。

デオッシュ／清爽制汗型
香味：柑橘馬鞭草
湯色：透明綠
清爽成分：碳酸氫鈉、碳酸
鈉、皮脂吸附粉末、明礬、
綠茶萃取物、檜木萃取物。

BATHCLIN
薬用入浴剤シリーズ

廠商名稱 ● バスクリン
容量／價格 ● 600g／650 円

BATHCLIN 在台灣的品牌名稱為巴斯克林，是
歷史將近 90 年的入浴劑品牌。在 2018 年秋季，
巴斯克林的藥用入浴劑系列進行升級改版。這
次的改版有幾個重點，首先是精油香氛粒子增
加至 2 倍，因此香味更為持久；其次是新增有
機荷荷芭油，可讓肌膚在泡澡時的膚觸變滑嫩。
此外，在溫泉礦物質成分方面也提高添加量，
藉此提升溫浴及促進血液循環的效果。另外，
這次改版也同時推出 5 款全新的香味，讓喜歡
泡澡的人能有更多新選擇。（医薬部外品）
(9/3 上市)

ポピーの香り
／罌粟花香
湯色：透明粉紅

レモンの香り
／檸檬清香
湯色：透明檸檬黃

菖蒲の香り
／菖蒲花香
湯色：透明草綠

カモミールの香り
／洋甘菊花香
湯色：透明淺黃

新茶の香り
／綠茶清香
湯色：透明茶綠

BATCHLIN
クールタイプ

廠商名稱●バスクリン
容量/價格●600g/650円

日本巴斯克林專為夏季泡澡
需求所推出的涼感入浴劑。除
了能夠促進血液循環的溫浴
效果之外，還添加薄荷粉及薄
荷油來提升入浴涼感。此外，
還搭配小蘇打與碳酸氫鈉等
溫泉成分，可以讓入浴後膚觸
變得乾爽滑順。悶熱疲累的夏
天，其實很適合用這樣的入浴
劑泡澡呢！
（医薬部外品）

さわやかミントの香り
／清爽薄荷香
湯色：透明水藍

シークヮーサー＆ライムの香り
／酸桔＆萊姆香
湯色：透明海藍

そよ風吹く高原の香り
／高原微風香
湯色：透明草綠

BATCHLIN
マルシェシリーズ

廠商名稱●バスクリン
容量/價格●480g/550円

專為 LOHAS 生活主義者所開
發，只採用自然素材所製作的
入浴劑。主要藥用溫浴成分為
100％的天然礦物成分，搭配
潤澤成分有機荷荷芭油，香味
更是採用100％的天然精油。
不只是入浴劑本身，就連包裝
也力求簡單與環保，採用小體
積的夾鏈袋設計，量販則是用
再生塑膠所製成。
（医薬部外品）(9/3 上市)

シダーウッドの香り
／雪松清香
湯色：透明黃

オレンジの香り
／鮮橙果香
湯色：透明黃

レモングラスの香り
／檸檬香茅
湯色：透明黃

BATCHLIN
アーユルタイムシリーズ

廠商名稱●バスクリン
容量/價格●720g/1,680円

充滿東方神秘色彩，融合東方藥草與天然精油，
讓人在入浴過程中能夠徹底放鬆身心的入浴
鹽。基底採用來自印度產海鹽，搭配由尼泊爾
國立特里布萬大學阿育吠陀學院所監修的傳統
藥草成分。由於這是相當注重入浴時透過呼吸
來放鬆身心的入浴鹽，因此在調香方面也格外
講究，每一個類型都以黃金比例融合兩種精油
成分。很適合在覺得身心疲憊，想要好好泡個
澡的時候使用。(9/3 上市)

ユーカリ＆シダーウッド
／尤加利＆雪松
湯色：透明黃

レモングラス＆ベルガモット
／檸檬香茅＆佛手柑
湯色：透明綠

ラベンダー＆イランイラン
／薰衣草＆依蘭依蘭
湯色：透明橘

BATHCLIN
日本の名湯 泉源の愉しみ

廠商名稱●バスクリン
容量/價格●30g×10 包/1,000 円

巴斯克林的日本名湯系列，是與日本各個溫泉地所合作，透過實地調查與研究各地溫泉的水質、成分顏色、香味及氣氛之後所獨立調配的產品。這款以「泉源」為主題的入浴劑組，從北海道至四國，集結日本 10 大名湯。想在浴室來一場日本名湯巡禮嗎？把它帶回家就對了！

Bub
エピュール

廠商名稱●花王
容量/價格●400g/1,200 円

花王 Bub 旗下的 épur 是結合花王超細微碳酸泡技術與精油香氛的入浴劑。由於調香的品味出色，加上包裝設計散發出不一樣的時尚感，因此深受眾多年輕女性的喜愛。在 2016 年推出 3 款香味並成功建立品牌形象之後，緊接著在 2017 年秋季再次推出 2 款調香同樣具備高水準的新品。重視香氛表現的人，挑選入浴劑時千萬別錯過囉！（医薬部外品）

[左] レモングラス&ゼラニウムの香り
／檸檬香茅 & 天竺葵香
湯色：透明綠
[右] ジャスミン&
フランキンセンスの香り
／茉莉花 & 乳香
湯色：透明橘

BATHCLIN
きき湯シリーズ

廠商名稱●バスクリン
容量/價格●460g/880 円

來自巴斯克林的 KIKI 湯，是日本藥妝店裡人氣度相當高的碳酸泡入浴劑。結合溫泉成分及碳酸的碳酸顆粒可在水中快速溶解，並且散發出各種主題不同的香味。另一個特色，就是依照添加的溫泉成分類型，相對應的適用症狀就清楚地印在瓶身上，讓消費者能夠直覺式的挑選適合自己的類型。忙碌一天回到家之後，就泡個澡好好犒賞自己，別讓今天的疲勞感變成明天的負擔哦！（医薬部外品）

マグネシウム炭酸湯／碳酸鎂湯
腰痛、頸肩僵硬
香味：冬柑香
湯色：透明草綠

食塩炭酸湯／碳酸鹽湯
手腳冰涼、疲勞
香味：海風香
湯色：乳綠色

ミョウバン炭酸湯／明礬碳酸湯
疣瘡、濕疹
香味：草本香
湯色：透明淺紫

カルシウム炭酸湯／碳酸鈣湯
疲勞、頸肩僵硬
香味：彈珠汽水香
湯色：透明水藍

カリウム芒硝炭酸湯／碳酸鉀芒硝湯
頸肩僵硬、疲勞
香味：蜂蜜檸檬香
湯色：透明檸檬黃

クレイ重曹炭酸湯／小蘇打白泥碳酸湯
肌膚粗糙、濕疹
香味：溫泉香
湯色：乳白色

BATCHLIN
きき湯 清涼炭酸湯シリーズ

廠商名稱● バスクリン
容量/價格● 460g/880 円

泡湯日本人的全年活動，就算是炎熱的夏天，在家也會想泡澡。因此巴斯克林的 KIKI 湯也開發出夏天專用的「清涼碳酸湯」。同樣採用溫泉成分結合碳酸的技術，可讓疲憊的身心放鬆。既然是清涼碳酸湯，泡起來自然有一股舒服的清涼感，而且出浴後也不易因為流汗又使肌膚出現黏膩感。（医薬部外品）

クーリングシトラスの香り
／清爽柑橘香
湯色：透明藍綠色

リフレッシュフローラルの香り
／清新鮮花香
湯色：透明天空藍

BATCHLIN
きき湯 ファインヒートシリーズ

廠商名稱● バスクリン
容量/價格● 400g/1,000 円

針對忙碌而老是覺得疲勞的現代人所開發，日本高人氣碳酸泡入浴劑 KIKI 湯的升級版本。不只是碳酸顆粒變大而已，就連碳酸泡濃度也是原本的 4 倍，同時再添加生薑粉及溫泉成分，因此溫浴效果也更為升級。除了適合用來改善身體疲勞狀態的基本型之外，也有針對強化排汗及清涼感的機能強化型。（医薬部外品）(9/3 上市)

基本型

グレープフルーツの香り
／葡萄柚香
湯色：透明黃

レモングラスの香り
／檸檬香茅香
湯色：透明綠

カシス＆シトラスの香り
／黑醋栗＆柑橘香
湯色：透明粉

機能強化型

スマートモデル
／強化排汗及代謝
香味：辣椒柑橘香
湯色：透明橘紅

爽快リフレッシュ
／強化清涼感
香味：薄荷檸檬香
湯色：透明水藍

BATHCLIN
きき湯 バスエステシリーズ

廠商名稱●バスクリン
容量/價格●50g/200円

這幾年日本相當流行氫美容（水素美容），而KIKI湯則是將碳酸融合氫，推出著重在美肌功能上的抗齡系列。添加潤澤成分「乳油木果油」，可以提升泡澡時的保濕效果。想要體驗邊泡澡邊做SPA的感覺嗎？不妨可以參考看看哦！

フレッシュシトラスの香り
／清新柑橘香
湯色：透明水籃

クリアハーブの香り
／清澈草本香
湯色：透明草綠

Bub
バブ シリーズ

廠商名稱●花王
容量/價格●40g×20錠/650円

日本人非常喜歡泡澡，許多人忙了一天回到家之後，就會想透過泡澡來解除一整天的疲勞感。然而現代人生活忙碌，泡澡的時間明顯縮短至幾分鐘。因此花王便以碳酸泡搭配溫體薄膜技術，讓短時間入浴也能發揮理想的溫浴效果。在香味選擇方面，則是以日本人接受度最高的香味，區分成和風香氛與精油香氛等兩種類型。
（医薬部外品）

和風
香氛型

ゆずの香り
／和風柚香
湯色：透明橘

森の香り
／和風森林香
湯色：透明綠

ひのきの香り
／和風檜木香
湯色：透明黃

精油
香氛型

ラベンダーの香り
／薰衣草香
湯色：透明紫

ベルガモットジンジャーの香り
／生薑佛手柑香
湯色：透明黃

Bub
メディケイティッド シリーズ

廠商名稱● 花王
容量/價格● 70g×6 錠/660 円

Bub 碳酸泡入浴錠的豪華升級版。不只是入浴錠本身變大而已，就連發泡量也是原本的 10 倍。在高濃度碳酸的溫浴效果之下，血液循環會有所改善，這對平日累積的疲勞感、肩頸僵硬、腰痛及手腳冰涼等問題都有不錯的幫助。新加入的藍色版本，則是適合在夏天使用的薄荷涼感清爽型。（医薬部外品）

冷涼
クール
/清涼型

  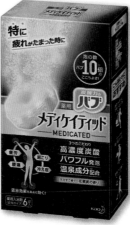 

柑橘の香り
／柑橘香
湯色：透明橘

森林の香り
／森林香
湯色：透明綠

花果実の香り
／花果香
湯色：透明粉

レモングラスの香り
／檸檬香茅香
湯色：透明藍

Bub
温&涼 2 種セット

廠商名稱● 花王
容量/價格● 40g×12 錠/427 円

日本的春季或秋季溫差大，有時候今天熱明天就變得有點微涼。因此，這時期該買溫感還是涼感入浴劑的問題，總是讓許多日本人感到困擾。貼心的花王將溫感及涼感入浴錠裝在同一盒，讓消費者能依照當天的氣溫或感受選擇喜歡的類型。（医薬部外品）
香味：生薑佛手柑（溫）、薄荷清香（涼）。湯色：透明黃（溫）、透明藍（涼）。

MINON
薬用保湿入浴剤

廠商名稱● 第一三共ヘルスケア
容量/價格● 480ml/1,400 円

日本敏弱肌保養品牌 MINON 所推出的液態入浴劑。針對敏弱肌特有的肌膚乾燥問題，添加 11 種具有保濕作用的胺基酸。因為還添加甘草酸二鉀的關係，所以也能安撫不穩的肌膚狀態。低刺激性、弱酸性且極力去除敏感性物質，無論大人小孩都適合使用。香味是溫和的草本花香，湯色則是乳白色。（医薬部外品）

merit

廠商名稱● 花王

品牌誕生於 1970 年的 merit，是花王旗下主打全家都可用的洗潤髮品牌。除洗淨成分之外，還添加桉樹萃取物、德國洋甘菊和果酸等成分來維持頭皮健康，能用來對付頭皮癢及頭皮屑等問題。採用獨特防塵技術，洗後的頭髮不易附著灰塵。（医薬部外品）

シャンプー
／洗髮精
480ml/645 円

コンディショナー
／潤髮乳
480ml/645 円

リンスのいらない
シャンプー
／洗潤合一
480ml/830 円

リンスのいらない
シャンプー
クールタイプ
／洗潤合一涼感型
480ml/830 円

merit

廠商名稱● 花王

花王發現許多高齡者髮量變少及髮絲變細，都是因為洗髮精不易搓出泡泡且不易沖淨所導致。為解決銀髮族潔淨頭皮與頭髮的問題，merit 特別開發一壓就能產生泡泡，而且也能夠簡單沖乾淨的洗髮泡。同系列當中的潤髮乳，則是能讓細且扁塌的頭髮顯得更為蓬鬆。（医薬部外品）

地肌すっきり泡シャンプー
／頭皮清爽洗髮泡
360ml/645 円

ふわっとリンス
／蓬鬆感潤髮乳
250ml/645 円

merit
ピュアン シリーズ

廠商名稱● 花王
容量／價格● 洗髮精 425ml/645 円　潤髮乳 425ml/645 円

花王 merit 在 2017 年所推出，主客層鎖定在年輕世代的新系列「merit PYUAN」。針對年輕世代最在意的頭皮清潔問題，將開發重點鎖定在洗淨頭皮髒汙、黏膩感及多餘皮脂，嚴選洗淨所必要的成分。另一方面，因為年輕人相當注重香味，所以採用特殊長效香氛成分，在接觸水分或汗水時，會持續釋放出清新香味。畢竟主客層鎖定在年輕族群的關係，所以 PYUAN 系列的包裝設計較為可愛且具有故事性，能為浴室增添許多活力。

香味：葡萄柚＆薰衣草
主題：自然與慢活，獻給想做自己的妳／你。

香味：玫瑰＆幸運草
主題：活力與微笑，獻給想積極進取的妳／你。

香味：黑醋栗＆茉莉花
主題：甜蜜與迷人，獻給想開心自在的妳／你。

香味：山茶花＆皂香
主題：簡單與輕鬆，獻給向前踏出一步的妳／你。

ASIENCE MEGURI
シリーズ

嚴選名稱● 花王

ASIENCE MEGURI 是花王於 2015 年所推出的全新系列，在 2017 年秋季進行品牌革新。這次把整個系列分成「硬髮」專用的黃色版本及「軟髮」專用的粉紅版本。無論是哪一個版本，都沿襲 ASIENCE MEGURI 的品牌概念，以洗淨、放鬆及補充三個步驟，讓原本不聽話的頭髮變得柔順美豔且動人。

ASIENCE MEGURI 獨特的美髮洗淨三步驟
【一】利用「洗淨琥珀酸」將頭髮內部造成髮絲僵硬的鈣質洗去。
【二】透過「柔軟琥珀酸」讓髮絲內部放鬆並維持滋潤，幫助美容成分更易滲透。
【三】補充「乳酸」及多樣美髮成分，讓髮絲深層也能完全受到修護。

ゴワつきやすい うねって広がる髪用
／適合偏粗、偏硬且容易亂翹髮質
洗髮精香味是佛手柑搭橙花香，護髮凍及護髮膜的香味則是依蘭搭茉莉花。

ハリ・コシがない うねって絡まる髪用
／適合偏細、偏軟且髮尾容易亂翹糾結髮
洗髮精香味是薰衣草搭檸檬香茅，護髮凍及護髮膜的香味則是依蘭依蘭搭茉莉花。

洗い出すシャンプー
／洗髮精
430ml/1,000 円

ときほぐしジュレ
／護髮凍
220g/1,000 円

満たすトリートメント
／護髮膜
220g/1,000 円

洗い出すシャンプー
／洗髮精
430ml/1,000 円

ときほぐしジュレ
／護髮凍
220g/1,000 円

満たすトリートメント
／護髮膜
220g/1,000 円

TSUBAKI
シリーズ

廠商名稱● 資生堂
容量／價格● 洗髮精 450ml/730 円　潤髮乳 450ml/730 円

TSUBAKI 思波綺在 2018 年推出改版新款，以保濕、柔順及豐盈三大秀髮保養需求，推出三個專屬的洗潤系列。在這次改版中，TSUBAKI 以植萃保養為主題，除品牌核心成分「山茶花精萃」之外，還添加植物精萃成分、大豆蛋白、蜂王漿以及檸檬果實水。香味是充滿清新水嫩感的花果香氛。

しっとりまとまる
／植萃瞬透保濕型
針對毛燥髮質給予修護保濕，使髮尾變得輕盈而沒有厚重感，同時讓秀髮持續維持潤澤柔順的狀態。

さらさらストレート
／植萃瞬透柔順型
針對亂翹或柔順度不足的髮絲對抗摩擦與捲翹等問題，幫助秀髮能夠維持清爽直順。

ふんわりつややか
／植萃瞬透豐盈型
針對細軟扁塌的髮絲，給予完整的滋養修護，對抗沒有彈性及扁塌等問題，使秀髮呈現豐盈閃耀。

シャンプー
／洗髮精

コンディショナー
／潤髮乳

シャンプー
／洗髮精

コンディショナー
／潤髮乳

シャンプー
／洗髮精

コンディショナー
／潤髮乳

TSUBAKI
プレミアムリペアマスク

廠商名稱●資生堂
容量/價格●180g/1,180円

堪稱是2018年藥妝店人氣度最高的0秒護髮膜。只要塗抹一屬在頭髮上,不需靜置等待,就能用水沖淨,讓秀髮就像是上過美髮沙龍保養過一般滑順有光澤。採用創新護髮科技,讓山茶花籽油、水解珍珠蛋白、蜂王漿、胺基酸以及甘油等保濕、潤澤、修護成分快速深入髮絲,發揮令人驚豔的護髮速度與效果。

NATURE & CO

廠商名稱●コーセー

高絲的有機植萃保養品牌「NATURE & CO」的植萃洗潤系列。主張只用秀髮所需要的成分奢侈地潔淨與滋潤。洗髮精採用皂皮樹、肥皂草以及無患子等三種植萃洗淨萃取成分,讓洗後的頭皮清爽且秀髮滑順。在潤髮乳方面,則是添加摩洛哥堅果油、杏仁果油以及鼠尾草精油來強化潤澤髮絲。在香味方面,則是植萃成分所調和而成。具有舒緩身心效果的草本精油香。

ボタニカル
シャンプー
／植萃洗髮精
500ml/1,400円

ボタニカル
コンディショナー
／植萃潤髮乳
500ml/1,400円

Dove
ボタニカルセレクション

廠商名稱●ユニリーバ
容量/價格●洗髮精 500g/750円　潤髮乳 500g/750円

多芬在日本樂天市場上奪下銷售冠軍的植萃洗潤系列。近年來,講求天然無負擔,卻又能滿足修護及增添光澤等機能性的植萃洗潤產品在日本成為市場主流。採用100%植物萃取成分,可讓秀髮變滋潤滑順的多芬全新植萃洗潤系列,便成為日本極為熱銷之商品。依照髮質及洗潤需求不同,整個系列又分為受損髮絲修護專用及直髮光澤專用等兩種類型。

ダメージプロテクション
／受損髮絲修護專用型

添加摩洛哥堅果油、酪梨油以及金盞花萃取物,可為受損髮絲發揮修護作用,並防止脆弱髮絲斷裂。香味是優雅的草本花果香。

つややかストレート
／直髮光澤專用型

添加荷荷芭油、蓮花萃取物以及米糠萃取物,能深層滋潤髮絲,讓秀髮又直又閃耀。香味是甜美的花果香。

シャンプー
／洗髮精

コンディショナー
／潤髮乳

シャンプー
／洗髮精

コンディショナー
／潤髮乳

COCONSUPER
ココンシュペール

廠商名稱 ● クラシエホームプロダクツ
容量/價格 ● 洗髮精 500ml/1,505 円 潤髮乳 500g/1,505 円

Kracie 運用 40 年頭髮相關研究所推出的洗潤品牌。這回 Kracie 融合累積多年的蠶絲萃取技術，將具備保濕與修護作用的「黃金蠶絲胺基酸美容液」添加至 COCONSUPER 系列當中。另一方面，還搭配蠶絲包覆技術，可在修護髮絲的同時，緊密服貼髮絲表面的毛鱗片，讓秀髮變得更滑順、更迷人。香味是優雅的白花香，而整個系列依照使用需求還細分為「滑順輕柔」、「豐盈光澤」以及「頭皮潔淨」等三個類型。

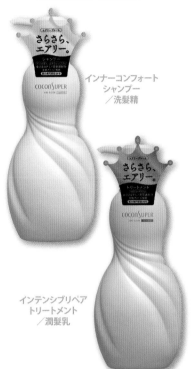

AIRY BLOOM ／滑順輕柔型

インナーコンフォート
シャンプー
／洗髮精

インテンシブリペア
トリートメント
／潤髮乳

SLEEK & RICH ／豐盈光澤型

インナーコンフォート
シャンプー
／洗髮精

インテンシブリペア
トリートメント
／潤髮乳

PURE SCALP ／頭皮潔淨型

インナーコンフォート
シャンプー
／洗髮精

インテンシブリペア
トリートメント
／潤髮乳

Dear Beauté
グロス＆リペア

廠商名稱 ● クラシエホームプロダクツ

來自 Kracie 的 Dear Beauté 向日葵新洗潤護系列。粉紅色包裝的新版本，是專為受損且無光澤感的髮質所開發。同時採用多種具備修護、潤澤、保水以及維持滋潤作用的成分，能在發揮修護作用的同時，調節髮絲內部的水油平衡，防止秀髮不聽話地亂翹。帶有清新花香味，使用之後秀髮會顯得柔順且連髮尾都能散發出健康的光澤感。

オイルイン
シャンプー
／洗髮精
500ml/900 円

オイルイン
コンディショナー
／潤髮乳
500g/900 円

オイルイン
トリートメント
／護髮乳
200g/900 円

海のうるおい藻

嚴選名稱●クラシエホームプロダクツ

Kracie 的海藻洗護系列是以海洋礦物成分為中心，強調全家都能用來打造健康秀髮的產品。整個系列分為改善髮絲毛燥問題的深層滋潤型，以及能讓頭皮深呼吸的頭皮潔淨型。無論是哪個類型，基礎成分都是可以滋潤與修護髮絲的 11 種海藻成分及海洋深層水。

うるおいケア／深層滋潤型

另外添加水解膠原蛋白及水溶性膠原蛋白，可滋潤毛燥亂翹的秀髮。帶有清新且優雅的海洋水感花香。

シャンプー
／洗髮精
520ml／475 円

コンディショナー
／潤髮乳
520g／475 円

リンスインシャンプー
／洗潤合一
520ml／475 円

地肌ケア／頭皮潔淨型

添加天然海泥成分，可吸附頭皮毛孔內的多餘皮脂與髒汙，讓頭皮保持清爽不油膩。帶有清爽且充滿水潤感的白花香。

シャンプー
／洗髮精
520ml／475 円

コンディショナー
／潤髮乳
520g／475 円

Je l'aime
アミノ ダメージリペア シリーズ

嚴選名稱●コーセーコスメポート

針對嚴重受損髮絲所開發，強化深層修護與滋潤的 Je l'aime 爵戀洗潤護系列。在 2018 年的升級改版當中，將原本 10 種胺基酸增加至 18 種，也就是再次強化受損髮絲的修護機能。除此之外，還添加水解膠原蛋白、角鯊烷以及甘油基葡萄糖苷等能夠深層深入髮絲保濕成分。

モイスト＆スムース／滋潤滑順型

洗髮精泡沫輕柔但濃密，沖淨後髮絲觸感較為清爽滑順，帶有清新的花香味。

シャンプー
／洗髮精
500ml／900 円

トリートメント
／潤髮乳
500ml／900 円

ヘアマスク
／護髮膜
230g／900 円

ディープモイスト／深層滋潤型

洗髮精泡沫極為濃密，沖淨後髮絲的潤澤感相當明顯，帶有清新的果香味。

シャンプー
／洗髮精
500ml／900 円

トリートメント
／潤髮乳
500ml／900 円

ヘアマスク
／護髮膜
230g／900 円

Je l'aime
アミノ ディープ リペア
アルゲ ヘアマスク

廠商名稱●コーセーコスメポート
容量/價格●200g/1,500 円

髮絲嚴重受損時，適合拿來集中修護的海泥護髮膜。除了系列共通的 18 種胺基酸修護成分與水解原膠蛋白之外，還另外添加兩種海藻萃取物、水解珍珠蛋白以及能夠提升髮絲彈性的珍稀成分富勒酸。對於反覆出現的秀髮受損問題，可徹底進行修護。使用起來帶有舒服的海洋草本香。

Prédia
ファンゴ
ヘッドクレンズ SPA

廠商名稱●コーセー
容量/價格●250g/2,000 円

添加兩種潔淨泥成分，是型態相當特別的無泡洗髮商品。雖然沒有泡泡，還是能夠確實潔淨頭皮與頭髮上的髒汙。富含海洋保養成分的濃密乳霜質地，可當成按摩霜用來按摩頭皮以促進血液循環。用水沖淨之後，不只是頭皮會感受到一股徹底解放的清涼感，就連髮絲也會變得滑順且有光澤，是許多人用過一次就會愛上的新型態商品。

medel natural
ヘアケアシリーズ
ハーバルガーデンアロマ

廠商名稱●ビーバイ・イー

強調 98％ 來自天然原料，採用日本國產米神經醯胺、湧泉及植萃成分所製成的洗潤系列。添加 5 種植萃保濕成分，以及 3 種植萃潤澤成分，不只是洗淨而已，對於秀髮及頭皮的健康與光澤度也有不錯的效果。融和柑橘及草本精油所調和出來的獨特香氛，能讓人徹底放鬆身心。

シャンプー／洗髮精
400ml/925 円

トリートメント／潤髮乳
400ml/925 円

DHC
マイルドピュア
シリーズ

廠商名稱●DHC
容量/價格●洗髮精潤髮乳 500ml/1,500 円

採用溫和的植萃洗淨及保濕成分，適合全家大小一起使用的洗潤系列。洗髮精當中的甘草萃取物以及山楂子萃取物能提升頭皮的防禦力，讓頭皮能更為健康且不易形成頭皮屑。另一方面，潤髮乳則是加入膠原蛋白及來自海藻的保濕成分，因此可保護毛鱗片，讓髮絲顯得更有光澤。

シャンプー／洗髮精
500ml/1,500 円

コンディショナー／潤髮乳
500ml/1,500 円

Prédia
ファンゴ シリーズ

廠商名稱●コーセー

來自高絲的海洋保養品牌「Prédia」在 2018 年初夏推出全新的洗護系列。這系列最為核心的成分，就是萃取自累積千萬年而成的「海洋性完熟土」。在這個「美容土」當中，含有富勒酸、胺基酸、礦物質以及維生物等眾多營養成分，因此對於頭髮與頭皮來說都有相當不錯的保養效果。添加兩種天然泥成分的洗髮精可吸附頭皮上的多餘脂與髒汙，使用起來有股非常舒服的清涼感。香味則是清新的草本花香。

シャンプー／洗髮精
300ml/1,200 円

ヘアマスク n／護髮膜
250g/1,500 円

PROUDMEN.
グルーミング
スカルプシャンプー

廠商名稱●レノア・ジャパン
容量/價格● 300ml/2,300 円

來自高質感男性香氛品牌
「PROUDMEN.」的洗髮
精。許多男性專用洗髮產
品都會過於強調潔淨感，
反而會使人出現頭皮屑、
頭皮癢以及皮脂過度分泌
的情況。這瓶洗髮精含有
胺基酸洗淨成分，可在溫
和清潔同時提升髮絲韌
性。無須搭配潤髮乳，還
是能維持秀髮柔順。洗起
來具有恰到好處的清爽
感，當然洗完會
有 PROUDMEN. 最獨特
的優雅男香。

SCALP-D
薬用スカルプシャンプー

廠商名稱●アンファー
容量/價格● 350ml/4,167 円

針對男性獨特的頭皮環境與特性，SCALP-D 推出乾性頭皮、油性頭皮及超油性頭皮專用
的洗髮精，讓許多男性都能擁有更為健康的頭皮與頭髮。對於 SCALP-D 而言，專注每個
頭皮問題，並尋找解決之道是最重要的使命。因此，後來針對男性頭皮容易產生異味與
頭皮屑的問題，另外特化出「抗味強化型」與「抗屑止癢強化型」這兩個新版本。在這
兩瓶可解決男性特殊頭皮困擾的洗髮精當中，含有獨家開發的皮脂髒汗吸附成分。除此
之外，再針對各自的需求特性添加相對應的有效成分。對於有特定頭皮困擾的男性而言，
是相當值得嘗試的頭皮健康潔淨品。

デオドラントオイリー
／抗味強化型

ダンドラフオイリー
／抗屑止癢強化型

SCALP-D NEXT
プロティン 5

廠商名稱●アンファー
容量/價格● 油性肌洗髮精 350ml/1,806 円
乾燥肌洗髮精 350ml/1,806 円
潤髮膜 350ml/1,806 円

SCALP-D NEXT 是專為 20 ～ 30 世代前半
男性所開發的新系列。許多年輕男性都有
偏食、熬夜或抽煙喝酒等不良習慣，而這
些習慣都會造成血液中蛋白質、胺基酸、
維生素與礦物質等頭髮生成所需的物質不
斷減少。為改善這些營養不良的問題，
SCALP-D NEXT 便推出 PROTEIN5。
這個系列的主要成分之一，就是構成頭髮
的 5 種胺基酸，同時透過強化「成分滲透」
及「髮絲韌性」的方式，讓頭髮能夠更健
康且有活力。洗起來不只是能讓頭皮舒暢，
清爽的生薑柑橘型香味聞起來也很舒服。

スカルプシャンプー
オイリー［脂性肌用］
／油性肌洗髮精
350ml/1,806 円

スカルプシャンプー
ドライ［乾燥肌用］
／乾性肌洗髮精
350ml/1,806 円

スカルプパック
コンディショナー［すべての肌用］
／共用潤髮膜
350ml/1,806 円

SCALP-D NEXT
オーガニック 5

廠商名稱 ● アンファー
容量／價格 ● 油性肌洗髮精 350ml／1,806 円
乾性肌洗髮精 350ml／1,806 円
潤髮膜 350ml／1,806 円

來自 SCALP-D NEXT 的 ORGANIC 5，同樣也是專為 20 ～ 30 世代前半的年輕男性所開發。針對喜愛戶外活動、染髮或有頭皮紅癢等問題的男性，開發出能夠改善頭皮發炎等不穩定問題的洗護系列。ORGANIC 5 採用 5 種可以滋潤頭皮、抑制皮脂過度分泌及抗發炎的有機成分，再搭配 30 種植萃成分，才完成溫和清潔與照顧頭皮的配方。香味是融和洋梨與鈴蘭的沉穩花香。

for MEN only

スカルプシャンプー
オイリー[脂性肌用]
／油性肌洗髮精

スカルプシャンプー
ドライ[乾燥肌用]
／乾性肌洗髮精

スカルプパック
コンディショナー
[すべての肌用]
／共用潤髮膜

SCALP-D BEAUTÉ

廠商名稱 ● アンファー
容量／價格 ● 洗髮精 350ml／3,612 円
潤髮乳 350ml／3,612 円

SCALP-D BEAUTÉ 針對女性掉髮問題，將開發重點鎖定在頭皮抗齡保養上的洗護系列。當頭皮失去活力時，頭髮也必定會受到影響，例如頭髮長得慢、變細以及沒有光澤都是常見的問題。SCALP-D BEAUTÉ 系列分為可以改善髮量感及髮絲韌性的「豐盈型」，以及能讓秀髮更有光澤感且具有彈力的「潤澤型」。無論是哪個類型，其核心成分都是融合三種日本國產大豆，並且發酵 24 小時後所萃取而成的大豆萃取物。這種富含大豆異黃酮的成分，其實能夠改善女性荷爾蒙變化對頭髮所帶來的問題。

or WOMEN only

VOLUME タイプ／豐盈型
採用 SCALP-D 獨家的奈米化技術，能讓美髮成分確實滲透至髮絲當中。充滿彈力的泡泡不只能滋潤地潔淨頭皮，也能讓變細的頭髮顯得更加豐盈。

MOIST タイプ／潤澤型
濃密且有彈力的泡泡能溫和潔淨與保濕頭皮，藉此提升髮絲的滑順度。添加可修復秀髮的荷荷芭油，讓髮絲柔順直到髮尾。

薬用シャンプー
／洗髮精

薬用トリートメント
／潤髮乳

薬用シャンプー
／洗髮精

薬用トリートメント
／潤髮乳

SCALP-D BEAUTÉ
オーガニック

廠商名稱●アンファー
容量/價格●洗髮精 350ml/1,806 円　潤髮膜 350ml/1,806 円

現代女性可能因為染整燙髮、偏食、心理壓力或生理期等原因，造成頭皮變得格外敏感。在這種情況之下，頭皮就會處於不穩定狀態，並產生頭皮屑、頭皮乾癢或是散發出異味等問題。為改善這樣的問題，SCALP-D BEAUTÉ 採用多種有機與植萃成分，打造出可以同時提升頭皮與頭髮健康的洗護系列。香味是由洋梨與百合花所調和而成。

シャンプー
／洗髮精

トリートメントパック
／潤髮膜

BENEFIQUE
スカルプエッセンス
（スパークリングフレグランス）

廠商名稱●資生堂
容量/價格●85g/2,800 円

頭皮專用的精華液。擠出瓶身的透涼凝膠在接觸肌膚並用手輕壓時，會彈跳般的震動，藉此對頭皮產生具有按摩效果的刺激感。添加迷迭香萃取物與芍藥萃取物，可預防頭皮產生異味。使用起來帶有舒服的清涼感與迷人的花香味，很適合在夏天拿來當頭皮 SPA 單品使用。

SCALP-D BEAUTÉ
スカルプクレンズ

廠商名稱●アンファー
容量/價格●100g/2,500 円

每週使用一次，可深層且徹底清潔頭皮的頭皮潔淨乳。頭頂髮型扁塌、頭皮散發出異味，以及到了傍晚髮量感覺就會變少等問題，其實是殘留在頭皮上的皮脂所引起。為讓秀髮更有光澤且強韌有活力，最重要的一件事就是利用這種含油乳霜來清潔頭皮毛孔。

ASIENCE
うる艶浸透ケアオイル

廠商名稱●花王
容量/價格●110ml/900 円

一瓶當中同時存在著油性成分與精華成分，可為秀髮增添滋潤度與光澤感的雙層式護髮精華油。護髮精華可深入髮絲，發揮深層修護與保濕作用。另一方面，護髮油則是能保護髮絲，並讓秀髮散發耀眼的光澤。依照髮質不同，分為偏硬髮質及偏軟髮質等兩種類型。

硬い髪質用
／偏硬髮質專用

やわらかい髪質用
／偏軟髮質專用

Liese
素髪風スタイルつくれるオイル

廠商名稱● 花王
容量/價格● 140ml/1,000 円

近年來日本女性流行自然不做作的髮型，也就是不喜歡使用太多的造型劑，造成秀髮顯得黏膩、僵硬，或是髮束感變得不自然。除此之外，有些女性會在晚上洗髮過後仔細吹整秀髮，但隔早醒來頭髮還是亂翹難整理。為對付這些煩人的髮型問題，Liese 針對直髮與捲髮兩種髮型，推出晚上塗上一層之後，隔天就能簡單吹整出自然捲的護髮油。因為護髮油當中含有形狀控制成分，所以吹整起來會較容易定型，而且不會讓秀髮變得黏膩厚重，摸起來就像是沒上過造型劑一般滑順。

素髮風ストレート
作れるオイル
／直髮專用

素髮風カール
作れるオイル
／捲髮專用

NATURE & CO
ボタニカル ヘアオイル

廠商名稱● コーセー
容量/價格● 100ml/1,600 円

採用親膚性相當高的米糠油作為基底，融和茶樹籽油、摩洛哥堅果油、杏仁果油以及鼠尾草精油等植萃精油所打造而成的護髮油。除了可修復秀髮因為紫外線或染燙髮所受損的問題之外，更是具備護色機能，讓染過的秀髮能夠維持完美的髮色並散發出迷人的光澤。

SALA
つや巻きオイル

廠商名稱● 花王
容量/價格● 40ml/830 円

熱吹整專用護髮油。不只能夠修護受損髮絲，也能將吹整時的熱能變成最好的幫手，讓髮絲呈現出動人的光澤感，而且髮絲滋潤不毛燥。只要吹整前輕輕抹上一層，就能輕鬆完成各種迷人的捲髮造型。添加由 PEG-5 植物固醇、山茶花籽油及蜂蜜所組成的髮絲修護成分，能夠改善過去因吹整而受損的秀髮。

Awake
ヘルシーヘアデイ
スカルプ＆ヘアオイル

廠商名稱● コーセー
容量/價格● 60ml/4,000 円

專為頭髮與頭皮健康所開發，採用橄欖萃取油、摩洛哥堅果油、米胚芽油、山茶花籽油以及薰衣草油等植萃油成分所調和而成的護髮油。除了平時拿來按摩頭皮及保養頭髮之外，也能洗頭之前用來軟化與強化潔淨頭皮。90%以上的成分來自植萃，適合拿來打造健康的頭皮環境與光澤閃耀的秀髮。

Liese FOR MEN
ウォーターリーホイップ

廠商名稱●花王
容量/價格●200ml/800 円

花王旗下的高人氣髮妝品牌「Liese」推出男性專用系列了！近年日本草食男當道，可以蓋到眉毛的頭髮長度也是男性髮型主流之一。然而，這個長度的頭髮並不容易駕馭，使得許多男性在抓造型時總是要花費相當長的時間。為改善這個問題，花王便以「知性」、「爽朗」、「親和」及「可靠」等四個主題，推出四瓶可簡單完成自然髮流感，主題與香味不同的造型泡泡。

for MEN

知的スタイル
／知性風
打造自然髮束與光澤感，帶有清新草本香。

爽やかスタイル
／爽朗風
打造輕柔髮流感，帶有新鮮果香。

親しみスタイル
／親和風
打造鄰家男孩的清新感，帶有自然花香。

頼られスタイル
／可靠風
打造蓬鬆有立體感的髮型，帶有沉穩柑橘香。

---

for MEN

Liese FOR MEN
ウォーターリーローション

廠商名稱●花王
容量/價格●120ml/800 円

Liese FOR MEN 在 2017 年秋季成功推出男性水感慕絲之後，緊接著在 2018 年春季推出第二彈「水感露」。相對於水感慕絲主打的「髮流感」，新推出的水感露所強調的是更為立體的「髮束感」，整體來說較適合在夏季打造更有精神的草食感。

ツヤ束スタイル
／光澤感髮束風
清新草本香

ふわ束スタイル
／蓬柔感髮束風
新鮮果香

さら束スタイル
／輕滑感髮束風
自然花香

いち髪
ゆるふわウェーブもどし和草フォーム

廠商名稱●クラシエホームプロダクツ
容量/價格●200ml/665円

專為燙過且總是毛燥的秀髮所開發。只要擠出方便塗抹的泡泡，就可深入進行修護，並使髮絲回復到原本的捲度。搭配抗 UV 機能，且能保護熱吹整不對髮造成傷害。使用起來帶有怡人的水潤櫻花香。

いち髪
ヘアキープ和草スティック

廠商名稱●クラシエホームプロダクツ
容量/價格●13g/665円

頭髮綁好之後，總是會有幾根頭髮不聽話的亂翹嗎？只要像蓋章一樣，用這個髮膏棒在凌亂髮絲或零散髮絲上點個幾下，就可讓不受控制的頭髮服服貼貼，使髮型看起來更為完美。帶有抗 UV 與抗濕氣功能，使用起來不會造成頭髮變得黏膩，一般洗髮精就可簡單洗淨。

PROSTYLE FUWARIE
プロスタイルフワリエ

廠商名稱●クラシエホームプロダクツ

許多女性都會使用直髮捲燙器或電捲棒來讓變化髮型，但其實這些看似普通的動作，卻是造成頭髮受損的主要原因之一。一般來說，這些捲燙器材都是利用 180 度以上的溫度來燙直或燙捲頭髮。然而這樣的溫度卻會造成毛鱗片受損，使髮絲處於「燙傷」狀態。這時候，頭髮就會嚴重乾燥而失去光澤，甚至會開始出現分叉或掉髮等問題。為改善熱吹整為頭髮帶來的傷害問題，Kracie 推出能夠阻斷熱吹整傷害，並可修護受損髮絲的 PROSTYLE FUWARIE 系列。

ベーストリートメントシャワー
／順髮防護噴霧
280ml/570円
不只可對付起床後亂翹的頭髮，還能為髮絲打底，防護熱吹整帶來的傷害。

ストレートキープミスト
／直髮定型噴霧
150ml/570円
保護髮絲不受熱吹整傷害。並且長時間維持直髮造型。

カールキープミスト
／捲髮定型噴霧
150ml/570円
保護髮絲不受熱吹整傷害。並且長時間維持蓬柔的捲髮造型。

ヒートプロテクトアレンジスプレー
／防護造型兩用噴霧
110g/570円
速乾型噴霧；熱整燙前使用可保護髮絲不受傷害；熱整燙之後使用則能夠讓捲髮髮型及光澤感維持一整天。

唇部保養

MENTHOLATUM
メルティクリームリップ

廠商名稱● ロート製薬
容量/價格● 2.4g/450円

接觸到嘴唇之後，唇膏就會瞬間化為乳霜狀的新概念護唇膏。一般護唇膏塗於嘴唇後，就會形成一道阻隔層，防止嘴唇內部的水分蒸發。不過曼秀雷敦這款護唇膏的神奇之處，在於防止嘴唇水分蒸發的同時，還把空氣中的水分帶進嘴唇之中，因此使用起來的滋潤度會明顯不同於以往。（SPF25，PA+++）

① 無香料／無香
② ミルクバニラ／牛奶香草
③ リッチハニー／濃厚蜂蜜

MENTHOLATUM
リップフォンデュ
ミカエルブルー

廠商名稱● ロート製薬
容量/價格● 4.2g/570円

質地為濃密美容液，可完全服貼雙唇的曼秀雷敦人氣護唇蜜推出星空藍新色了！淡藍色的珠光微粒不只能修飾暗沉唇色，更能讓雙唇顯得清透粉嫩。除了直接塗於雙唇當護唇蜜之外，也能疊層於口紅之上，讓唇彩更為立體且有光澤感。

recipist
うるおいとどめる
リップクリーム

廠商名稱● 資生堂
容量/價格● 4g/297円

採用玫瑰萃取物作為基礎保濕成分，再搭配乳油木果油、蜜蠟及摩洛哥堅果油等潤澤成分的護唇膏。成分簡單但保濕潤澤表現卻不俗，而且包裝設計也相當可愛有個性。

無香料(左)
蘋果香型(右)

MAMA BUTTER
UVケア
リップトリートメント

廠商名稱● ビーバイ・イー
容量/價格● 4g/800円

添加 20% 的乳油木果油作為潤澤成分，可溫和保護雙唇不受乾燥與紫外線傷害。質地溫和不刺激，就算敏感肌也能夠使用。除了直接當護唇膏使用之外，也能在上唇彩之前拿來打底防止脫妝。（SPF12，PA++）

FORMULE
薬用リップリペア

廠商名稱● ドクターフィル
コスメティクス
容量/價格● 2.8g/900円

強化修護嘴唇乾裂問題的薬用護唇膏。除保濕潤澤成分與維生素之外，還從皮膚科學的觀點添加維生素 E 及甘草酸誘來集中修護乾燥受損的雙唇。若是雙唇容易乾燥脫皮的話，倒是可以先嘗試這種類型的護唇膏。（医薬部外品）

ASTALIFT
リップクリーム

廠商名稱● 富士フイルム
容量/價格● 2.2g/1,100円

來自抗齡保養品牌「ASTALIFT」的護唇膏。不只是滋潤雙唇而已，因為還添加蝦青素、三重膠原蛋白與玻尿酸，所以美唇效果也相當值得期待。質地並不會太厚重，算是全年通用的美唇型護唇膏。

Locobase
リップクリーム

廠商名稱● 第一三共ヘルスケア
容量/價格● 3g/1,200円

專為嚴重乾燥雙唇所開發的高保濕護唇膏。除乳油木果油之外，還採用「第三型神經醯胺基」、「膽固醇」及「遊離脂肪酸」這三項 Locobase 的品牌核心成分，能夠形成模擬皮脂層，包覆並保護雙唇不受乾燥問題所傷害。

Paul Stuart
薬用リップバーム

廠商名稱● コーセー
容量/價格● 4g/1,200円

紐約男性時尚品牌，由日本高絲打造，質地濃密可長時間發揮滋潤效果的護唇膏。自然不搶眼的光澤感，可讓唇色看起來更為健康。具備抗 UV 效果，所以也很適合在打高爾夫球或在戶外運動時使用。主要潤澤成分為有機乳油木果油，使用起來無香味但帶有舒暢的清涼感。
（医薬部外品）
（SPF25）

for MEN

口腔清潔

CLEAR CLEAN
NEXDENT

廠商名稱●花王
容量/價格●120g/350円

主要機能鎖定在強化預防蛀牙，添加高附著力氟的牙膏系列。牙膏當中含有許多細微顆粒，而這些顆粒會隨著刷牙的動作崩解成更小的顆粒，可以刷去牙齒表面及縫隙之間的汙垢。獨特的高附著性氟成分，可在牙齒表面保護琺瑯質不受酸性物質侵蝕，同時促進牙齒再鈣化，藉此預防蛀牙發生。
（医薬部外品）

ピュアミント
／純淨薄荷

エクストラフレッシュ
／清新涼感

マイルドシトラス
／溫和柑橘

SYSTEMA EX
ハミガキ

廠商名稱●ライオン
容量/價格●120g/379円

針對牙周病預防需求所開發的牙膏系列。採用殺菌成分IPMP，可深藏在牙周囊袋內的牙菌斑發揮作用。不只如此，牙膏當中的特殊成分還能帶著殺菌成分IPMP包覆在牙齦外側，藉此預防牙菌斑附著。為增加牙齒本身的健康度，也添加濃度達1450ppm的氟。
（医薬部外品）

メディカルクール
／清新薄荷

エクストラハーブ
／涼感草本

NONIO
ハミガキ

廠商名稱●ライオン
容量/價格●130g/332円

號稱2018年包裝設計最時尚，就連香味也是找來專業調香師操刀的新牙膏系列。NONIO研究團隊從口臭研究科學的角度，研究如何針對引發口臭的細菌發揮抑菌力，再搭配以天然薄荷為基底，融合調香師過人品味所調出的香氛成分，可讓口氣長時間維持清新。除此之外，還搭配負離子清潔成分，能讓附著在牙齒表面的牙垢更容易被刷乾淨。
（医薬部外品）

クリアハーブミント
／清涼蘋果草本香

スプラッシュ
シトラスミント
／激涼清新鮮橙香

ピュアミント
／微涼洋梨玫瑰香

Clean Dental

廠商名稱●第一三共ヘルスケア
容量/價格●50g/780円、100g/1,280円

Clean Dental品牌誕生超過33年，堪稱是日本藥妝店裡的牙周護理品牌先驅。在最近的升級改版當中，將氟含量提至1400ppm，藉此強化牙齒的健康度。Clean Dental目前共有綜合護理、口臭護理、敏感性護理以及亮白護理等四個類型。無論是哪個類型，都是以預防牙周病為基礎，全系列都含有LSS、IPMP以及CPC等三重抑菌成分，再搭配兩種抗發炎成分。想要預防牙周病，同時又有其他口腔問題時，種類多樣化的Clean Dental應該是個不錯的選擇。
（医薬部外品）

トータルケア
／綜合護理
經典清新鹽味

口臭ケア
／口臭護理
清爽檸檬香

しみないケア
／敏感性護理
沁涼薄荷香

くすみケア
／亮白護理
草本薄荷香

CLEAR CLEAN
プレミアム美白ハミガキ

廠商名稱●花王
容量/價格●100g/540円

集結花王美白技術，主打能夠找回牙齒原色的升階版亮白牙膏。牙膏本身採用 CLEAR CLEAN 最拿手的潔淨顆粒技術，打造出亮白重現顆粒，再搭配能使牙漬從牙齒表面分離的深層潔淨成分，藉此去除沉澱於牙齒表面的色素與牙漬。最後再利用亮白顆粒包覆於牙齒表面，使牙齒看起來顯得更亮更白，適合愛喝咖啡或茶類而導致牙齒表面變黃的人使用。（医薬部外品）

CLEAR CLEAN
プレミアム

廠商名稱●花王
容量/價格●100g/540円

專為大人所開發的蛀牙防護牙膏。針對牙齒下方的酸性物質造成牙齒表面鈣質等礦物質流失的問題，花王 CLEAR CLEAN 不只是確實潔淨牙垢，還添加濃度高達 1450ppm 的「氟」來促進牙齒再鈣化。尤其是補綴部位的邊緣，以及隨著牙齦倒退而外露的牙齒根部等部位，其實都是成人更該注意的蛀牙部位。（医薬部外品）

DEEP CLEAN
撰 濃密クリームハミガキ
口臭防止プラス

廠商名稱●花王
容量/價格●95g/1,250円

DEEP CLEAN 是專為熟齡世代所開發，核心訴求為預防牙周病的護理型牙膏品牌。在 DEEP CLEAN 旗下，「撰」系列是主打同時應對牙齦腫脹、牙齦出血、牙齦炎、牙周病及口腔黏膩等多種熟齡族群所容易面臨的口腔健康問題。新推出的銀色版本，則是多加一項強化預防口臭的機能。牙膏本身無研磨劑且濃密，刷起來沒有過多泡沫，也不容易流出嘴巴，適合用來慢慢地刷牙與按摩牙齦。（医薬部外品）

歯磨撫子
重曹と炭のハミガキ

廠商名稱●石澤研究所
容量/價格●140g/1,400円

結合小蘇打及炭粉的牙膏。濃度高達 50%的小蘇打帶有弱鹼性，可中和口中的酸性物質，同時也能分解口腔中會產生牙垢的蛋白質。另一方面，炭粉則是能吸附口腔中的異味分子，讓口氣變得更加清新。

PureOral
薬用ピュオーラ
泡で出てくるハミガキ

廠商名稱●花王
容量/價格●190ml/1,250円

可同時淨化口腔黏膩感、口臭及預防牙周病的新型態「淨舌泡」。就算已確實刷牙，有時候還是有口臭的問題。其實有部分口臭的成因，是來自舌頭上的細菌。對於不習慣用舌苔刷的人，倒是可以嘗試這項新品。使用方法很簡單，就是直接擠壓瓶身，將淨舌泡直接擠在舌頭上，接下來像是漱口一樣，讓淨舌泡佈滿口腔與牙齦，最後再使用牙刷清潔牙齒即可。（医薬部外品）

CLEAR CLEAN
デンタルリンス

廠商名稱●花王
容量/價格●600ml/400円

許多日本人會在刷牙之後，會再用漱口水加強口腔清潔與護理的效果。所以牙膏品牌都會同時推出漱口水產品。像是 CLEAR CLEAN 的兩瓶基本型漱口水，就是主打清潔刷牙無法刷到細縫，同時搭配藥用成分 CPC，發揮長時間的抑菌功能。除了含有酒精，清涼感較為明顯的版本之外，還有適合小朋友一起使用的低刺激無酒精版本。（医薬部外品）

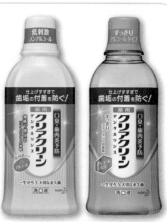

ソフトミント
／温和薄荷
（無酒精）

ライトミント
／清新薄荷
（含酒精）

SYSTEMA EX
デンタルリンス

廠商名稱● ライオン
容量/價格● 450ml/570 円　900ml/760 円

添加抗菌成分 IPMP 及藥用成分 LSS，可用來提升刷牙效果及預防牙周病的漱口水。搭配高附著力成分，能讓 IPMP 確實附著在牙齦外層，並長時間發揮作用。在類型方面有溫和的無酒精型，以及清涼感較為明顯的含酒精型等兩種選擇。（医薬部外品）

ナチュラルクールミント
／自然涼感薄荷（無酒精）

フレッシュクールミント
／新鮮涼感薄荷（含酒精）

NONIO
マウスウォッシュ

廠商名稱● ライオン
容量/價格● 600ml/554 円

針對口腔內細菌所引起之生理性口臭問題所開發的漱口水。三種各有特色且品味獨特的香味，是由專業調香師所操刀調配。採用獨家抑制成分技術，可長時間發揮預防口臭的效果，相當適合工作上或社交上在意口氣問題的人使用。（医薬部外品）

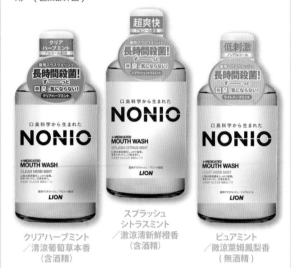

クリアハーブミント
／清涼葡萄草本香
（含酒精）

スプラッシュ
シトラスミント
／激涼清新鮮橙香
（含酒精）

ピュアミント
／微涼萊姆鳳梨香
（無酒精）

CLINICA
フッ素メディカルコート

廠商名稱● ライオン
容量/價格● 250ml/980 円

為預防蛀牙發生，許多家長都會帶小朋友去牙醫診所塗氟。獅王為讓民眾更方便塗氟抗蛀牙，因此在日本推出含氟漱口水。透過每天漱口的方式，就能確實讓氟包覆牙齒，並發揮促進牙齒再鈣化的作用，同時抑制口腔細菌活動，發揮預防蛀牙的作用。漱口水中不含酒精，所以不喜歡刺激感的小朋友也可以使用，但建議年滿 4 歲之後再使用。（要指導医薬品）

Clean Dental
薬用リンス

廠商名稱● 第一三共ヘルスケア
容量/價格● 450ml/780 円

來自牙周病口腔護理品牌 Clean Dental 的漱口水。採用紅色包裝的綜合護理牙膏為基底，添加 3 種抑菌成分及 2 種抗發炎成分，再搭配能夠預防口臭及蛀牙的抗菌成分，可用來加強刷牙的潔淨效果。不含酒精，使用起來無刺激感。（医薬部外品）

歯磨撫子
重曹すっきり洗口液

廠商名稱● 石澤研究所
容量/價格● 200ml/1,500 円

主成分為小蘇打及茶葉萃取物的漱口水。小蘇打可分解口腔中的蛋白質髒污成分，而茶葉萃取物則是能將蛋白質與異味分子包覆起來。因此漱完口將漱口液吐出之後，可看見一塊塊褐色的污垢集合體。

IHADA
アレルスクリーン N

廠商名稱 ● 資生堂藥品
容量/價格 ● 50g/900 円　100g/1,600 円

只要輕輕噴一下，就能防止花粉及空氣中的細微粒子等致敏因子附著在眼周與鼻周，而獨家專利技術成分甚至能排除附著在肌膚上的花粉。在最新一次的改版中，則是提升 20% 的花粉阻斷成分。即使是上妝也能使用，在容易敏感的季節裡，只要出門前噴一下就可明顯感受到不同。

CARTÉ CLINITY
スキンプロテクト スプレー

廠商名稱 ● コーセー
容量/價格 ● 50g/900 円

來自高絲敏感肌保養品牌可潤媞的抗花粉及空氣細微致敏因子的防護水噴霧。在花粉大量飛散或是空氣品質不佳的日子，只要出門前噴在臉上或頭髮上，就可降低這些致敏因子對肌膚所產生的刺激。速乾設計使用後膚觸乾爽滑順。

限定品

ALGUARD
エアシャワー ZERO

廠商名稱 ● ロート製藥
容量/價格 ● 200ml/900 円

ALGUARD 是樂敦製藥的鼻炎・過敏品牌，這回將開發重點鎖定在戶外花粉及居家塵蟎，開發出這瓶號稱可將 97% 致敏因子無效化的防護噴霧。對於潛藏於我們周遭的花粉、塵蟎屍體及塵蟎糞便，這罐噴霧的水霧粒子可在包覆之後，使其變得不影響人體健康。適合噴在衣物、沙發、床鋪甚至是車內環境。

natuvo
ファブリックケアミスト

廠商名稱 ● アース製藥
容量/價格 ● 280ml/798 円

不只可以消臭，還能夠防蟲驅塵蟎的衣物芳香噴霧。100% 來自天然成分，其中 50% 是有機植萃成分，因此也可以放心地使用在小朋友的衣物上。除了衣物之外，像是床墊、棉被、地毯以及沙發等布製品也都可以使用。

FLAIR FRAGRANCE
IROKA 衣料用フレグランス

廠商名稱 ● 花王
容量/價格 ● 200ml/460 円

來自香水系衣物柔軟劑的衣物香氛噴霧。對於無法每天清洗的衣物，最適合利用這樣的噴霧，使衣物無時無刻都散發出迷人的香味。目前推出的三款類型，都是具有潔淨感的香味，但最特別的地方，是奢華採用香水當中用來增添香氛深度的琥珀香。一般衣物都可使用，但禁忌碰水的絹絲等纖維，或是皮革、皮草等材質則不建議使用。

ネイキッド
センシュアル
／植萃花束香

ブルーム
センシュアル
／輕柔百合香

エンヴィ
センシュアル
／優雅白花香

NONSMEL 清水香
衣類・布製品・空間用スプレー

廠商名稱●白元アース
容量/價格●300ml / 498 円

許多住過日本飯店的旅客，都曾經在房間內看過一瓶名為「清水香」的除臭噴霧。其實清水香最早是專為飯店所開發的業務用產品，因為消臭除菌效果備受肯定，所以後來由白元EARTH 公司推出藥妝市售版本。只要在衣物、布製品甚至是環境空間內噴個幾下，就能讓討厭的異味消失無蹤。除了無香版本之外，也有增添香氛感的類型。

無香料
／無香

ハーバルフレッシュ
／清新草本香

フローラルフレッシュ
／清新鮮花香

ウッディフレッシュ
／清新木調香

STYLE MATE
ミセスロイド

廠商名稱●白元アース

針對女性在衣物上的各種困擾，STYLE MATE 感覺就像是個貼身幫手一樣，透過各種不同的噴霧，來幫助忙碌女性解決這些惱人問題。如果沒有太多時間，一一處理衣物毛球、皺摺或是汗斑等問題，那就不要錯過這個方便指數超高的衣櫥幫手系列。

衣類の UV カットミスト
／衣物防曬噴霧
300ml / 498 円
可阻隔 90%以上照射在衣物上的紫外線，藉此預防衣物被曬傷或退色。當然，也能減少透過衣物而照射到肌膚的紫外線量。香味是綠茶香。

しわ・ニオイとりミスト
／除皺去味噴霧
300ml / 498 円
對於衣物上因為穿一整天或長時間收納所形成的皺折及異味，輕輕一噴就可簡單消除。非常適合回到家之後，拿來噴當天穿出門的易皺衣物。香味是玫瑰香。

毛玉・ニオイ防止ミスト
／預防毛球異味噴霧
300ml / 498 円
對於針織衫等容易起毛球的衣物，只要穿著前噴一下，就可透過包覆纖維的方式來預防毛球及異味形成。香味是玫瑰香。

汗じみ防止ミスト
／預防汗斑噴霧
145ml / 598 円
穿著衣物之前，先噴個幾下就可預防汗水附著，避免在衣物的腋下及背部等部位形成汗斑。另外，也可預防衣物變黃。香味是玫瑰香。

ICENON
瞬間爆冷スプレー

覺得夏天悶熱難熬嗎？喜歡暢快清涼感的人看過來！只要將這瓶添加清涼薄荷成分的噴霧噴在衣物上，-30℃的冷卻噴霧就會立即將暑氣給吹到九霄雲外，而且還能消除衣物上的汗味及異味。漫長的夏天就靠這瓶涼快地度過了！

廠商名稱 ● 白元アース
容量/價格 ● 70ml/498 円

ミントの香り
／清爽薄荷香

せっけんの香り
／純淨皂香.

ICENON
シャツミスト
虫よけプラス リラックマ

廠商名稱 ● 白元アース
容量/價格 ● 100ml/598 円

ICENON 衣物清涼噴霧的防蚊效果升級版。完整保留薄荷的清涼感，但卻多加一項防蚊效果，因此相當適合在外出活動時使用。香味是怡人的純淨皂香。話說回來，包裝上穿著甚平（一種和式便服）納涼，手上還拿著巧克力香蕉的懶懶熊真的好可愛呀！

UNA KOWA
虫よけ当番 260 日間

廠商名稱 ● 興和
容量/價格 ● 1 個/900 円

可防止蚊蟲入侵生活環境的蚊蟲掛片。以往的蚊蟲掛片不是採用可愛卡通人物造型，就是一看就知道是蚊蟲掛片的形狀。這回 KOWA 卻是逆向思考，推出設計簡樸且容易與生活環境融為一體的設計。除了扁平狀之外，還有圓筒狀造型。無論是哪個類型，都可以依照不同的環境，選擇垂掛或放置的方式使用，這讓蚊蟲掛片的方便性提升不少。

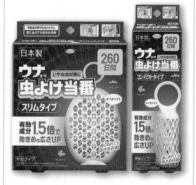

VANTELIN KOWA
サポーター
高通気タイプ

廠商名稱 ● 興和
容量/價格 ● 1,500 円

來自興和的 VANTELIN 輔助護具，堪稱是日本市占率最高的護具系列。考量到傳統護具的材質偏厚，在夏季使用會有悶熱的問題，因此在 2018 年推出質地更輕薄且透氣的高透氣版本。此外，新版本材質具備吸水速乾機能，接觸到肌膚時也會有一股舒服的涼感，即便是長時間穿戴也不容易悶熱。高透氣版本除水藍色之外，還有粉紅色可選擇。

❶ ひざ専用／膝部專用
❷ ひじ専用／手肘專用
❸ 足くび専用／腳踝專用
❹ 手くび専用／手腕專用

Kireikirei
薬用泡ハンドソープ 大型サイズ

廠商名稱 ● ライオン
容量／價格 ● 500ml／500 円

日本獅王所推出，在日本廣受媽媽族群推崇的抗菌消毒洗手泡。在衛生教育相當落實的日本，每個人回家都要先洗手跟漱口。因此，洗手乳的用量算是相當大。傳統的洗手泡大約是 250ml 左右，沒多久就要補充一次，對家事忙碌的媽媽們來說，的確是很煩人的瑣事，因此獅王才推出 500ml 的大罐裝。因為罐子的底部面積變大，穩定性也較高，所以比較不容易翻倒。

シトラスフルーティ
／柑橘果香

フローラルソープ
／花系皂香

フルーツミックス
／綜合果香

BIORÉ u
キッチン ハンドジェルソープ

廠商名稱 ● 花王
容量／價格 ● 250ml／460 円

專為廚房環境所開發的洗手凝膠。在廚房烹煮料理時，總是免不了會摸到生魚或用手拌絞肉。在接觸這些食材之後，總是會覺得雙手怎麼洗都洗不乾淨，而且又非常耗費時間。為解決這樣的困擾，花王運用獨家 SPT 洗淨技術，搭配能夠快速分解固態油脂的配方，開發出這兩瓶適合在廚房使用，可縮短烹調過程中洗手時間，同時具備消毒殺菌機能的洗手凝膠。對於經常下廚的人而言，可說是相當方便的日用品。（医薬部外品）

無香料
／無香

シトラスの香り
／柑橘清香

Lunart
つけおき用

廠商名稱 ● リベルタ
容量／價格 ● 150ml／780 円

採用血液分解酵素所製成的經血污漬專用洗劑。任何女性都曾經因為運動、睡眠或生理不順，讓內褲不小心被經血弄髒。若是無法立即處理，通常都只能忍痛把喜歡的內褲丟掉。為改善這樣的困擾，Liberta 推出這個名為 Lunart 的經血污漬專用洗劑品牌，並依照日常清潔用及緊急處理用等兩種類型。雖然處理方式略為不同，但兩者的主成分都是醫療現場所採用的血液分解酵素。若是生理期間想穿喜歡或較昂貴的內褲，準備一瓶在身邊會比較令人安心。

つけおき用／日常清潔型
150ml／780 円
將 10ml 洗劑加入 500ml 的冷水或溫水中，再將沾有經血的衣物泡在水中。大約 20 分之後，不需用清水沖淨，直接放入洗衣機或手洗即可。由於血液中的蛋白質在 40℃以上的環境中會凝固，因此清洗時切記勿用熱水。

携帯用／緊急處理型
10ml×5 包／580 円
先用面紙將血液吸乾，再把 3～4 張面紙墊在污漬底部。接下來再將洗劑倒在血漬上，並使用乾面紙以按壓的方式進行清潔。為防止血漬回滲，按壓約 5 次之後記得更換乾淨的面紙繼續動作。在完成緊急處理後，請在 24 小時之內使用日常清潔型做完整處理。

NIGHTMIN
ナイトミン 鼻呼吸テープ

廠商名稱 ● 小林製藥
容量／價格 ● 15 片／861 円

不少人在睡覺時，會因為放鬆而自然張開嘴巴呼吸。然而睡眠過程中的口呼吸很容易造成喉嚨乾燥，甚至因為打呼而嚴重影響睡眠品質。小林製藥所推出的鼻呼吸貼布，是一種直接貼在雙唇，透過抑制開口的方式自然誘導鼻呼吸。貼片本身容易撕除，不用擔心撕除時會傷害嘴唇。除無香型之外，還推出由薰衣草、尤加利及迷迭香等香味所融合而成的舒緩香氛版本。

無香料
／無香

ラベンダーの香り
／薰衣草香氛型

⊙OTC 医薬品 × 外用薬

V ロート
アクティブプレミアム

第 2 類
医薬品

廠商名稱● ロート製薬
容量/價格● 15ml/1,500 円

隨著年齡不斷增長，眼睛難免會開始出現容易疲勞、不易對焦以及乾澀等問題。其實這些問題，都是視覺調節力衰退，或是淚液分泌量減少所引起。為解決這些問題，專為熟齡族群眼睛健康所開發的樂敦 V Active 在 2018 年推出升級版。在主要成分中，促進淚水分泌正常化的維生素 A、活化眼睛細胞的牛磺酸，以及可改善睫狀肌調節機能的硫酸甲酯新斯狄明，其濃度都是日本國內市售 OTC 醫藥品的最高水準。其實不只是肌膚，就連雙眼也需要這樣的眼藥水來幫忙抗氧化。

Smile
スマイル
ザ メディカル A

第 3 類
医薬品

廠商名稱● ライオン
容量/價格● 10ml/1,400 円

針對現代上班族使用電腦時間長，容易出現眼睛疲勞及眼睛乾澀等症狀，獅王運用多年的維生素 A 研究結果，推出能從根本改變這些眼睛問題的眼藥水。有效成分是由維生素 A 及維生素 E 所組成，其中能夠促進淚水正常分泌，以及修護角膜的維生素 A，濃度是日本國內市售 OTC 醫藥品的最高水準。使用起來沒有刺激的清涼感，很適合放在辦公室的抽屜裡，在眼睛疲勞時使用。

KuroCure EX
クロキュア EX

第 3 類
医薬品

廠商名稱● 小林製薬
容量/價格● 15g/1,000 円

不少人的手肘及膝蓋膚色偏黑，而且摸起來感覺偏向粗糙。這對女性而言，在穿著夏裝時總是會感到害羞不已。針對這種因為皮脂分泌不足而顯乾燥的肌膚問題，小林製藥採用可以增加皮脂分泌量的「γ-穀維素」，以及可促進血液循環的高濃度「醋酸維生素 E」。除此之外，對於已形成的粗糙肌膚，則是利用尿素來協助代謝肥厚角質。除了透過身體保養品去除老廢物質之外，其實搭配使用這種由內部促進代謝的 OTC 醫藥品也很重要。

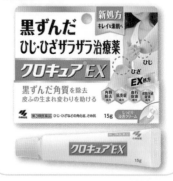

Smile
スマイルコンタクト EX
ひとみリペア

廠商名稱● ライオン
容量/價格● 13ml/600 円

市面上專為隱型眼鏡族所開發的眼藥水類型繁多，但日本獅王這兩瓶隱型眼鏡專用眼藥水卻有相當獨特的地方。獅王在維生素 A 運用於眼藥上已經相當長一段時間，在活用研究成果技術背景下，終於順利開發出日本首款添加角膜修復成分「維生素 A」的隱型眼鏡專用眼藥水。除此之外，有效成分還包括維生素 E、B6 等促進代謝成分，以及可以保護角膜的硫酸軟骨素，適合配戴隱形眼鏡且長時間用眼的族群使用。依照個人喜歡，有溫和型及涼感型兩種可以選擇。

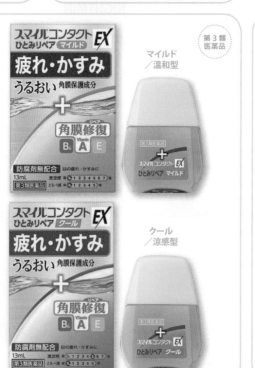

Keanocure
ケアノキュア

第 2 類
医薬品

廠商名稱● 小林製薬
容量/價格● 20g/1,300 円

不少女性都有自己處理體毛的習慣，不過在刮毛過程中，可能會造成表皮或角質層受損。在這樣的刺激或細菌入侵毛孔下，很容易引發毛囊炎等發炎症狀，造成毛孔變紅、反黑，最後甚至是隆起形成一顆顆的小疙瘩。為改善這樣的皮膚問題，小林製藥融合止癢、抗發炎及促進代謝的成分，開發出這條能夠幫助肌膚回復健康狀態的藥膏，適合平時有處理體毛習慣，且伴隨著有毛孔色素沉澱及隆起困擾的人使用。

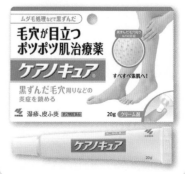

ATNON AoCure
アットノン アオキュア

廠商名稱 ● 小林製薬
容量/價格 ● 5g/1,300 円

第 2 類医薬品

日常生活中難免會不小心撞傷而留下瘀青的痕跡。其實瘀青是因為皮下出血氧化後所形成，所以促進代謝是最直接的改善法。小林製藥所推出的瘀青治療 OTC 藥物，同時添加兩種代謝促進成分，可幫助瘀青部位更快恢復至原有狀態。藥膏質地為油水合一型，所以更能確實附著在患部上。

Chlomy
クロマイ -N 軟膏

第 2 類医薬品

廠商名稱 ● 第一三共ヘルスケア
容量/價格 ● 12g/1,550 円

目前日本唯一添加抗真菌成分「Nystatin」制黴菌素的市售 OTC 藥物。相信不少人都有個共同的困擾，那就是背部、頸部及胸口老是冒出一顆紅腫像痘痘，有時會癢有時卻會痛的隆起物。大部分的人總習慣塗痘痘藥應對，但有時候這些問題的成因不只是細菌，更可能是真菌所引起。對於這些痘痘藥也無法改善的化膿性皮膚疾患，第一三共 HealthCare 融合 2 種抗生素及 1 種抗真菌成分，推出這條可確實對付真菌問題的藥膏。藥膏本身是附著性高的軟膏型態，任何狀態的患部都能使用。

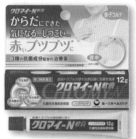

Hishimoa
ヒシモア

廠商名稱 ● 小林製薬
容量/價格 ● 30g/1,400 円
　　　　　　70g/2,600 円

第 2 類医薬品

隨著年齡增長，人體有些部位的皮脂分泌量會減少，造成肌膚乾燥甚至是脫皮起白屑。尤其是皮脂分泌原本就少的小腿、手背及手臂，這樣的情況更是顯著。小林製藥為改善這種皮膚乾燥問題，採用可活化皮脂腺的「γ- 穀維素」作為主成分，再搭配同樣也能改善肌膚乾燥問題的「類肝素」，以及保濕止癢成分，推出這款主打能回復皮脂分泌力的藥膏。若是家中長輩的皮膚老是乾癢，不妨以此試看看。

メディクイック H
頭皮しっとりローション

医薬部外品

廠商名稱 ● ロート製薬
容量/價格 ● 120ml/1,080 円

採用 4 種藥效成分及 2 種保濕成分，可以改善頭皮乾燥、瘙癢以及頭皮屑等惱人問題的頭皮專用保濕乳液。瓶口為可以直接深入頭髮針對頭皮擠出乳液的圓錐瓶嘴，只要針對乾燥瘙癢部位或是有頭皮屑的部位直接使用即可。塗抹之後不需特別清潔頭皮。

シミエース
薬用シミエース AX

医薬部外品

廠商名稱 ● クラシエホームプロダクツ
容量/價格 ● 30g/1,300 円

適合使用在臉頰到顴骨一帶，黑斑形成前進行集中保養的乳膏。採用可抑制黑斑形成的「高純度維生素 C」、可促進循環「持續型維生素 E」與能夠調節肌膚狀態「高濃度維生素 A」所組成的機能型三重維生素配方。可以在日常保養當中，針對容易形成黑斑的部位加強保養作用。

シミエース
薬用シミエース L

医薬部外品

廠商名稱 ● クラシエホームプロダクツ
容量/價格 ● 30g/1,400 円

適合準媽媽用來預防產後黑斑的保養型。乳霜同樣採用由「高純度維生素 C」、「持續型維生素 E」與「高濃度維生素 A」所組成的機能型三重維生素配方，但另外還添加可調節肌膚狀態的葉酸。除此之外，由於是準媽媽使用的保養乳霜，因此採用無香料、無色素、無防腐劑和無酒精的溫和配方。

OTC 医薬品 × 內服藥

LuLu
新ルル A ゴールド DX

第②類医薬品

廠商名稱● 第一三共ヘルスケア
容量/價格● 45 錠/1,400 円

可同時舒緩流鼻水、鼻塞、喉嚨痛以及咳嗽等感冒症狀的新露露 A 黃金版 DX。這次的新品在成分上並沒有調整，而是考量到原本瓶裝不易攜帶外出，因此推出全新的 PTP 泡殼包裝。一片 9 錠可拆成三排，每排 3 錠剛好是 15 歲以上成人一次的服用量，因此相當適合放在包包裡，在需要的時間方便服用。

LuLu
ルルアタック FXa

第②類医薬品

廠商名稱● 第一三共ヘルスケア
容量/價格● 12 錠/1,200 円　18 錠/1,600 円
　　　　　24 錠/2,000 円

「ルルアタック」是露露感冒藥系列當中，針對特定部位及型態症狀，採用獨家配方所開發的感冒藥品牌。其中紅色包裝的「FXa」，則是鎖定發燒及喉嚨痛等症狀的類型。「FXa」同時添加乙醯胺酚及異丙醇安基匹林等兩種鎮痛解熱成分，再搭配具有促進排汗作用的中藥成分生薑粉。適合感冒時總是先出現喉嚨痛或發燒等症狀的人服用。

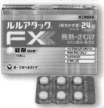

Excedrin
エキセドリンプラス S

第②類医薬品

廠商名稱● ライオン
容量/價格● 24 錠/980 円

針對腰痛、關節痛以及頭痛等日常生活常見疼痛症狀所開發的止痛藥。同時添加乙醯胺酚及乙醯水楊酸這兩種止痛成分，再搭配兩種輔助止痛作用成分來加強藥效。藥錠採用獅王獨家的 FASTab 快速崩解技術，能更快讓身體吸收而加快藥效發揮的速度。含有護胃成分，可保護胃黏膜不受止痛成分破壞。

Pansiron
パンシロン ソフトベール

第 2 類医薬品

廠商名稱● ロート製藥
容量/價格● 10 膠囊/900 円

明明就沒吃太飽，卻覺得胃不舒服嗎？還是胃總是不舒服，老是覺得胃悶反胃呢？其實這些症狀，都可能是胃黏液分泌不足所引起的胃弱症狀。樂敦製藥所推出的新胃藥同時採用替普瑞酮及銅葉綠素鈉這兩種修復胃黏膜成分，再搭配蒼朮及厚朴等健胃中藥成分，可用來改善胃弱引起的嘔心想吐及胃悶等症狀。

Sucrate
スクラート G

第 2 類医薬品

廠商名稱● ライオン
容量/價格● 6 包/950 円

在飲食型態及生活習慣影響之下，許多現代人都有胃食道逆流的問題。市面上雖然已有相當多改善胃酸逆流的胃藥，但獅王這款胃藥的特色之一就是採用液態劑型，就算沒有水也可直接服用。有效成分斯克拉非（sucralfate）在進入胃部之後，可在特殊製劑技術下附著於胃壁，直接發揮保護及修護效果。夜間容易出現胃食道逆流問題的人，適合在睡前服用。

ComureCare
コムレケアゼリー

第 2 類医薬品

廠商名稱● 小林製藥
容量/價格● 4 包/1,000 円

近年來馬拉松成為熱門的全民運動，許多國家跟城市也都會舉辦大規模的馬拉松大賽。有時候跑一跑，小腿就會因為肌肉過度收縮而引發抽筋。對於這個現代人在休閒運動時所會面臨到的問題，小林製藥將中藥裡能改善抽筋症狀的「芍藥甘草湯」製成果凍狀。即便是在跑步過程中抽筋，沒水也能立即服用。

Dusmock
ダスモック

第 2 類医薬品

廠商名稱● 小林製藥
容量/價格● **顆粒**
　　　　　8 包/1,500 円
　　　　　16 包/2,700 円
　　　　　錠劑
　　　　　40 錠/1,500 円
　　　　　80 錠/2,700 円

能夠改善抽菸或空氣污染引起之咳嗽、痰液及支氣管炎的中藥製劑。這款利用中藥方「清肺湯」作為基底。在日本人氣相當高的 OTC 醫藥品，在 2017 年進行改版。除了將每天服用 3 次簡化至 2 次之外，也為不喜歡中藥粉苦味的人推出錠劑版本。

Kracie
ヨクイノーゲン BC 錠

第 3 類医薬品

廠商名稱● クラシエ藥品
容量/價格● 42 錠/1,200 円　210 錠/3,700 円

針對反覆惱人的成人痘問題，Kracie 藥品推出以薏仁為基底，搭配維生素 B2、B6 及 C 所製成的咀嚼錠。薏仁及這些微生素在體內能發揮調節皮脂機能與代謝的機能，因此對反覆發作的成人痘與肌膚乾荒都具有不錯的幫助。咀嚼錠設計，不需配水也能夠服用。

Kracie
ヨクイニンタブレット

第3類医薬品

廠商名稱 ● クラシエ薬品
容量／價格 ● 126錠／1,200円　504錠／3,700円

在中醫理論當中，薏仁是一種有助於肌膚代謝、調節肌膚水分平衡，以及改善扁平疣問題的美肌型藥材，同時也是華人圈當中常見的食材。不只是運用於藥膳料理，就連甜品也都可見薏仁的蹤影。Kracie藥品所推出的薏仁錠，正是為了改善臉部及頸部等部位之扁平疣與肌膚乾荒問題所開發的藥品。

Q&P KOWA
キューピーコーワ i ドリンク

指定医薬部外品

廠商名稱 ● 興和
容量／價格 ● 100ml／146円

專為用眼過度、經常感到眼睛疲勞的現代人所開發，好喝沒有藥水味的營養補充飲。除護眼中藥成分枸杞萃取物之外，還能夠針對睫狀肌機能發揮作用的L-天門冬胺酸。除此之外，還有能夠促進代謝與改善疲勞症狀的維生素B群。對於整天盯著電腦工作，或是經常滑手機的人來說，是值得參考的護眼營養補充飲。

健康×美容輔助食品

HELiOWHITE
ヘリオホワイト

廠商名稱 ● ロート製薬
容量／價格 ● 24粒／2,400円

紫外線不只會讓人膚色變黑，而且還會造成肌膚老化，因此防曬在美白及抗齡保養上都是相當重要的一件事。許多人都會透過擦防曬的方式來對抗紫外線，但其實也有「吃」的防曬。樂敦製藥在2018年所推出的防曬錠，其主成分是名為酚波克（Fernblock）的植物成分。所謂酚波克，是一種萃取自蕨類植物的光防護成分。樂敦製藥將酚波克結合薏仁萃取物、維生素B2與維生素B6，可發揮令人期待的抗氧化及抗紫外線傷害作用。重視防曬的人，不妨參考看看哦！

雪肌精
ハトムギ パウダー

廠商名稱 ● コーセー
容量／價格 ● 1.5g×30包／4,000円

用吃的雪肌精誕生！沒有錯，在華人圈喻戶曉的清透系保養品牌雪肌精推出首款美容食品了。主成分是最能象徵雪肌精的薏仁萃取物，而且每包含量更是高達1,000mg。融合日本傳統飲食概念，主張「五味·五色·五法」的雪肌精薏仁粉當中，還加入紫米、黑米、白木耳、生薑麴以及魚腥草等素材。喜歡雪肌精或自然素材美容食品的人可別錯過了。

ORBIS
コラーゲンゼリー

廠商名稱 ● オルビス
容量／價格 ● 20g×14包／1,500円

只要吃一條好吃的果凍，就能馬上補充1,000mg的小分子膠原蛋白！雖然市面上的美容凍種類繁多，但ORBIS的膠原蛋白果凍吃起來並非香精味，而是真實的濃縮果汁所調味而成。除了膠原蛋白之外，還有玻尿酸以及維生素B6等美肌成分。一般來說，皮膚會在睡眠過程中進行修護與再生，因此這樣的美容果凍建議在晚餐過後或睡前再吃。

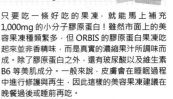

白ぶどう味
／白葡萄口味

ゆずレモン味
／柚子檸檬口味

ORBIS=U
ホワイト インサイトフォーカス

廠商名稱 ● オルビス
容量／價格 ● 120粒（30天份）／2,700円

對於紫外線的傷害，可從身體內側發揮對抗作用的美白丸。主成分當中的番石榴葉萃取物與維生素E，可幫助肌膚對抗強烈的日曬傷害，而啤酒花則是能針對肌膚深層發揮作用，阻止蠹素欲動的黑色份子。除此之外，再搭配美白系輔助品中常用的維生素C、L-半胱胺酸及維生素B群。由於效果備受肯定，隸屬POLA集團的ORBIS所推出，因此在美容愛好者之間又有「平民版美白丸」之稱。

ORBIS
スリムキープ

廠商名稱 ● オルビス
容量／價格 ● 60粒（30回份）／1,300円
120粒（60回份）／2,300円

在體重管理這個課題上不只是限油而已，日本這幾年還流行起限醣減重運動。除了甜食之外，就連澱粉類也包含在其中。對於外食族來說，油炸跟澱粉是躲也躲不了的黃金組合，因此才會出現這樣的阻油擋醣錠。除了熟悉的桑葉、茶花、番石榴葉及杜仲茶等萃取物之外，這款阻油擋醣錠最核心的成分是富含多酚的毗黎勒（Terminalia bellirica）萃取物。對於想力行限油減醣運動的人來說，是相當不錯的小幫手。

GYPSOPHILA
ごはんと一緒に私

廠商名稱 ● GYPSOPHILA
容量／價格 ● 90粒（30回份）／1,410円

添加白腎豆、綠原酸、黑米萃取物、黑胡椒萃取物及薑黃等阻斷系與燃燒系素材，相當適合喜歡肉食及甜點的人拿來作為體重管理小幫手。除此之外，還有美肌成分胎盤素，是同質商品當中相當少見的成分。這類型的產品是能讓體重管理更有效率的幫手，而不是萬能的免死金牌，因此有計劃的良好飲食習慣才是最重要的關鍵哦！

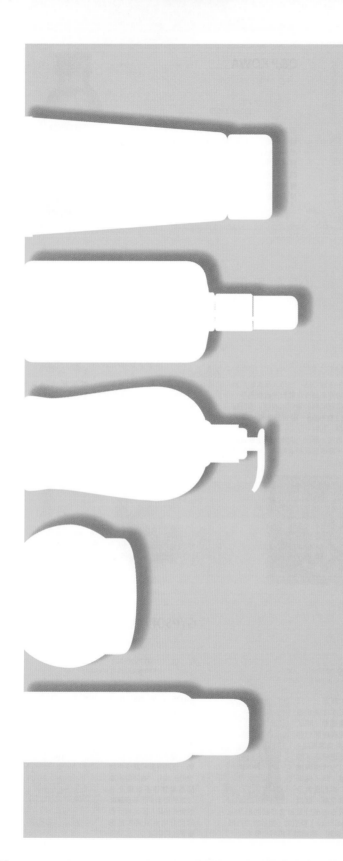

CHAPTER 8

超市零食特集

PART 01

伊藤洋華堂·大井町店

イトーヨーカドー

許多人到日本已經不只添購藥妝及美妝品,選擇變化多且好吃不易踩雷的零食更是成為新寵。因為可以同時購足藥妝、美妝及零食,所以近年來大型超市成為觀光客到日本時必定安排的購物熱點。

然而大型超市有個缺點,那就是電車交通不算是太方便,或是位在郊區、住宅區的電車站附近,再不然就是離車站有一段步行距離。雖然這些不方便的條件,都抵擋不了觀光客殺進超市血拚的決心,但這次我們所介紹的超市,可說是集結「位在市中心」、「電車交通方便」及「走出車站就看得見」等三大魅力條件。

伊藤洋華堂·大井町店(イトーヨーカドー 大井町店)就位於 JR 京濱東北線、臨海線及東急大井町線這三條鐵路的「大井町駅」旁,只要走出車站並跨過馬路,就可以馬上加入血拚戰場。

大井町站聽起來可能有些陌生,但它其實就在品川站隔壁站。若是搭「JR 京濱東北線」,從日暮里、上野、秋葉原、東京、新橋及品川這幾個主要車站出發的話,都不需要轉車就可一線直達。交通如此便捷的大型超市,在東京都心內可說是相當少見。

伊藤洋華堂·大井町店的賣場樓層包括地上 7 層及地下 1 層,對於大部分的華人而言,主戰場為 2F 的七美花園、1F 熟食區以及 B1 超市。

info

伊藤洋華堂 · 大井町店／
イトーヨーカドー 大井町店

交通：JR 京濱東北線·臨海線·東急大井町線
「大井町駅」徒步3分
營業時間：10:00 ~ 22:00
退稅時間：10:00 ~ 21:00
退稅櫃檯：2F 七美花園旁

B1 Food Marche

伊藤洋華堂的超級市場樓層。不管是帶回飯店享用的新鮮水果,還是買回國囤貨的零食、泡麵或調味料,都能在這裡一次購足。

2F 七美花園

位在 2F 的七美花園（7 美のガーデン），是伊藤洋華堂的藥妝、美妝及日用品賣場名稱，感覺就是一間完整的藥妝店。在眾多伊藤洋華堂當中，這次之所以會選擇大井町店，除了交通便利之外，其實七美花園也是個重點。

據說經常來大井町店消費的當地居民，在美妝保養上都非常講究，因此在 2018 年春季整修之時，特別強化美妝保養的商品種類。不只是藥、美妝店品牌，甚至是百貨品牌都進駐此地，這在日本的綜合超市當中也是非常罕見的特例哦！

※ 商品貨架擺設及陳列會依活動或季節而有所改變，實際狀況依門市為主。

↑綜合超市中不常見的美妝店品牌也紛紛進駐伊藤洋華堂，大井町店設櫃，來這裡就可以一併購入在藥妝店內不易見的知名品牌。

❶❷獨家與 7&i 控股集團合作的品牌，例如 FANCL 的「BOTANICAL FORCE」植萃保養系列與資生堂的「sept beauté」香氛潔淨系列，在這裡都有完整且大空間的陳列。❸為滿足對美妝敏感度極高的常客，改裝後的七美花園還增設中下蔚為話題的植萃保養專區。❹從百貨頂級保養品牌進駐的現象來看，就知道大井町店的客群有別於其他超市。❺華人必掃的雪肌粹也可以在這邊一次購足，一起辦理退稅。❻為反映時下保養及彩妝新趨勢，最近還跟日本美妝口碑網站 @cosme 合作，根據排行榜內容推出趨勢推薦專區。

1F Ooimachi DINER

位在 1F 的熟食區也在最近改裝完成，進駐的店家類型包括麵包店、速食店、麵食店及排餐。感覺就像美食街一樣，採用取餐自由入座的方式。

❼❽❾❿除了美食街的店家之外，還有超市特有的便當、燒烤及炸物外帶區。血拼完買些回飯店大快朵頤一番也是不錯的選擇哦！

カップラーメン
「日清 名店仕込み」
一風堂 赤丸新味博多とんこつ

7 PREMIUM GOLD 是品質及素材更加講究，堪稱是 7 PREMIUM 升級版的新系列。這系列中人氣最旺的泡麵，首推泡麵大廠「日清」與九州豚骨拉麵名店「一風堂」所合作的名店泡麵。濃郁的豬骨熬煮湯頭搭配辣味噌，再加上 Q 彈有勁的細麵與厚厚的叉燒肉。紮實的份量與口味，想念日本時吃上一碗就能一解思念之苦！

容量/價格 ● 126g/258 円

蔦 醤油Soba

完美重現東京巢鴨米其林名店——「蔦」的醬油蕎麥麵。清爽有層次的湯頭，是以雞湯作為基底，再加入蛤蜊及魚乾等來自大海的食材提味。想嘗試連續兩年奪下米其林一顆星殊榮的名店美味，吃這一碗就對了。

容量/價格 ● 132g/258 円

鳴龍 担担麺

米其林名店泡麵再一發！鳴龍是位於東京大塚的拉麵名店，這次重現的口味是招牌担担麵。鳴龍担担麵的人氣祕密，在於他同時採用芝麻、辣油及醋進行調味，於甘味、辣味及酸味之間找到最佳黃金比例。偏細的非油炸麵體吃起來 Q 彈但好咀嚼，很適合喜歡日式中華味的人。

容量/價格 ● 149g/258 円

蒙古タンメン中本
辛旨豆腐スープ

重現東京板橋名店「蒙古湯麵中本」的招牌麵美味。帶有勾芡感的湯底加入辣味噌提味，再搭配柔軟的豆腐及偏硬的麵體，吃起來是辣得過癮又好吃。喜歡辣味泡麵的人，千萬別錯過這一碗！

容量/價格 ● 118g/170 円

PART 02
7 PREMIUM・セブンプレミアム

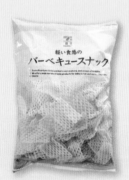

軽い食感の
バーベキュースナック

吃起來酥脆又輕薄的格子狀點心餅，口感是碳烤烤肉醬風味。不只是烤肉醬的香味，還帶有微微的碳燒香。口味並不會太鹹，加上獨特的輕薄脆口感，而且熱量也不算太高，很容易讓人一吃就停不下來。

容量/價格 ● 85g/100 円

ふんわり揚
のりしお

採用 100% 新潟國產米粉所製成，口感很類似台灣的蝦餅，但口感更鬆脆一些，而且吃起來有一股很特別的米香味。在調味方面，則是日本味十足的海苔鹽口味。

容量/價格 ● 75g/100 円

ポテトチップス
旨み広がるうすしお味

7 PREMIUM 洋芋片當中的經典薄鹽口味。採用顆粒大且鹹中帶甜的「鳴門薄鹽」調味，不僅一點也不搶戲，還讓洋芋香更加濃郁地在口中散開來。

容量/價格 ● 70g/100 円

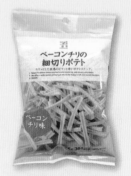

細切りポテト
ベーコンチリ味

吃起來口感偏硬有嚼勁的細切洋芋片。加入肉類與蔬菜的甜味粉末，搭配後勁有力的紅胡椒調味，再灑上帶有培根香味畫龍點睛，超適合在喝啤酒的時候拿來當酒配呀！

容量/價格 ● 55g/100 円

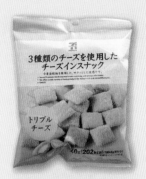

チーズインスナック
トリプルチーズ

喜歡起司口味零食的人，絕對會喜歡這一包！中空的餅乾當中，塞滿切達、卡門貝爾以及艾曼塔三種起司所調合而成的乳酪夾心，外層再灑一層香濃起司粉，很容易讓喜歡起司的人一口接一口吃不停。

容量／價格 ● 40g/100 円

サクサク食感の
しっとりチョコ

裹滿香甜濃郁巧克力醬的玉米酥餅。因為玉米酥餅本身會吸收巧克力醬，所以不只是表面而已，整塊玉米酥餅就像是泡過巧克力一樣，是很容易令人嘴巴與雙手失控的危險零食。

容量／價格 ● 86g/100 円

サクサク食感の
チョコ棒

感覺像是把玉米棒泡到香濃巧克力醬之後的巧克力玉米棒。酥脆且輕飄飄的口感，讓人很難停下嘴巴。分包裝類型很適合帶到公司發給同事們當下午茶點。

容量／價格 ● 10 根/100 円

ピーナッツチョコ

將香炒過後的花生裹滿巧克力後所製成的花生巧克力。帶有堅果香氣的花生，加上口感滑順濃密的巧克力可說是絕配美味。

容量／價格 ● 75g/100 円

到日本旅遊時，喜歡買泡麵或零食的人，對於包裝上有個「7」標誌的商品應該都不陌生。很多人都會說那是小 7 的自有品牌，但其實那只說對了一半。因為這個正式名稱為「7 PREMIUM」的品牌，隸屬於日本「7&i 控股集團」，主要伊藤洋華堂及日本 7-Eleven 的商品開發團隊所開發。這些根據消費者需求所開發出來的高品質且親民價產品除了在伊藤洋華堂之外，也在同集團的 7-Eleven 與西武百貨地下超市等地銷售。在多達數百樣 7 PREMIUM 食品當中，日本藥粧研究室特別精選出成員們最常買與最喜歡的泡麵與零食。下次不知道該買什麼的時候，或許可以參考看看哦！

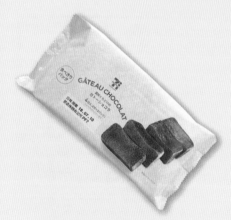

濃厚くちどけのガドーショコラ

紮實帶有水分感的巧克力蛋糕。同時融合甜味及微苦的巧克力，所以吃起來並不會覺得膩。每一盒裡面分為兩小格，每一小格內各有兩片。裡頭附有小叉子，吃的時候不必怕會弄髒手。

容量／價格 ● 4 片/267 円

7 CAFE
香ばしシリアル＆ミルキーショコラ
シュガーバターの木

日本人氣伴手禮「砂糖奶油樹」（Sugar Butter Tree）的 7 PREMIUM 特別版。烤得酥脆的穀片餅乾夾著入口即化的白巧克力夾心，是許多人吃過就忘不了的獨特口感。

容量／價格 ● 3 片/220 円

7 CAFE
濃厚クリームのレーズンサンド

濃郁且入口即化的奶油當中，混和著用萊姆酒與白蘭地泡過的酒釀葡萄乾，再用兩片帶有水分感的香甜餅乾將奶油夾起來，這就是讓許多人魂牽夢縈的洋菓子代表。

容量／價格 ● 3 片/328 円

鹹味零食區

無論一定有鹹味你愛或甜的那一味，一味。

チップスター S
うすしお味

誕生於 1976 年，日本最早的國產成型洋芋片。雖然口味相當多，但這個薄鹽口味吃起來最清爽。比起一般的洋芋片而言，較為不鹹也不油膩！

容量/價格 ● 50g/100 円

スコーン
和風バーベキュー

同樣也是日本的老牌零食，吃起來的口感和奇多（Cheetos）一樣，不過這包是和風烤肉口味，吃起來比較不鹹，甚至有股神奇的碳烤香。

容量/價格 ● 80g/98 円

PART 03

日本藥粧研究室的
日本零食精選

天乃屋の歌舞伎揚

歌舞伎揚是一種在烤好的圓形略偏硬的仙貝上，塗一層甜味醬油的傳統零食。吃起來鹹中帶甜，嘴巴很容易停不下來。除了掌心大小的尺寸外，也有一口一個的小尺寸。

容量/價格 ● 13 片/255 円

海味鮮

在台灣被暱稱為「恐龍蛋」的海味鮮，是外層米菓包覆花生的豆類零食。外層的脆硬米菓分為蟹味、蝦味、花枝味和鮪魚味，無論是哪個口味都很容易讓人失去理智一直吃下去，而且也超適合配著酒吃！

容量/價格 ● 60g/118 円

Calbee
じゃがりこ サラダ

華人圈相當熱門且回購率超高的加卡比薯條。在眾多口味當中，還是這個沙拉口味吃起來最順口，因調味不會太重，所以尚能感受到洋芋的香味。

容量/價格● 60g/118 円

とんがりコーン
あっさり塩

外型像尖帽子，用玉米粉所烤成的餅乾。吃起來酥酥脆脆帶有烤玉米的香味，清爽薄鹽吃起來最沒負擔，怎麼吃也吃不膩！

容量/價格● 75g/178 円

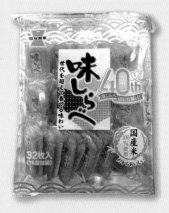

味しらべ

口感和味道都和台灣的旺旺仙貝極為接近，都是鹹中帶甜的酥脆米仙貝。雖然這包調味有比較重一些，但吃起來可以感受到濃濃的米香味，非常適合配杯濃茶一起吃。

容量/價格● 2片×16包/168 円

　　喜歡日本的人應該都有一個感覺，那就是日本的零食怎麼會那麼多樣化又好吃!? 包括期間限定的口味，或是異業合作的紀念版本在內，據說每年在日本超商及超市上架的零食多達上千種，最後殘留下來成為常態商品的零食僅有個位數。其實長期旅居在東京的日本藥粧研究室成員，發現大家愛吃的零食好像都差不多，但其實日本還有好多美味，而且是日本人平時也愛吃的零食。所以決定這次來幫大家整理一下清單，除了介紹大家愛買且好吃的零食之外，還有我們平常在日本時會吃的推薦零食。

（註：價格皆為 2018 年 6 月採訪時參考價）

茸のまんま
香ばし醤油味

把整朵香菇切片，並塗上醬油後所製成的香菇乾。吃起來酥脆且香菇的香味直衝腦門。除了直接當零嘴吃之外，也可以加到泡麵裡。吸飽湯汁之後，原本乾癟癟的香菇片就會回復至肥美誘人的狀態！

容量/價格● 15g/148 円

うまい棒
コーンポタージュ

利用玉米粉所製成的棒狀餅乾。酥脆且輕飄飄的口感，是美味棒最吸引人的地方。加上口味選擇多樣，是許多日本人從小吃到大的零食。說到必吃的人氣王之一，就不能不說到這個玉米濃湯口味了！

容量/價格● 6g/10 円

うまい棒
やさいサラダ味

日本人氣零食美味棒除了玉米濃湯口味之外，日本藥粧研究室最喜歡的口味就是這款蔬菜沙拉口味。沒有令人討厭的青菜澀味，鹹味適中吃起來很有滿足感。

容量/價格● 6g/10 円

甜味零食區

ミニアスパラガス　ビスケット

日文名稱為蘆筍餅的零食，其實是台灣所說的阿拉棒。充滿奶油香的餅乾上撒了點提味鹽，再搭配香噴噴的芝麻，可說是簡單的美味。一小包差不多 30 克，份量剛剛好！

容量/價格 ● 27g×6 包/280 円

キャラメルコーン

形狀和口感都與台灣的「乖乖」相似，不過這包是吃起來甜而不膩的焦糖口味。吃到最後，會發現袋底有幾顆鹽味花生，聽說這些花生有讓焦糖乖乖變好吃的魔法。

容量/價格 ● 15g/148 円

パックンチョ チョコ

一顆顆包有巧克力內餡的小圓餅，在台灣又被稱為「友友球」，巧克力內餡不算是太甜，不管是大人或小孩都很容易不小心就吃完一整包。

容量/價格 ● 47g/96 円

チョコあ～んぱん

乍看之下雖然和友友球很相似，但這個其實是迷你巧克力麵包。吃起來很像是包有巧克力餡的蘋果麵包，不知為何給人一種很懷念的感覺。

容量/價格 ● 44g/89 円

パイの実 チョコレートパイ

每一顆都是由 64 層派皮包裹牛奶巧克力內餡的迷你巧克力派。外層酥脆、內層鬆軟的多重口感，吃過的人都會不小心上癮。

容量/價格 ● 73g/128 円

ノアール Black Cocoa

曾經在日本引發話題的國產巧克力夾心餅。相對於甜到牙齒都會痛的歐美版奶油巧克力夾心餅來說，Noir 吃起來甜度適中，餅乾的部分也有些微苦的味道，可以說是大人味的夾心餅。

容量/價格 ● 18 片/220 円

ビスコ

在日本已有 80 年歷史的奶油夾心餅。每一小包 5 片當中含有 1 億個乳酸菌,感覺算是健康的零食!紅盒是基本款,內餡則是清甜爽口的檸檬奶油,綠盒則是在餅乾當中加入小麥胚芽,內餡則是微甜的香草奶油。

容量/價格 ● 5 片 ×3 包/105 円

クリームコロン

脆皮餅乾夾著濃郁奶油餡的 Collon,其實是許多日本上班族也愛吃的零食,所以後來才推出大人版巧克力餡與大人版奶油餡這兩個新口味。巧克力餡版本的餅皮帶有肉桂香,內餡則是加入杏仁粉提味;奶油餡版本的餅皮則是帶有微苦味的焦糖口味,再搭配濃郁的奶油香。

容量/價格 ● 48g/105 円

KitKat Mini　オトナの甘さ 濃い抹茶

KitKat 幾乎是日本零食伴手禮的代名詞,尤其是抹茶口味更是各國觀光客的最愛。日本藥粧研究室最喜歡的版本,是宇治抹茶含量加倍,吃起來甜度更為沉穩,而且略帶點苦味的濃茶版。

容量/價格 ● 12 片/398 円

アルフォート
ミニチョコレート

一口剛好可以吃一個的 Alfort 迷你巧克力餅。目前推出不少口味,但是全麥餅乾＋牛奶巧克力的黑巧版本,以及可可餅乾＋白巧克力的白巧版本才是萬年不敗的美味!

容量/價格 ● 12 片/98 円

Pocky 極細

喜歡吃日本零食的人,對 Pocky 應該都不陌生。比起經典紅盒款而言,極細版吃起來偏硬且耐吃,非常推薦先冰過再吃,那股鏗鏘有力的脆度絕對會讓你上癮。

容量/價格 ● 2 包/148 円

ふんわり名人きなこ餅

口感十分神奇的米菓,分包裝內一顆顆渾圓的米果,其實輕到吹口氣就會滾走。外頭裹著滿滿的甜甜的黃豆粉,放到嘴裡用舌頭輕輕一壓,就能體會什麼是入口即化的口感。

容量/價格 ● 18 片/220 円

軟糖‧巧克力類零食

Puré グミ グレープ

相信有不少人也喜歡吃 Pure 軟糖。外層那酸死人不償命的粉末，反而可以讓葡萄味顯得更香更多汁。有不少人都是因為這股酸味而對 Pure 軟糖上癮。

容量/價格 ● 56g/108 円

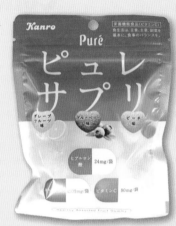

Puré サプリグミ

Pure 軟糖可不是只能吃酸酸甜甜的而已，其實還有這包可以用來補充美肌成分。軟糖當中含有玻尿酸、膠原蛋白以及維生素 C 等美肌成分，口味則有葡萄柚、桃子及葡萄等三種。

容量/價格 ● 72g/178 円

UHA 味覚糖　コロロ

說到軟糖怎麼可以沒想到 KORORO 呢！一路從台港紅到泰國等東南亞，KORORO 堪稱是日本最國際化的軟糖。除了各季節的限定款之外，兩種葡萄口味是最基本且人氣最高的口味。

容量/價格 ● 葡萄口味 40g/128 円
　　　　　白葡萄口味 48g/128 円

むっちりグミ 横浜サイダー＆コーラ

超有嚼勁且甜度剛好的汽水系軟糖。裡頭同時裝有兩種口味，包括清爽的可樂，以及略帶有蘋果香的橫濱汽水。看起來雖然簡單，卻是許多日本人長大之後也愛吃的軟糖。

容量/價格 ● 100g/160 円

フェットチーネグミ イタリアングレープ味

說到葡萄口味的軟糖，不少日本人都會推薦這一款。同樣也是非常有嚼勁的軟糖，採用義大利產葡萄汁調味。葡萄香味與甜味都相當清爽而不膩。

容量/價格 ● 50g/100 円

マーブルチョコ

裝在紙製圓筒外盒中，外觀感覺跟某 m 牌的巧克力有些相似。不過這款巧克力吃起來甜味溫和不少，是偏向牛奶巧克力的口感。總共有 7 種顏色，大部分是可愛的馬卡龍粉色系。

容量/價格 ● 32g/100 円

SWEET DAYS 乳酸菌ショコラ

號稱能夠補充乳酸菌，吃巧克力也能讓腸道變得更健康！添加能夠調節腸道環境的 T001 乳酸菌。每天建議吃 7 片，大約可以補充 10 億個 T001 乳酸菌。藍色品名包裝是牛奶巧克力，咖啡色品名包裝則是微苦巧克力。

容量/價格 ● 56g/298 円

チョコレート効果 CACAO72%

吃起來略帶點苦味，可比例高達 72% 的黑巧克力。每一小包當中，含有 1016mg 可可多酚，非常適合注重美與健康，但又想吃巧克力的人。

容量/價格 ● 40g/200 円

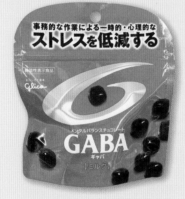

おいしい off
砂糖 50% off まろやかミルク

減重期間若覺得黑巧克力吃起來沒有滿足感，倒是可以參考一下這包「半糖牛奶巧克力」。一整包的熱量大約是 168 大卡，但濃郁的牛奶巧克力口感卻一點也不打折扣。

容量/價格 ● 33g/140 円

GABA スタンドパウチ ＜ミルク＞

胺基酸當中的 GABA，是近年來日本相當具有話題性的減壓成分。這包專為壓力大的上班族所開發的牛奶巧克力當中，每 100g 就含有 280mg 的 GABA，很適合老是被工作追著跑時，隨手吃個幾顆可以緩和一下情緒。

容量/價格 ● 51g/140 円

LIBERA ＜ミルク＞

日本零食史上第一款「機能性表示食品」，也就是在日本第一個能夠宣稱有益特定健康功效的巧克力。吃起來就跟一般牛奶巧克力一樣好吃，但因為加了難消化性糊精的關係，所以能抑制身體吸收過多的脂肪及糖分。感覺很適合在大餐前吃個幾顆！

容量/價格 ● 51g/140 円

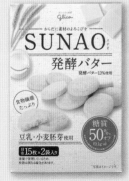

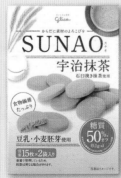

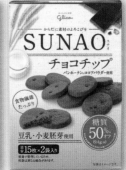

SUNAO ビスケット

吃零食其實最怕的不只是熱量，還有來自糖與澱粉的「醣類」。在減醣保健風潮下，日本零食界竟然出現採用豆乳和小麥胚芽等素材所製成，號稱醣質比一般烤餅乾還少 50% 的健康商品。口味有原味、抹茶及巧克力三種。老實說，雖然主打健康風，但吃起來還不錯呢！

容量/價格 ● 62g/258 円

國家圖書館出版品預行編目資料

日本藥妝美研購4：日本藥美妝購物趣！東京藥妝生活神
級指南 ／鄭世彬著・——初版——新北市：晶冠，
2018.08
面；公分・——（好好玩；14）

ISBN 978-986-96429-3-4（平裝）

1. 化粧品業　2. 美容業　3. 購物指南　4. 日本

489.12　　　　　　　　　　　　　107011601

好好玩　14

日本藥妝美研購 Vol.4

日本藥美妝購物趣！東京藥妝生活神級指南

作　　者　鄭世彬//日本藥粧研究室
副總編輯　林美玲
協助企劃　芦沢 岳人//株式会社TWIN PLANET
校　　對　鄭世彬・林建志//日本藥粧研究室、謝函芳
封面設計　舟木 渉・舟木 香織//株式会社TWIN PLANET
美術設計　李傳慧
攝　　影　林建志//日本藥粧研究室
插　　畫　黃木瑩
出版發行　晶冠出版有限公司
電　　話　02-7731-5558
傳　　真　02-2245-1479
E-mail　　ace.reading@gmail.com
部 落 格　http://acereading.pixnet.net/blog
總 代 理　旭昇圖書有限公司
電　　話　02-2245-1480（代表號）
傳　　真　02-2245-1479
郵政劃撥　12935041 旭昇圖書有限公司
地　　址　新北市中和區中山路二段352號2樓
E-mail　　s1686688@ms31.hinet.net
旭昇悅讀網　http://ubooks.tw/
印　　製　藝泉彩色印刷有限公司
定　　價　新台幣360元
出版日期　2018年08月 初版一刷
ISBN-13　978-986-96429-3-4

日本お問い合わせ窓口
株式会社ツインプラネット
担当：芦沢／神部
電話：03-5766-3811　　Mail：info@tp-co.jp